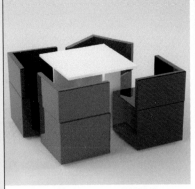

课堂案例——制作餐桌椅

课堂案例——制作简约台灯

课堂练习——制作茶几

课堂练习——制作椅子

课堂案例——制作卡通猫咪

课堂案例——制作台盆

课堂案例——制作樱桃

课堂练习——制作冰淇淋

课堂练习——制作创意字母

课堂练习——制作果盘

课堂练习——制作台灯

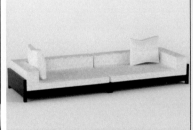

课堂练习——制作现代沙发

课堂案例——测试 VRay 物理摄影机的光晕

课堂案例——利用目标摄影机制作餐桌景深效果

课堂练习——利用目标摄影机制作运动模糊效果

课堂案例——制作不锈钢金属材质

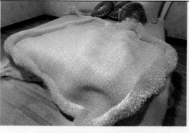
课堂案例——制作床盖

课堂案例——制作绒布材质

课堂案例——制作水墨效果

课堂练习——制作瓷砖

课堂练习——制作发光装饰品

课堂练习——制作毛巾

课堂练习——制作真实花瓣

课堂案例——制作客厅射灯效果

课堂案例——制作台灯

课堂案例——制作烛光效果

课堂练习——制作客厅正午阳光效果

课堂案例——客厅日景效果

课堂练习——会客室日景效果

21 世纪高等教育
数字艺术与设计规划教材

◎ 李广松 黎波 主编

◎ 颜伟 张海娜 王小芬 副主编

3ds Max 建模·灯光·材质·渲染综合实例教程

人民邮电出版社

北 京

图书在版编目（CIP）数据

3ds Max建模·灯光·材质·渲染综合实例教程 / 李
广松，黎波主编. -- 北京：人民邮电出版社，2014.6（2023.8重印）
21世纪高等教育数字艺术与设计规划教材
ISBN 978-7-115-34777-0

Ⅰ. ①3… Ⅱ. ①李… ②黎… Ⅲ. ①三维动画软件—
高等学校—教材 Ⅳ. ①TP391.41

中国版本图书馆CIP数据核字（2014）第032059号

内 容 提 要

本书以 3ds Max 的项目工作流为主线，结合效果图制作的一般流程，以中文版 3ds Max 2013 和 VRay 2.0 为制作工具，详细介绍了 3ds Max VRay 的建模技术、摄影机技术、材质技术、布光方法和渲染输出功能等，并结合大量的案例、练习来深入讲解这些技术在室内效果图制作中的运用。

3ds Max 和 VRay 是当前最为主流的室内效果图制作软件，是学习室内效果图制作的必修课程。本书理论结合实际，对 3ds Max 和 VRay 最常用的制作功能进行深入的讲解，并配合适当的课堂案例、课堂练习和课后习题，让读者通过实例巩固技术，同时又可以学以致用。另外，本书所有案例都配备了有声视频教学录像，这样更有助于读者解决在学习过程中遇到的技术问题。

本书适合作为高等院校、高等职业院校 3ds Max 相关课程的教材，也可以作为相关人员的参考用书。

◆ 主　编　李广松　黎　波

　　副主编　颜　伟　张海娜　王小芬

　　责任编辑　桑　珊

　　责任印制　杨林杰

◆ 人民邮电出版社出版发行　　北京市丰台区成寿寺路 11 号
　　邮编　100164　　电子邮件　315@ptpress.com.cn
　　网址　http://www.ptpress.com.cn
　　北京九州迅驰传媒文化有限公司印刷

◆ 开本：787×1092　1/16　　　　彩插：1
　　印张：18.25　　　　　　　　2014 年 6 月第 1 版
　　字数：458 千字　　　　　　　2023 年 8 月北京第 7 次印刷

定价：49.80 元（附光盘）

读者服务热线：(010)81055256　印装质量热线：(010)81055316
反盗版热线：(010)81055315
广告经营许可证：京东市监广登字 20170147 号

前　言

3ds Max 是目前基于 PC 平台上最为流行的三维制作软件，它为用户提供了一个"集 3D 建模、动画、渲染、合成于一体"的综合解决方案。3ds Max 不仅功能强大，而且操作方式简单快捷，深受广大用户的喜爱，在很多新兴行业都可以看到该软件的应用。

作为一款通用型的三维软件，3ds Max 的扩展性也非常不错，可以很好地配合其他模型插件、特效插件和渲染插件来进行工作，比如当前比较流行的 VRay、mental ray 等渲染插件就可以在 3ds Max 这个平台上很好地进行工作。以 3ds Max+VRay 为例，这一套软件组合的商业普及率最高，被广泛应用在建筑设计、工业设计、影视动画和游戏开发等诸多领域。

因为 3ds Max 的商业应用很广，所以许多院校和培训机构的艺术专业都将 3ds Max 设置为一门重要的专业课程。为了帮助院校和培训机构的教师更加全面、系统地讲解这门课程，使学生熟练地使用 3ds Max 进行效果图制作，我们特地编写了本书。

我们对本书的编写体系进行了精心的设计，并按照"功能介绍→参数详解→课堂案例→课堂练习→课后习题"这一思路进行编排，使学生能够循序渐进地掌握知识要点，并加以巩固练习，最后能够学以致用。

本书共分为 8 章，具体内容介绍如下。

第 1 章为"3D 制作基本知识"，主要介绍 3ds Max 的一些基础知识，包括软件特点、应用领域、工作流程，以及学习该软件的科学方法等。

第 2 章为"3ds Max 的基本操作"，主要介绍 3ds Max 2013 的启动与退出方法，认识 3ds Max 2013 的工作界面（包括标题栏、菜单栏、主工具栏、命令面板等），以及学习最基本的文件操作方法。

第 3 章为"3ds Max 基础建模方法"，主要介绍 3ds Max 的基础建模技术，包括标准基本体建模、扩展基本体建模。

第 4 章为"3ds Max 高级建模方法"，主要介绍 3ds Max 的高级建模技术，包括样条线建模、多边形建模，以及修改器的运用。

第 5 章为"3ds Max 摄影机技术"，主要结合真实摄影机原理对 3ds Max 的目标摄影机和 VRay 物理摄影机进行讲解。

第 6 章为"3ds Max/VRay 材质制作"，主要介绍各种材质的制作方法，以及多种程序贴图的设置方法，为读者深度剖析 3ds Max 的材质和贴图技术。

第 7 章为"3ds Max/VRay 灯光设置"，首先介绍灯光的基本概念，然后结合案例分别讲解 3ds Max 灯光和 VRay 灯光的创建及设置方法。

第 8 章为"3ds Max/VRay 渲染输出",主要介绍 3ds Max 的各种渲染设置,以及相应渲染器的用法。

另外,本书还附带一张光盘,包含所有课堂案例、课堂练习、课后习题的素材文件和案例文件。同时为了辅助教师授课及学生自学,光盘中还准备了本书的 PPT 教案以及所有案例的多媒体有声视频教学录像。

本书由李广松、黎波任主编,颜伟、张海娜、王小芬任副主编。

李广松编写了第 1 章和第 2 章,黎波编写了第 3 章和第 4 章,颜伟编写了第 5 章和第 8 章,张海娜编写了第 6 章,王小芬编写了第 7 章,李广松对全书进行了统稿。

在学习技术的过程中难免碰到一些难解的问题,我们衷心希望能够为广大读者提供力所能及的阅读服务,尽可能地帮大家解决一些实际问题,如果大家在学习过程中需要我们的支持,请通过以下方式与我们取得联系,我们将尽力解答。

客服/投稿 QQ:996671731

客服邮箱:iTimes@126.com

祝您在学习的道路上百尺竿头,更进一步!

编　者

2014 年 3 月

目 录

第 4 章

3ds Max 高级建模方法............58

第 5 章

3ds Max 摄影机技术............116

第 7 章

第 8 章

第 1 章
3D 制作基本知识

本章主要对 3ds Max 的一些基础知识做简要介绍，包括软件特点、应用领域、工作流程，以及学习该软件的科学方法等。通过对本章的学习，读者可以对 3ds Max 有一个宏观的认识，为学习后面的技术课程奠定良好的理论基础。

课堂学习目标
1. 熟悉 3ds Max 的基本情况。
2. 掌握 3ds Max 的功能特点。
3. 了解 3ds Max 的应用领域。
4. 掌握 3ds Max 的基本工作流程。
5. 了解 3ds Max 对计算机配置的需求。

1.1 认识 3ds Max

在学习 3ds Max 的操作技术之前，先来了解一下该软件的基本情况，本节就 3ds Max 的发展、功能和应用做简要介绍。

1.1.1 3ds Max 的基本情况

三维数字化技术（3D）是基于计算机、网络、数字化平台的现代工具性技术，随着计算机应用的快速普及，3D 技术逐步成为普通大众工作和生活中的一部分，一个全新的 3D 数字化时代正向我们走来。在 3D 技术领域，3ds Max 是一个划时代的软件工具，很多人的 3D 梦想都是从这个软件开始的。

3ds Max 是由 Autodesk 公司开发的通用三维软件，这是一个非常优秀的 3D 技术平台，自其诞生以来一直受到全球 CG 艺术家的喜爱。3ds Max 拥有较强的造型、渲染、动画、特效等功能，是目前基于 PC 平台最普及的三维制作软件，图 1-1 所示为 3ds Max 2013 启动界面。

3ds Max 从诞生到成熟经历了很多版本的变迁，至今依然在不断进行完善和增强。从 3ds Max 2009 开始，Autodesk 将原来的 3ds Max 软件细分

图 1-1

为了两个方向，软件名称分别叫 3ds Max 和 3ds Max Design。按照 Autodesk 官方的解释，3ds Max

主要面向娱乐专业人士，如从事游戏、影视或动画制作的人士；而 3ds Max Design 则面向建筑师、设计师以及可视化专业人士，如从事室内、建筑或工业设计的人士。

【提示】

从软件技术层面讲，3ds Max 和 3ds Max Design 的区别非常有限，普通用户很难感受到两者之间的差异，在各领域的实际工作中，用 3ds Max 的用户还是占绝大多数。本书以简体中文版 3ds Max 2013 作为教学软件，读者也可以选择其他的软件版本来进行学习。

1.1.2　3ds Max 的功能特点

1. 功能强大，扩展性好

3ds Max 是迄今为止功能最强、应用领域最宽、使用人群最广的 3D 软件。首先它的建模功能很强大，无论是建筑模型、工业产品模型还是生物模型，使用 3ds Max 都可以轻松做出最逼真的模型效果；其次是它的动画功能，3ds Max 几乎可以用来制作任何领域的三维动画，最常见的就是建筑动画、产品动画、影视动画和游戏动画；最后就是它的渲染功能，虽然 3ds Max 本身的渲染功能极为一般，但是它的扩展性好，可以很好地配合其他渲染插件来进行工作，如 VRay、mental ray 等。

如图 1-2 所示，这就是当前最为流行的渲染软件 VRay 和 mental ray，它们能够与 3ds Max 无缝衔接，工作起来非常流畅。

图 1-2

【提示】

VRay 渲染插件需要用户安装后才能使用，其商业化程度最高，目前被广泛应用于建筑、工业、影视、游戏等领域；mental ray 是 3ds Max 自带的一个渲染器，用户可以直接调用，不需要安装。

2. 操作简单，容易上手

3ds Max 是最容易上手的 3D 软件之一，不需要很高的学历，只需要一本 3ds Max 操作手册，零基础的用户就可以很快跨入 3ds Max 的殿堂。

虽然 3ds Max 的技术入门很容易，但想要成为一名真正的 CG 高手却不是一件容易的事情，因为 CG 是一门综合学科，不仅仅是掌握软件技术就可以的。以本书课程为例，要使用 3ds Max 制作出真实的效果图，就必须具备美术、室内设计、人体工程学、摄影等领域的知识和技术储备，这些都需要平时的学习和积累。

3. 与其他软件的流畅配合

在建筑可视化、影视制作、游戏开发、工业设计等领域，3ds Max 是铁打的主力军，在三维实现这个环节中占据着十分重要的地位。在实际工作中，3ds Max 往往要配合 AutoCAD、Photoshop、After Effects 等软件来使用，这样才能组成完整的工作流。

在效果图领域，用户一般用 AutoCAD 绘制施工图，然后使用 3ds Max 根据施工图建模并渲染，最后使用 Photoshop 进行后期处理，完成制作。

在电视包装领域，用户一般用 Photoshop 进行前期创意构思（如绘制分镜、草稿等），然后使用 3ds Max 制作需要的模型并渲染动画，最后使用 After Effects 进行后期合成输出，完成制作。

在数字多媒体领域，靠一个软件走天下基本不太现实，绝大部分工作都需要多软件配合，而 3ds Max 在这些工作流中都承担着至关重要的角色，是不可或缺的软件工具。

4. 实现逼真的输出效果

3ds Max 的渲染输出能力非常强大，能够做出完全满足物理真实要求的 3D 作品。

在效果图领域，3ds Max 配合 VRay 或 mental ray 可以制作出照片级的效果图，如图 1-3 所示。

图 1-3

在工业设计领域，3ds Max 可以制作出最真实的产品模型，如图 1-4 所示。

图 1-4

在影视动画领域，3ds Max 可以制作出最逼真的动画和电影特效，如图 1-5 所示。

图 1-5

1.1.3　3ds Max 的应用领域

3ds Max 是一个通用的综合 3D 平台，能够满足客户在可视化设计、游戏开发、影视特效等各个方面的应用需求。

1. 建筑可视化

建筑可视化主要包括室内效果图、室外效果图以及建筑动画这 3 个方面，3ds Max 提供的建模、动画、灯光、材质和渲染工具可以让用户轻松完成这些工作。

在这个领域，3ds Max 主要用于创建模型、制作材质和设置动画，渲染一般靠其他 GI 渲染器来完成，如前面讲到的 VRay、mental ray 等，尤其是 VRay 的大量普及，极大地促进了建筑可视化领域的发展。

图 1-6 所示为常见的室内效果图、建筑效果图和建筑动画，这些都是采用 VRay 进行渲染输出的。

图 1-6

【提示】

GI（Global Illumination）渲染器就是全局光照渲染器，这是目前最主流的渲染技术，使用这种技术渲染的效果最接近物理真实。全局光照是表现了直接照明（直接照射到物体上的光）和间接照明（照射到物体上以后反弹出来的光）的综合效果，例如在真实的大自然中，太阳光被看成是直接照明，被地面反射或折射的太阳光线被看成是间接照明。

如图 1-7 所示，A 点处放置了一个光源，假定 A 处的光源只发出了一条光线，当 A 点光源发出的光线照射到 B 点时，B 点所受到的照射就是直接光照，而 B 点反弹出的光线到 C 点然后再到 D 点的过程，沿途点所受到的照射就是间接照明。更具体地说，B 点反弹出光线到 C 点这一过程被称为第 1 次反弹；C 点反弹出光线以后，经过很多点反弹，到 D 点光能耗尽的过程被称为第 2 次反弹。

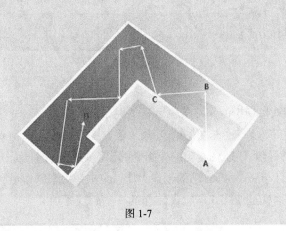

图 1-7

2. 电视包装

在电视包装领域，3ds Max 也是使用频率最高的 3D 软件。从制作角度讲，电视包装要用到平面设计软件、三维制作软件、后期合成软件，分别就是 Photoshop、3ds Max、After Effects。当然这也不是绝对的，不同的用户也会用到其他软件，但是这 3 个软件基本上是最常用的。

如图 1-8 所示，这就是使用 3ds Max 制作模型和动画的电视包装栏目。

图 1-8

3. 影视动画与特效

随着数字特效在电影中越来越广泛的应用，各种 3D 软件在影视动画与特效领域中都得到了广泛的应用和长足的发展。3ds Max 以其强大的功能吸引了众多电影制作者的目光，许多电影公司在特效和动画方面都选择使用 3ds Max 来进行制作。一大批耳熟能详的经典影片，如《后天》、《2012》、《功夫》、《罪恶之城》、《最后的武士》等，其中都有使用 3ds Max 制作的特效或动画，如图 1-9 所示。

图 1-9

4. 游戏设计开发

3ds Max 在全球游戏市场扮演领导角色已有多年，它是全球最具生产力的动画制作系统，广泛应用于游戏资源的创建和编辑任务。在网络游戏飞速发展的今天，3ds Max 为游戏开发商实现最高生产力提供了最可靠的保障。3ds Max 与游戏引擎的出色结合能力，极大地满足了游戏开发商的众多需求，使得设计师可以充分发挥自己的创造潜能，集中精力来创作最受欢迎的艺术作品。

如图 1-10 所示，这就是使用 3ds Max 制作的一些游戏场景。

图 1-10

5. 工业设计及可视化

随着社会的发展，各种生活需求的极大增长，以及人们对产品精密度、视觉效果需求的提升，工业设计已经逐步成为一个成熟的应用领域。在早期，设计师一般使用 Rhino、Cinema 4D、Alias 等软件进行设计工作。随着 3ds Max 在建模工具、格式兼容性、渲染效果与速度等方面的不断提升，很多设计师也慢慢开始选用 3ds Max 作为自己的设计工具，并取得了许多优秀的成果。

图 1-11 所示为使用 3ds Max 建模并渲染的工业产品。

图 1-11

1.2　3ds Max 的项目工作流程

使用 3ds Max 进行工作时，基本上有一套固定的操作流程，虽然在细节上可以灵活运用，但是整体的操作流程是固定不变的，因为这是由软件功能决定的，而且绝大部分三维软件也都遵循这个工作流。

➤　步骤 1：构建模型。

建模是三维制作的第一步，也是所有工作的源头。在制作模型之前，一般要设置好单位，同时设置一些辅助绘图功能（如捕捉、栅格等），以方便制作。

➤　步骤 2：赋予材质。

材质是 3ds Max 中一个比较独立的概念，它可以给模型表面添加色彩、光泽和纹理。材质通过"材质编辑器"窗口进行指定和编辑。

➤　步骤 3：布置灯光。

灯光是三维制作中的重要组成部分，在表现场景、气氛等方面发挥着至关重要的作用。它是 3ds Max 中的一种特殊对象，它本身不能被渲染显示，只能在视图操作时被看到，但它却可以影响周围物体表面的光泽、色彩和亮度。通常灯光与材质、环境是共同作用的，它们的结合可以产生真实的 3D 效果。

【提示】

3ds Max 工作流中还有一个重要的环节就是"设置摄影机"，这个环节的处理比较灵活，不同的人有完全不同的习惯，比如可以在建模阶段设置摄影机，也可以在材质阶段设置摄影机，还可以在灯光阶段设置摄影机，实际上用户完全可以根据项目制作需要来确定。

➤　步骤 4：设置动画。

动画是 3ds Max 软件中比较难掌握的技术，并且在制作过程中又增加了一个时间维度的概念。在 3ds Max 中，用户几乎可以给任何对象或参数进行动画设置。3ds Max 给用户提供了众多的动画解决方案，并且提供大量的实用工具来编辑这些动画。例如为游戏制作提供各种角色动画功能、为建筑动画制作提供摄像机动画功能、为影视制作提供各种特效功能等。

➤　步骤 5：制作特效。

特效这个定义很难划分工作流，跟摄影机的处理方式一样，可以灵活把握，用户可以根据实际制作需要在不同的阶段设置特效。

【提示】

如果输出的作品是静态单帧图像，如室内效果图和建筑效果图、产品设计图等，则"步骤 4"和"步骤 5"就不需要了。

➤　步骤 6：渲染输出。

渲染输出是整个工作流的最后环节，完成 3D 作品的各项制作后，需要通过渲染输出把作品呈现出来，这个阶段相对比较简单。3ds Max 自带了两种渲染器，分别是扫描线渲染器和 mental ray 渲染器，扫描线渲染器在实际制作中基本上已经被淘汰了，mental ray 渲染器的发展空间比较大。另外，3ds Max 还有很多渲染插件，如 VRay、FinalRender、Maxwell 等，其中 VRay 的普及率最高。

1.3　学习 3ds Max 的一些建议

　　虽然 3ds Max 的块头相对比较大，但是并不复杂或混乱，它的功能划分都非常明晰，学习起来也较为便捷，这里结合该软件的功能特点，给读者提供一些学习建议。

1.3.1　三维空间能力

　　三维空间能力的锻炼非常关键，必须要熟练掌握视图、坐标与物体的位置关系。应该要做到一眼看去就可以判断物体的空间位置关系，可以随心所欲地控制物体的位置。

　　这是最基本的要掌握的内容，如果掌握不好，下面的所有内容都会受到影响。

　　有设计基础和空间能力的朋友掌握起来其实很简单；而没有基础的朋友，只要有科学的学习和锻炼方法，也可以很快掌握。

1.3.2　基本操作命令

　　熟练掌握几个基本操作命令：选择、移动、旋转、缩放、镜像、对齐、阵列以及视图工具，这些命令是最常用也是最基本的，几乎所有制作都会用到。

　　另外，几个常用的三维和二维几何体的创建及参数也必须要非常熟悉，这样就掌握了 3ds Max 的基本操作习惯。

1.3.3　二维图形编辑

　　二维图形的编辑是非常重要的一部分内容，很多三维物体的生成和效果都是取决于二维图形。编辑二维图形主要通过"编辑样条线"来实现，对于曲线图形的点、段、线编辑主要涉及几个常用的命令：焊接、连接、相交、圆角、切角、轮廓等，熟练掌握这些命令，才可以自如地编辑各类图形。

1.3.4　常用编辑命令

　　在 3ds Max 中，多边形是比较核心的建模功能，尤其是多边形的编辑命令，这是工作中最常用的一些功能命令，如挤出、分割、切角和连接等命令。多边形的子对象包括顶点、边、边界和多边形，它们分别都有对应的编辑命令，熟练掌握这些命令，基本上就可以应付大部分模型的制作工作了。

1.3.5　材质灯光

　　材质、灯光是不可分割的，材质效果是靠灯光来体现的，材质也应该影响灯光效果表现，没有灯光的世界都是黑的。如何掌握好材质、灯光，大概也有以下几个途径和方法。

　　（1）掌握常用的材质参数、贴图的原理和应用。

　　（2）熟悉灯光的参数及与材质效果的关系。

　　（3）灯光、材质效果的表现主要是物理方面的体现，应该加强实际常识的认识。

　　（4）想掌握好材质、灯光效果，除了以上几方面，感觉也是很重要的。所谓的感觉，就是艺术方面的修养，这就需要我们不断加强美术方面的修养，多注意观察实际生活中的各种效果，加强色彩方面的知识等。

1.4 3ds Max 对软硬件配置的需求

　　3ds Max 要安装到计算机上才能使用，因此计算机的软硬件配置对该软件的工作状态有较大影响。总体来说，硬件配置越高，3ds Max 工作起来越流畅，而软件配置没什么高低之分，合适即可。

1.4.1 对硬件配置的需求

　　3ds Max 对硬件配置要求很高，以 3ds Max 2013 为例，官方给出的起点配置是"奔腾 4 处理器+1GB 内存"，实际上这个官方参考很不靠谱，用这个硬件配置来打开 3ds Max 2013 软件都困难，更别说还要流畅地进行项目制作。

　　在建筑和游戏这两个 3ds Max 最为普及的行业中，从业人员的电脑的 CPU 基本都采用英特尔酷睿系列（尤其以酷睿 i7 为最，见图 1-12），内存至少是 4GB。对于初学 3ds Max 的读者而言，如果您要购买计算机，在经济允许的情况下可以适当超前，CPU 最好选择英特尔酷睿系列的高端处理器，内存不能低于 4GB，显卡也可以选择一个稍微好点的，主要就是这 3 点，其他硬件可以随意一点。

图 1-12

【提示】
　　笔者在工作中使用过很多计算机，有的是英特尔的 CPU，有的是 AMD 的 CPU，总体感觉就是英特尔的稳定性要比 AMD 好，尤其是计算机使用一段时间之后体现得比较明显，因此建议大家尽量选购英特尔的 CPU。

1.4.2 对软件系统的需求

　　最近的几个 3ds Max 版本都分 32 位和 64 位，所以相匹配的操作系统也有 32 位和 64 位之分，32 位的 3ds Max 只能安装在 32 位的 Windows 系统中，64 位亦然。

　　3ds Max 2013 和 3ds Max Design 2013 的 32 位版本可以在 32 位的 Windows7 Professional 或 WindowsXP Professional SP3（或更高版本）操作系统中运行。

　　3ds Max 2013 和 3ds Max Design 2013 的 64 位版本则相对复杂一些，除了需要 64 位的操作系统之外，还需要一些其他的软件配置，如需要 Internet Explorer 8 或更高版本的网页浏览器等。

　　从安装和使用的方便性来讲，笔者建议大家使用 64 位的 3ds Max 2013 和 Windows7 Professional 操作系统，如图 1-13 所示。还有一个更重要的因素就是"对内存大小的支持"，64 位操作系统理论上支持 128GB 内存，而 32 位操作系统最多只能支持 3GB 内存。假设电脑配置是 8GB 内存，安装 32 位操作系统则仅能使用其中的 3GB 内存，剩下的就浪费了，而 64 位系统就没有这个问题。

图 1-13

【提示】

这里的 32 位和 64 位指的是电脑 CPU 一次能处理的最大位数，32 位计算机的 CPU 一次最多能处理 32 位数据，而 64 位计算机的 CPU 一次最多能处理 64 位数据。由于 CPU 分 32 位和 64 位，所以操作系统也分 32 位和 64 位。

1.5 本章小结

通过本章的学习，读者要对 3ds Max 的特点、功能和应用有一个明确的认识，同时还要知道如何科学地学习 3ds Max 技术，以及针对不同的 3ds Max 版本选择合适的软硬件配置。

第 2 章

3ds Max 的基本操作

本章主要介绍 3ds Max 2013 的启动与退出方法，认识 3ds Max 2013 的工作界面（包括标题栏、菜单栏、主工具栏和命令面板等），以及学习最基本的文件操作（包括新建、打开、保存文件等）。这些内容都是 3ds Max 的入门级知识，熟练掌握这些操作可以为后面的学习奠定坚实的基础。

课堂学习目标

1. 掌握如何启动 3ds Max 2013。
2. 熟悉 3ds Max 的工作界面。
3. 掌握 3ds Max 不同板块的具体功能。
4. 掌握最基本的文件操作方法。

2.1　启动 3ds Max 2013

在第 1 章，我们学习了一些关于 3D 制作的理论知识，从本章开始正式进行 3ds Max 的学习。

使用 3ds Max 2013 进行工作，首先需要打开 3ds Max 2013。安装好 3ds Max 2013 后，可以通过以下两种方法来启动它。

方法一：鼠标左键双击桌面上的快捷方式图标🅂。

方法二：通过开始菜单启动 3ds Max 2013，具体操作如图 2-1 所示。

打开 3ds Max 2013 之后，进入软件的工作界面，如图 2-2 所示。乍一看，3ds Max 的工作界面还是蛮复杂的，上面集成了很多工具，不过大家别着急，后面我们来慢慢学习这些工具。

图 2-1

图 2-2

第一次运行 3ds Max 2013，系统会弹出一个"欢迎使用 3ds Max"的对话框，这是 3ds Max 为用户提供的一个向导功能，在实际工作中的意义并不大。新用户可以通过这个向导来大致了解 3ds Max，而老用户则认为这个功能没有什么价值。

【提示】

若想在启动 3ds Max 2013 时不弹出"欢迎使用 3ds Max"的对话框（也叫"基本技能影片"），只需要在该对话框左下角关闭"在启动时显示该对话框"选项即可，如图 2-3 所示；若要恢复该功能，可以执行"帮助/基本技能影片…"菜单命令来打开该对话框，如图 2-4 所示。

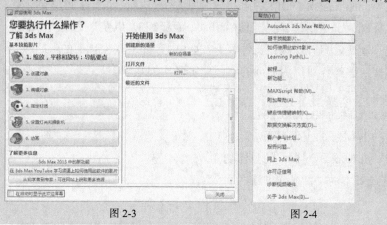

图 2-3　　　　　　　　　　　　　　　　　　图 2-4

2.2　认识 3ds Max 的工作界面

熟悉工作界面是学习 3ds Max 的基础，只有把软件界面的各个板块的位置分清楚，充分理解每个板块的功能特征，日后才能更加得心应手地驾驭 3ds Max。

3ds Max 2013 的工作界面主要由 9 大部分构成，如图 2-5 所示，分别是标题栏（1）、菜单栏（2）、主工具栏（3）、视口区域（4）、命令面板（5）、时间尺（6）、状态栏（7）、时间控制按钮（8）和视图控制按钮（9）。

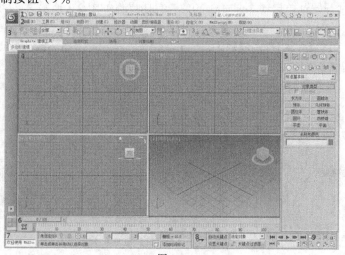

图 2-5

在默认状态下，"主工具栏"和"命令面板"分别停靠在界面的上方和右侧，可以通过拖曳的方式将其移动到视图的其他位置，这时的"主工具栏"和"命令面板"将以浮动的面板形态呈现在视图中，如 2-6 所示。

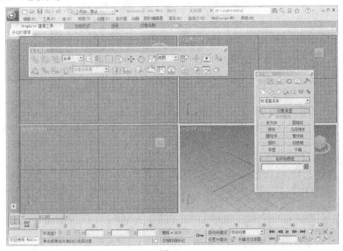

图 2-6

【提示】

若想将浮动的面板切换回停靠状态，可以将浮动的面板拖曳到任意一个面板或工具栏的边缘，或直接双击面板的标题也可返回停靠状态。

了解了 3ds Max 2013 的 9 大构成部分的分布位置，下面就来详细了解各大部分的功能特点。

2.2.1 标题栏

3ds Max 2013 的"标题栏"位于界面的最顶部，主要由"应用程序"按钮、"快速访问"工具栏、"版本信息和文件名称"、"信息中心"以及"控制按钮"组成，如图 2-7 所示。

应用程序　　　快速访问　　　　　版本信息和文件名称　　　　信息中心　　　控制按钮

图 2-7

1. 应用程序

单击"应用程序"按钮将会弹出一个用于管理文件的下拉菜单，这个菜单主要包括"新建"、"重置"、"打开"、"保存"、"另存为"、"导入"、"导出"、"发送到"、"参考"、"管理"、"属性"和"最近使用的文档"这 12 个常用命令，在菜单的右下角还有 2 个按钮分别是"选项"和"退出 3ds Max"，如图 2-8 所示。

2. 快速访问

"快速访问"工具栏集合了用于管理场景文件的常用命令，便于用户快速管理场景文件，包括"新建场景"□、"打开文件"☞、"保存文件"🖫、"撤消场景操作"↶、"重做场

图 2-8

景操作"（、"设置项目文件夹"，如图 2-9 所示。另外，用户也可以根据个人喜好对"快速访问工具栏"进行自定义设置。

图 2-9

【提示】

在"撤消"工具的下拉列表中列出了最近执行过的操作，选择其中一个操作就可以返回该步骤，如图 2-10 所示。

需要注意的是，3ds Max 默认的可撤销次数为 20 次，也就是说系统可以记录的操作记录为 20 次。若要更改记录次数，可以执行"自定义/首选项"菜单命令，然后在弹出的"首选项设置"对话框中单击"常规"选项卡，接着在"场景撤消"选项组下更改"级别"的数值即可，如图 2-11 所示。

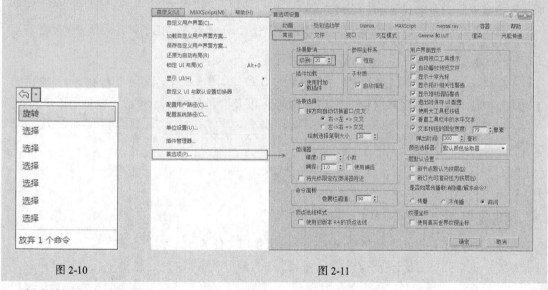

图 2-10　　　　　　　　　　　　　　　　图 2-11

3. 版本信息和文件名称

"版本信息和文件名称"用于显示当前 3ds Max 的版本编码（如 3ds Max 2013）以及当前打开文件的名称。

4. 信息中心

"信息中心"用于访问有关 3ds Max 和其他 Autodesk 产品的信息。

5. 控制按钮

用于控制 3ds Max 工作界面的最小化（—）和恢复窗口大小（），以及关闭程序（✕）。

2.2.2 菜单栏

"菜单栏"位于工作界面的顶端，包含"编辑"、"工具"、"组"、"视图"、"创建"、"修改器"、"动画"、"图形编辑器"、"渲染"、"自定义"、"MAXScript"（MAX 脚本）和"帮助"这 12 个主菜单，如图 2-12 所示。

编辑(E)　工具(T)　组(G)　视图(V)　创建(C)　修改器　动画　图形编辑器　渲染(R)　自定义(U)　MAXScript(M)　帮助(H)

图 2-12

"菜单栏"中的每一个菜单命令都包含一个下拉菜单，用鼠标左键单击菜单命令就可以打开对应的下拉菜单。

在执行"菜单栏"中的命令时可以发现，某些命令后面有与之对应的快捷键，如"撤消"命令的快捷键为 Ctrl+Z，也就是说按 Ctrl+Z 组合键就可以撤销当前操作返回上一步，如图 2-13 所示。牢记这些快捷键能够提高工作效率。

若下拉菜单命令的后面带有省略号，则表示执行该命令后会弹出一个独立的对话框，如图 2-14 所示。

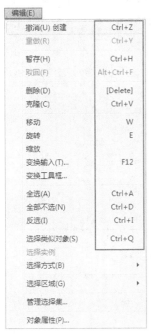

图 2-13

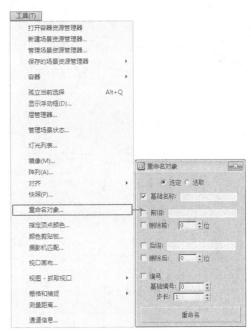

图 2-14

若下拉菜单命令的后面带有黑色小箭头图标 ▶，则表示该下拉菜单含有子菜单，如图 2-15 所示。

仔细观察菜单命令，会发现某些命令显示为灰色，这表示这些命令不可用，这是因为在当前操作中该命令没有合适的操作对象。例如当前场景中有两个物体处于选中状态，执行"组"菜单命令时，可以观察到其下拉菜单中只有"成组"和"集合"命令是可用的，而"解组"和"打开"等命令则是不可用的，如图 2-16 所示。只有当场景中存在成组的物体时，"解组"和"打开"等命令才可用。

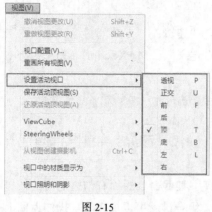

图 2-15　　　　　　　　　　　　　　　　　　　　图 2-16

2.2.3　主工具栏

"主工具栏"是 3ds Max 中非常重要的一个工具栏，如图 2-17（a）所示，这里面集成了很多常用的工具命令，这些命令大部分都可以在下拉菜单中找到，但是通过主工具栏来执行这些工具命令肯定是最快捷的。其中每个图标的具体功能如图 2-17（b）所示。

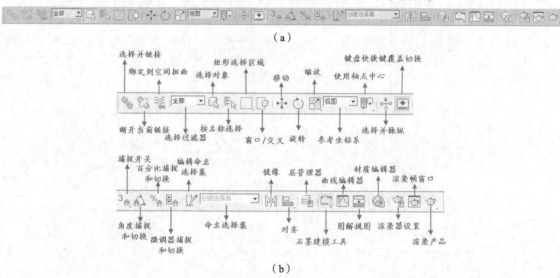

（a）

（b）

图 2-17

在"主工具栏"中，默认状态下的工具按钮并不是完全显示的，某些工具按钮的右下角有一个三角形图标，用鼠标左键长按该图标就会弹出一个下拉工具列表，里面集成了更多的同类工具按钮。以"捕捉开关"为例，用鼠标左键长按"捕捉开关"按钮就会弹出一个下拉列表，里面还有另外两种捕捉模式供用户选择，如图 2-18 所示。

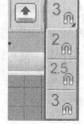

【提示】

　　若显示器的分辨率较低，"主工具栏"可能无法完全显示，这时可以将光标放置在"主工具栏"上的空白处，当光标变成手型图标时，按住鼠标左键即可左右移动"主工具栏"；也可以直接按住鼠标中键，当光标变成手型图标时即可移动"主工具栏"。

图 2-18

下面就"主工具栏"中的相关命令按钮进行详细介绍。

【工具详解】

● 选择并链接：主要用于建立对象之间的父子链接关系与定义层级关系，但只能是父级物体带动子级物体，而子级物体的变化不会影响到父级物体。

● 断开当前选择链接：与"选择并链接"工具的作用恰好相反，主要用来断开链接好的父子对象。

● 绑定到空间扭曲：可以将使用空间扭曲的对象附加到空间扭曲中。选择需要绑定的对象，然后单击"主工具栏"中的"绑定到空间扭曲"按钮，接着将选定对象拖曳到空间扭曲对象上即可，图 2-19 所示是为雪绑定风力后，雪受到外力作用向下飘落的效果。

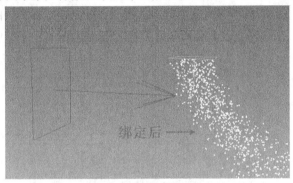

图 2-19

● 过滤器 全部 ▼：主要用来过滤不需要选择的对象类型，这对于批量选择同一种类型的对象非常有用，如图 2-20 所示。例如在"过滤器"的下拉列表中选择"G-几何体"选项，那么在场景中选择对象时，只能选择几何物体，而灯光、图形、摄影机等对象不会被选中。

● 选择对象：主要用于选择一个或多个对象（快捷键为 Q 键），按住 Ctrl 键可以进行加选，按住 Alt 键可以进行减选。当使用"选择对象"工具选择物体时，光标指向物体后会变成十字形。

● 按名称选择：单击该按钮会弹出"从场景选择"对话框，在该对话框中可以按名称选择所需要的对象，如图 2-21 所示。"从场景选择"对话框中有一些按钮与"创建"面板中的部分按钮是相同的，这些按钮主要用来控制是否显示相应的对象，当激活相应的对象按钮后，在下面的对象列表中就会显示出与其相对应的对象。

图 2-20

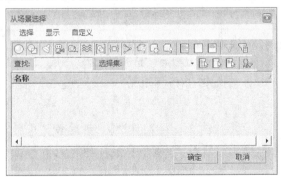

图 2-21

● 选择区域：选择区域工具包含 5 种模式，分别是"矩形选择区域"工具 、"圆形选择区域"工具 、"围栏选择区域"工具 、"套索选择区域"工具 和"绘制选择区域"工具 。

● 窗口/交叉 ：当该工具处于突出状态（即未激活状态）时，其按钮显示效果为 ，这时如果在视图中选择对象，那么只要选择的区域包含了对象的一部分即可选中该对象；当该工具处于凹陷状态（即激活状态）时，其按钮显示效果为 ，这时如果在视图中选择对象，那么只有选择区域包含对象的全部区域时才能选中该对象。在实际工作中，一般都要使该工具处于未激活状态。

● 选择并移动 ：该工具可以将选中的对象移动到任何位置。当使用该工具选择对象时，在视图中会显示出坐标移动控制器，在默认的四视图中只有透视图显示的是 x、y、z 这 3 个轴向，而其他 3 个视图中只显示其中的某两个轴向，若想要在某一个或几个轴向上移动对象，只需要将光标放置到该轴上，当该轴变成黄色时即可沿该轴移动对象，图 2-22 所示为沿 x 轴和 y 轴移动对象。

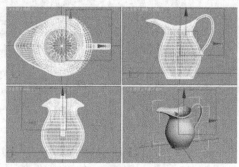

图 2-22

【提示】

若想将对象精确移动一定的距离，可以在"选择并移动"按钮上单击鼠标右键，然后在弹出的"移动变换输入"对话框中输入"绝对"和"偏移"的数值即可，如图 2-23 所示。

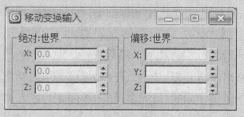

图 2-23

"绝对"坐标是指对象目前所在的世界坐标位置；"偏移"坐标是指对象以屏幕为参考对象所偏移的距离。

● 选择并旋转 ：该工具的使用方法与"选择并移动"工具的使用方法相似，当该工具处于激活状态（选择状态）时，被选中的对象可以在 x、y、z 这 3 个轴上进行旋转。

【提示】

如果要将对象精确旋转一定的角度，可以在"选择并旋转"按钮上单击鼠标右键，然后在弹出的"旋转变换输入"对话框中输入旋转角度即可，如图 2-24 所示。

图 2-24

● 选择并缩放：该工具包含 3 种，分别是"选择并均匀缩放"工具 、"选择并非均匀缩放"工具 和"选择并挤压"工具 。

● 参考坐标系：该选项组用来指定变换操作（如移动、旋转、缩放等）所使用的坐标系统，包括"视图"、"屏幕"、"世界"、"父对象"、"局部"、"万向"、"栅格"、"工作"和"拾取"这 9 种坐标系，如图 2-25 所示。

图 2-25

◢ 视图：在默认的"视图"坐标系中，所有正交视口中的 *x*、*y*、*z* 轴都相同。使用该坐标系移动对象时，可以相对于视口空间移动对象。

◢ 屏幕：将活动视口屏幕用作坐标系。

◢ 世界：使用世界坐标系。

◢ 父对象：使用选定对象的父对象作为坐标系。如果对象未链接至特定对象，则其为世界坐标系的子对象，其父坐标系与世界坐标系相同。

◢ 局部：使用选定对象的轴心点为坐标系。

◢ 万向：万向坐标系与 Euler XYZ 旋转控制器一同使用，它与局部坐标系类似，但其 3 个旋转轴相互之间不一定垂直。

◢ 栅格：使用活动栅格作为坐标系。

◢ 工作：使用工作轴作为坐标系。

◢ 拾取：使用场景中的另一个对象作为坐标系。

● 轴点中心：该工具包括"使用轴点中心" 、"使用选择中心" 和"使用变换坐标中心"工具 3 种。

◢ 使用轴点中心 ：该工具可以围绕其各自的轴点旋转或缩放一个或多个对象。

◢ 使用选择中心 ：该工具可以围绕其共同的几何中心旋转或缩放一个或多个对象。如果变换多个对象，该工具会计算所有对象的平均几何中心，并将该几何中心用作变换中心。

◢ 使用变换坐标中心 ：该工具可以围绕当前坐标系的中心旋转或缩放一个或多个对象。当使用"拾取"功能将其他对象指定为坐标系时，其坐标中心在该对象轴的位置上。

● 选择并操纵 ：该工具可以在视图中通过拖曳"操纵器"来编辑修改器、控制器和某些对象的参数。

● 捕捉开关：该工具包括"2D 捕捉" 、"2.5D 捕捉" 和"3D 捕捉" 3 种。"2D 捕捉"主要用于捕捉活动的栅格，"2.5D 捕捉"主要用于捕捉结构或捕捉根据网格得到的几何体，"3D 捕捉"可以捕捉 3D 空间中的任何位置。在"捕捉开关"上单击鼠标右键，可以打开"栅格和捕捉设置"对话框，在该对话框中可以设置捕捉类型和捕捉的相关参数，如图 2-26 所示。

● 角度捕捉切换 ：该工具可以用来指定捕捉的角度（快捷键为 A 键）。激活该工具后，角度捕捉将影响所有的旋转变换，在默认状态下以 5°为增量进行旋转。若要更改旋转增量，可以在"角度捕捉切换"按钮上单击鼠标右键，然后在弹出的"栅格和捕捉设置"对话框中单击"选项"选项卡，接着在"角度"选项后面输入相应的旋转增量即可，如图 2-27 所示。

图 2-26

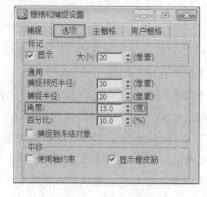
图 2-27

- 百分比捕捉切换：该工具可以将对象缩放捕捉到自定的百分比（快捷键为 Shift+Ctrl+P），在缩放状态下，默认每次的缩放百分比为 10%。若要更改缩放百分比，可以在"百分比捕捉切换"按钮上单击鼠标右键，然后在弹出的"栅格和捕捉设置"对话框中单击"选项"选项卡，接着在"百分比"选项后面输入相应的百分比数值即可，如图 2-28 所示。

- 微调器捕捉切换：该工具可以用来设置微调器单次单击的增加值或减少值。若要设置微调器捕捉的参数，可以在"微调器捕捉切换"按钮上单击鼠标右键，打开"首选项设置"对话框，然后在"常规"选项卡的"微调器"参数组下设置相关参数，如图 2-29 所示。

图 2-28

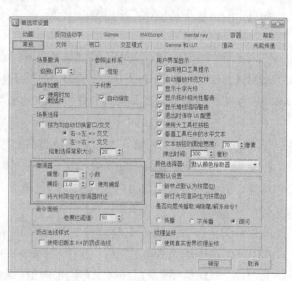
图 2-29

- 编辑命名选择集：该工具可以为单个或多个对象进行命名。选中一个对象后，单击"编辑命名选择集"按钮可以打开"命名选择集"对话框，在该对话框中就可以为选择的对象进行命名，如图 2-30 所示。"命名选择集"对话框中有 7 个管理对象的工具，分别是"创建新集"工具、"删除"工具、"添加选定对象"工具、"减去选定对象"工具、"选择集内的对象"工具、"按名称选择对象"工具和"高亮显示选定对象"工具。

图 2-30

- 镜像：使用该工具可以围绕一个轴心镜像出一个或多个副本对象。选中要镜像的对象后，单击"镜像"按钮，可以打开"镜像:世界坐标"对话框，在该对话框中可以对"镜像轴"、"克隆当前选择"和"镜像 IK 限制"进行设置，如图 2-31 所示。

图 2-31

- 对齐：该工具共有 6 种，分别是"对齐"工具、"快速对齐"工具、"法线对齐"工具、"放置高光"工具、"对齐摄影机"工具和"对齐到视图"工具。

- 快速对齐：快捷键为 Shift+A，使用"快速对齐"方式可以立即将当前选择对象的位置与目标对象的位置进行对齐。如果当前选择的是单个对象，那么"快速对齐"需要使用到两个对象的轴；如果当前选择的是多个对象或多个子对象，则使用"快速对齐"可以将选中对象的选择中心对齐到目标对象的轴。

- 法线对齐：快捷键为 Alt+N，"法线对齐"基于每个对象的面或是以选择的法线方向来对齐两个对象。要打开"法线对齐"对话框，首先要选择对齐的对象，然后单击对象上的面，接着单击第 2 个对象上的面，释放鼠标后就可以打开"法线对齐"对话框。

- 放置高光：快捷键为 Ctrl+H，使用"放置高光"方式可以将灯光或对象对齐到另一个对象，以便可以精确定位其高光或反射。在"放置高光"模式下，可以在任一视图中单击并拖动光标。"放置高光"是一种依赖于视图的功能，所以要使用渲染视图，在场景中拖动光标时，会有一束光线从光标处射入场景中。

- 对齐摄影机：使用"对齐摄影机"方式可以将摄影机与选定的面法线进行对齐。"对齐摄影机"工具的工作原理与"放置高光"工具类似。不同的是，它是在面法线上进行操作，而不是入射角，并在释放鼠标时完成，而不是在拖曳鼠标期间完成。

- 对齐到视图："对齐到视图"方式可以将对象或子对象的局部轴与当前视图进行对齐，该模式适用于任何可变换的选择对象。

【提示】

当激活"对齐"工具之后，用鼠标左键单击目标对象，系统将打开"对齐当前选择"对话框，如图 2-32 所示。

图 2-32

x/y/z 位置：用来指定要执行对齐操作的一个或多个坐标轴。同时勾选这 3 个选项可以将当前对象重叠到目标对象上。

最小：将具有最小 x/y/z 值对象边界框上的点与其他对象上选定的点对齐。

中心：将对象边界框的中心与其他对象上的选定点对齐。

轴点：将对象的轴点与其他对象上的选定点对齐。

最大：将具有最大 x/y/z 值对象边界框上的点与其他对象上选定的点对齐。

对齐方向（局部）：包括 x/y/z 轴 3 个选项，主要用来设置选择对象与目标对象是以哪个坐标轴进行对齐。

匹配比例：包括 x/y/z 轴 3 个选项，可以匹配两个选定对象之间的缩放轴的值，该操作仅对变换输入中显示的缩放值进行匹配。

- 层管理器：该工具可以用来创建和删除层，也可以用来查看和编辑场景中所有层的设置以及与其相关联的对象。单击"层管理器"按钮，可以打开"层"对话框，在该对话框中可以指定光能传递解决方案中的名称、可见性、渲染性、颜色以及对象和层的包含关系等，如图 2-33 所示。

图 2-33

- Graphite 建模工具：该工具一般翻译为石墨建模工具，它是优秀的 PolyBoost 建模工具与 3ds Max 的完美结合，其工具摆放的灵活性与布局的科学性大大方便了多边形建模的流程。单击"Graphite 建模工具"按钮可以调出石墨建模工具的工具栏，如图 2-34 所示。

图 2-34

- 曲线编辑器：单击"曲线编辑器"按钮可以打开"轨迹视图-曲线编辑器"对话框。"曲线编辑器"是一种"轨迹视图"模式，可以用曲线来表示运动，而"轨迹视图"模式可以使运动的插值以及软件在关键帧之间创建的对象变换更加直观化，如图 2-35 所示。

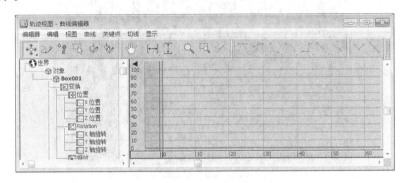

图 2-35

- 图解视图：该工具是基于节点的场景图，通过它可以访问对象的属性、材质、控制器、修改器、层次和不可见场景关系，同时在"图解视图"对话框中可以查看、创建并编辑对象间的关系，也可以创建层次、指定控制器、材质、修改器和约束等属性，如图 2-36 所示。

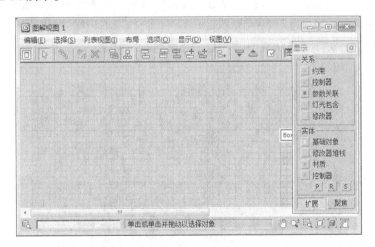

图 2-36

【提示】

在"图解视图"对话框的列表视图中的文本列表中可以查看节点，这些节点的排序是有规则性的，通过这些节点可迅速浏览极其复杂的场景。

- 材质编辑器：该工具主要用于打开材质编辑器，基本上所有的材质设置都是在材质编辑器中完成的，单击"材质编辑器"按钮或者按 M 键都可以打开"材质编辑器"对

话框，该对话框中提供了很多材质和贴图，通过这些材质和贴图可以制作出很真实的
材质效果。

● 渲染设置：该工具可以打开"渲染设置"对话框，其快捷键为 F10，所有的渲染设
　置参数基本上都在该对话框中完成。

● 渲染帧窗口：单击该按钮可以打开"渲染帧窗口"对话框，在该对话框中可执行选
　择渲染区域、切换图像通道和储存渲染图像等任务，如图 2-37 所示。

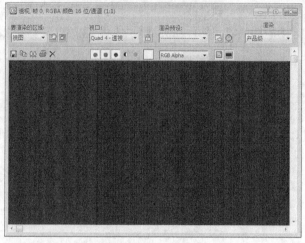

图 2-37

● 渲染：该工具包括"渲染产品"、"渲染迭代"和 ActiveShade 3 种类型。

2.2.4　视口区域

视口区域是操作界面中最大的一个区域，也是 3ds Max 中用于实际操作的区域，通常使用
的状态为四视图显示，包括顶视图、左视图、前视图和透视图 4 个视图，在这些视图中可以从
不同的角度对场景中的对象进行观察和编辑。

每个视图的左上角都会显示视图的名称以及模型的显示方式，右上角有一个导航器（不同
视图显示的状态也不同），如图 2-38 所示。

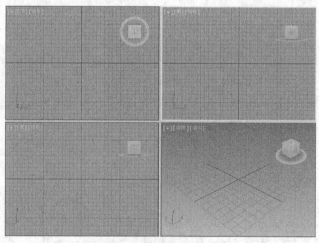

图 2-38

【提示】

常用的几种视图都有其相对应的快捷键，顶视图的快捷键是 T 键、底视图的快捷键是 B 键、左视图的快捷键是 L 键、前视图的快捷键是 F 键、透视图的快捷键是 P 键、摄影机视图的快捷键是 C 键。

3ds Max 2013 中视图的名称部分被分为 3 个小部分，用鼠标右键分别单击这 3 个部分会弹出不同的菜单。

单击 按钮，下拉列表中弹出如图 2-39 所示的菜单，该菜单栏主要用于视口的相关设置。

单击 透视 按钮，下拉列表中弹出图 2-40 所示的菜单，该菜单栏主要用于视图的相关设置。

图 2-39

图 2-40

单击 真实 按钮，下拉列表中弹出图 2-41 所示的菜单，该菜单栏主要用于选择显示模式。

图 2-41

2.2.5 命令面板

场景对象的操作都可以在"命令面板"中完成，该面板由 6 个功能板块组成，默认状态下显示的是"创建"面板，其他面板分别是"修改"面板、"层次"面板、"运动"面板、"显示"面板和"工具"面板，如图 2-42 所示。

这 6 个面板有着不同的功能，其中最常用的是"创建"面板和"修改"面板，下面来分别进行讲解。

图 2-42

1. 创建面板

"创建"面板主要用来创建几何体、摄影机和灯光等。在"创建"面板中可以创建 7 种对象，分别是"几何体"  、"图形" 、"灯光"、"摄影机" 、"辅助对象" 、"空间扭曲" 和"系统" ，如图 2-43 所示。

图 2-43

【工具详解】

● 几何体：主要用来创建长方体、球体和锥体等基本几何体，同时也可以创建出高级几何体，如布尔、阁楼以及粒子系统中的几何体。

● 图形：主要用来创建样条线和 NURBS 曲线。虽然样条线和 NURBS 曲线能够在 2D 空间或 3D 空间中存在，但是他们只有一个局部维度，可以为形状指定一个厚度以便于渲染，但这两种线条主要用于构建其他对象或运动轨迹。

● 灯光：主要用来创建场景中的灯光。灯光的类型有很多种，每种灯光都可以用来模拟现实世界中的灯光效果。

● 摄影机：主要用来创建场景中的摄影机。

● 辅助对象：主要用来创建有助于场景制作的辅助对象。这些辅助对象可以定位、测量场景中的可渲染几何体，并且可以设置动画。

● 空间扭曲：使用空间扭曲功能可以在围绕其他对象的空间中产生各种不同的扭曲效果。

● 系统：可以将对象、控制器和层次对象组合在一起，提供与某种行为相关联的几何体，并且包含模拟场景中的阳光系统和日光系统。

2. 修改面板

"修改"面板主要用来调整场景对象的参数，同样可以使用该面板中的修改器来调整对象的几何形体，图 2-44 所示为默认状态下的"修改"面板。

3. 层次面板

在"层次"面板中可以访问调整对象间层次链接的工具，通过将一个对象与另一个对象相链接，可以创建对象之间的父子关系，包括 轴 、 IK 和 链接信息 3 种工具，如图 2-45 所示。

图 2-44

图 2-45

【工具详解】

● 轴：该工具下的参数主要用来调整对象和修改器中心位置，以及定义对象之间的父子关系和反向动力学 IK 的关节位置等。

● IK：该工具下的参数主要用来设置动画的相关属性。

● 链接信息：该工具下的参数主要用来限制对象在特定轴中的移动关系。

图 2-46

图 2-47

4．运动面板

"运动"面板中的参数主要用来调整选定对象的运动属性，如图 2-46 所示。可以使用"运动"面板中的工具来调整关键点时间及其缓入和缓出。"运动"面板还提供了"轨迹视图"的替代选项来指定动画控制器，如果指定的动画控制器具有参数，则在"运动"面板中可以显示其他卷展栏；如果"路径约束"指定了对象的位置轨迹，则"路径参数"卷展栏将添加到"运动"面板中。

5．显示面板

"显示"面板中的参数主要用来设置场景中控制对象的显示方式，如图 2-47 所示。

6．工具面板

在"工具"面板中可以访问各种工具程序，包含用于管理和调用的卷展栏。当使用"工具"面板中的工具时，将显示该工具的相应卷展栏，如图 2-48 所示。

图 2-48

2.2.6 时间尺

"时间尺"包括时间线滑块和轨迹栏两大部分。时间线滑块位于视图的最下方，主要用于制定帧，默认的帧数为 100 帧，具体数值可以根据动画长度来进行修改。拖曳时间线滑块可以在帧之间迅速移动，单击时间线滑块左右的向左箭头图标 < 与向右箭头图标 > 可以向前或向后移动一帧，如图 2-49 所示；"轨迹栏"位于时间线滑块的下方，主要用于显示帧数和选定对象的关键点，在这里可以移动、复制、删除关键点以及更改关键点的属性，如图 2-50 所示。

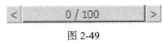

图 2-49

图 2-50

【提示】
在"轨迹栏"的左侧有一个"打开迷你曲线编辑器"按钮 ，单击该按钮可以显示轨迹视图。

2.2.7 状态栏

"状态栏"位于轨迹栏的下方，它提供了选定对象的数目、类型、变换值和栅格数目等信息，并且"状态栏"可以基于当前光标位置和当前程序活动来提供动态反馈信息，如图 2-51 所示。

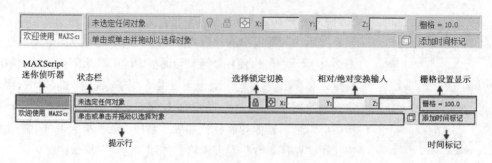

图 2-51

2.2.8 时间控制工具

时间控制工具按钮位于状态栏的右侧，这些按钮主要用来控制动画的播放效果，包括关键点控制和时间控制等，如图 2-52 所示。

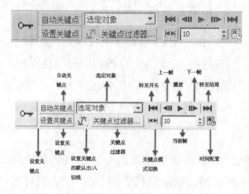

图 2-52

关键点控制主要用于创建动画关键点，有两种不同的模式，分别是"自动关键点"和"设置关键点"，快捷键分别为键盘上的 N 键和 '键。时间控制提供了在各个动画帧和关键点之间移动的便捷方式。

2.2.9 视图控制工具

视图控制工具按钮在 3ds Max 的最右下角，主要用来控制视图的显示和导航。使用这些按钮可以缩放、平移和旋转活动的视图。在不同视图状态下，视图控制工具会有相应的变化。

1. 在标准视图下的控制工具

对于一般的标准视图来说（包括正视图、正交视图、透视图、栅格视图和图形视图），它们的控制工具基本相同，如图 2-53 所示。这些控制工具的部分按钮为隐藏状态，在相关工具按钮上按住鼠标左键，从弹出的菜单中可以选择被隐藏的工具。

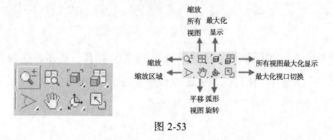

图 2-53

【工具详解】

- 缩放：单击后上下拖动鼠标，可以进行视图显示的缩放，快捷键为 Alt+Z。
- 缩放所有视图：使用该工具可以同时对所有视图中的对象进行缩放。
- 最大化显示：将所有对象以最大化的方式显示在当前激活视图中。
- 最大化显示选定对象：将所选择的对象以最大化的方式显示在当前激活视图中。
- 所有视图最大化显示：将所有对象以最大化的方式显在示全部标准视图中。
- 所有视图最大化显示选定对象：将所选择的对象以最大化的方式显示在全部标准视图中。
- 缩放区域：该工具可以放大选定的矩形区域，快捷键为 Ctrl+W。在透视图中该工具将不可用，如果想使用它，可以先将透视图切换为正交视图，进行区域放大后再切换回透视图。
- 视野：该工具只能在透视图中使用，可以用来调整视图中可见对象的数量和透视张角量。视野的效果与更改摄影机的镜头相关，视野越大，观察到的对象就越多（与广角镜头相关），而透视会扭曲；视野越小，观察到的对象就越少（与长焦镜头相关），而透视会展平。
- 平移视图：使用该工具可以将选定视图平移到任何位置，配合 Ctrl 键可以加速平移，配合 Shift 键可以将对象限定在垂直方向和水平方向移动，键盘快捷键为 Ctrl+P。
- 环绕：该工具只能在正交视图和透视图中使用，可以把视图围绕一个中心进行自由旋转，键盘快捷键为 Ctrl+R。
- 选定的环绕：同上工具，只是视觉中心会放置在当前选择的对象上。
- 环绕子对象：同上工具，只是视觉中心会放置在当前选择的子对象上。
- 最大化视口切换：将当前激活视图切换为全屏显示，键盘快捷键为 Alt+W。

2. 在摄影机视图下的控制工具

在场景中创建摄影机后，按 C 键可以切换到摄影机视图，此时的视图控制按钮也会发生相应的变化，如图 2-54 所示。

图 2-54

【工具详解】

- 推拉摄影机：沿着视线移动摄影机的起始点，保持起始点与目标点之间连线的方向不变，使起始点在此线上滑动，这种方式不改变目标点的位置，只改变摄影机起始点的位置。
- 推拉目标：沿着视线移动摄影机的目标点，保持起始点与目标点之间连线的方向不变，使目标点在此线上滑动，这种方式不会改变摄影机视图中的影像效果，只是有可能使摄影机反向。
- 推拉摄影机+目标：沿着视线同时移动摄影机的起始点和目标点，这种方式产生的效果与"推拉摄影机"相同，只是保证了摄影机本身的形态不发生改变。

- 透视⬙：以推拉起始点的方式来改变摄影机的视野，配合 Ctrl 键可以增加变化的幅度。

侧滚摄影机⬙：使用该工具可以围绕摄影机的视线来旋转"目标"摄影机，同时也可以围绕摄影机局部的 z 轴来旋转"自由"摄影机。

- 视野⬙：固定摄影机的起始点和目标点，通过改变视野取景的大小来改变视野值，这是一种调节镜头效果的好方法。
- 平移摄影机⬙：使用该工具可以将摄影机移动到任何位置，配合 Ctrl 键可以加速平移，配合 Shift 键可以将摄影机限定在垂直方向和水平方向移动。
- 环游摄影机⬙：固定摄影机的目标点，使起始点围绕它进行旋转观测，配合 Shift 键可以锁定在单方向上旋转。
- 摇移摄影机⬙：固定摄影机的起始点，使目标点围绕它进行旋转观测，配合 Shift 键可以锁定在单方向上旋转。

【提示】

在场景中创建摄影机后，按 C 键可以切换到摄影机视图，若想从摄影机视图切换回原来的视图，可以按相应视图名称的首字母。

2.3   文件操作

文件操作是软件操作的基础，包括文件的新建、打开和保存等。

2.3.1   新建文件

通常在启动 3ds Max 后，软件会自动生成一个新的场景，读者可以直接进行绘图操作，但是如果在已操作过的文件中想要新建另一个文件，有以下两种方法。

方法 1：在"应用程序"按钮⬙下执行"新建/新建全部"菜单命令，如图 2-55 所示，该菜单栏下的其他命令可根据需要进行选择。

方法 2：直接在"快速访问"栏中单击"新建场景"⬙按钮，如图 2-56 所示。

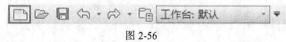

图 2-56

2.3.2   打开场景文件

场景文件就是指已经存在的.max 文件，打开场景文件的方法共有以下 3 种。

方法 1：启动 3ds Max 2013，然后单击界面左上角的软件图标⬙，并在弹出的下拉菜单中单击"打开"图标⬙，接着在弹出的对话框中选择一个已有场景文件，最后单击"打

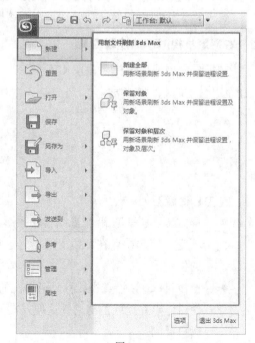

图 2-55

开"按钮，如图 2-57 所示。

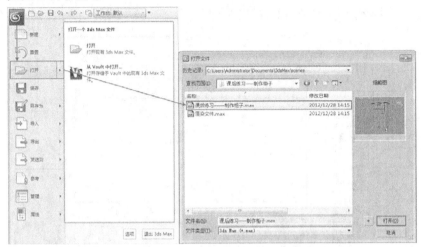

图 2-57

方法 2：按快捷键 Ctrl+O 打开"打开文件"对话框，然后选择一个已有场景文件，最后单击"打开"按钮。

方法 3：在电脑中选择一个已有场景文件，然后在按住鼠标左键的同时直接将其拖曳到 3ds Max 2013 的操作界面中。

2.3.3 保存文件

当创建完一个场景后，需要对场景进行保存，保存场景文件的方法有以下两种。

方法 1：单击界面左上角的软件图标，然后在弹出的下拉菜单中单击"保存"图标，接着在弹出的对话框中为场景文件进行命名，最后单击"保存"按钮，如图 2-58 所示。

图 2-58

方法 2：按快捷键 Ctrl+S 打开"文件另存为"对话框，然后为场景文件进行命名，最后单击"保存"按钮。

2.3.4 保存渲染图像

当制作好一个场景后，需要对场景进行渲染，渲染完成后就需要保存渲染好的图像。

首先单击"主工具栏"中的"渲染产品"按钮或按 F9 键渲染场景，在"渲染帧"对话框中单击"保存图像"按钮 ，打开"保存图像"对话框，然后在"文件名"后面输入图像的名称，接着在"保存类型"列表中选择要保存的文件格式，最后单击"保存"按钮，如图 2-59 所示。

图 2-59

2.3.5　导入外部文件

在效果图制作中，经常需要将外部文件（如.3ds 和.obj 文件）导入到场景中进行操作。下面介绍一下导入方法。

首先单击界面左上角的软件图标 ，然后在弹出的下拉菜单中单击"导入"图标 ，并在右侧的列表中单击"导入"选项，如图 2-60 所示。

执行上一步的操作后，系统会弹出"选择要导入的文件"对话框，接着在该对话框中选择一个已有场景文件，最后单击"打开"按钮。

2.3.6　导出场景文件

创建完一个场景后，可以将场景中的所有对象导出为其他格式的文件，也可以将选定的对象导出为其他格式的文件。

首先选择场景中的一个已有模型，然后单击界面左上角的软件图标 ，在弹出的下拉菜单中单击"导出"图标 ，接着在弹出的对话框中为导出文件进行命名，再设置好导出文件的保存格式类型，最后单击"保存"按钮，如图 2-61 所示。

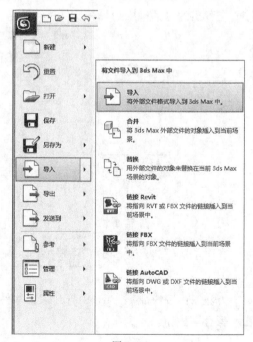

图 2-60

图 2-61

2.3.7 归档文件

归档文件可以将场景中的所有文件压缩成一个.zip 压缩包,这样就不会丢失材质和光域网等文件了。

在完成文件制作后,单击界面左上角的软件图标 ,并在弹出的下拉菜单中单击"导入"图标 ,然后在右侧的列表中单击"归档"选项,接着在弹出的对话框中输入文件名,最后单击"保存"按钮 保存(S) ,如图 2-62 所示,归档后的效果如图 2-63 所示。

图 2-62　　　　　　　　　　　　　　　　　　图 2-63

2.4 本章小结

本章对 3ds Max 2013 的工作界面以及相关的命令、工具、参数等做了详细的介绍,目的是让读者在学习 3ds Max 的各项功能之前对该软件有一个更加清晰的认识,熟悉了这些内容,会让后面的学习事半功倍。

第3章
3ds Max 基础建模方法

本章首先简单介绍 3ds Max 中常用的建模方法，然后详细介绍 3ds Max 的基础建模技术，包括标准基本体建模和扩展基本体建模，这些都是学习 3ds Max 必须掌握的入门级模型技术。通过本章的学习，读者要熟练掌握这些技术，并且能够利用所学知识快速进行各种基本的 3D 模型的制作。

课堂学习目标
1. 了解模型制作的重要性。
2. 熟悉常用的建模方法。
3. 掌握标准基本体建模方法。
4. 掌握扩展基本体建模方法。

3.1 建模的重要性

在学习建模技术之前，先给大家讲讲模型的重要性，以及与模型相关的一些概念，这对后面学习技术是很有帮助的，例如大家要明白什么建模技术在商业实践中用得最多、参数化模型与可编辑对象的区别等。

3.1.1 建模是三维制作的第一步

建模是指在场景中创建二维或三维对象，这是可视化设计和三维动画制作的基础，处于所有工作流程的开始阶段，起着极其重要的作用，没有模型就像拍电影没有演员和道具一样。而且，建模不仅仅是要解决模型的有无问题，还要制作出足够好的模型，如果没有高品质的模型，其他什么好的效果都难以实现。

3ds Max 具有多种建模手段，从基础建模技术到高级建模技术，能够满足各种方向和层次的建模需求，如图 3-1 和图 3-2 所示，这就是用 3ds Max 制作的家具、场景、机械和生物体模型。

图 3-1

图 3-2

【提示】

　　在实际商业运用中，3ds Max 几乎被用到了任何的数字多媒体领域，像大家熟悉的效果图制作、工业产品设计、影视动画制作、游戏美术设计等领域都是 3ds Max 挑大梁，很多建模工作也是由 3ds Max 来完成的。无论什么样的模型，只要用户的技术水平到位，用 3ds Max 都可以制作出来。

3.1.2　好模型才能够渲染出好效果

　　好模型才能够渲染出好效果。简单来说，好模型就是真实的模型，因为 3D 制作的主要功能就是模拟真实的物理效果，或者去创造一些理想中的事物，而这些东西要符合人们的审美情趣，就必须做到真实。比如制作一个人体模型，如果最基本的头身比例都不对，那肯定不是好模型。

　　如图 3-3 所示，这是一张家具效果图。现在仔细观察餐桌边缘的模型细节，如图 3-4 所示，从图中可以明显看到餐桌边缘的倒角，因为真实世界中的家具是没有绝对直角的，所以在做模型的时候一定要给模型的边缘倒角，如果是绝对的 90° 直角，那么渲染出来的边缘会很锐利，效果也不真实。

图 3-3　　　　　　　　　　　　　　　　　　图 3-4

　　如图 3-5 所示，这是一张卧室效果图，画面的亮点就是床单，无论是模型还是材质，都显得非常真实自然。这个床单模型采用了 3ds Max 的动力学来制作，为了获得最佳效果，需要花较多的时间来进行动力学计算，最终效果还是非常棒的，床单看起来很柔软，完全没有那种生硬的感觉。

图 3-5

再来看看图 3-6 所示的效果，这是一个酒店标准间。从画面整体看，材质和气氛都还是不错，但是细节就比较差了，尤其是床上用品的细节经不起推敲，模型太生硬，看起来像硬塑料。

图 3-6

最后来看看图 3-7 所示的效果，这是用 3ds Max 建模并渲染的沙发，从图中可以看出，沙发模型从整体到细节都非常耐看，比如沙发靠垫的造型和摆放都很讲究。一眼看去很难分辨出这是照片还是 3D 作品，这就是好模型的魅力所在。

图 3-7

3.1.3 重点掌握多边形建模方法

多边形（polygon）建模是 3ds Max 最重要且最常用的建模方法，也是日常工作中使用频率最高的建模方法。熟练掌握多边形工具可以胜任绝大多数的建模工作。如图 3-8 所示的建筑模型和汽车建模，它们都是用多边形建模技术制作的。由此可见，只要能够熟练使用多边形工具，并能够针对不同模型快速找到准确的布线思路，那么制作好模型将不再是什么难题。

图 3-8

【提示】

总体来讲，建模就是一个熟练的过程，只要不断去熟悉工具，不断去练习各种风格的模型制作，就能够找到一套行之有效的建模方法，从而解决工作中的实际问题。

3.1.4　参数化对象与可编辑对象

3ds Max 中的所有对象都是"参数化对象"与"可编辑对象"中的一种。两者并非独立存在的，"可编辑对象"在多数时候都可以通过转换"参数化对象"来获得。

（1）"参数化对象"是指对象的几何形体由参数的变量来控制，修改这些参数就可以修改对象的集合形态。相对于"可编辑对象"而言，"参数化对象"通常是被创建出来的，如标准基本体、扩展基本体、门、窗和楼梯等。

（2）通常情况下，"可编辑对象"包括"可编辑样条线"、"可编辑网格"、"可编辑多边形"、"可编辑面片"和"NURBS 对象"。"可编辑对象"通常是通过转换"参数化对象"而得到的。通过转换生成的"可编辑对象"没有"参数化对象"的参数那么灵活，但是"可编辑对象"可以对子对象（点、线、面等元素）进行更灵活的编辑和修改，并且每种类型的"可编辑对象"都有很多用于编辑的工具。

在"可编辑对象"中，"NURBS 对象"是一个特列，它既可以通过转换而得来，也可以直接在"创建"面板中创建出来，此时创建出来的对象就是"参数化对象"，但是经过修改以后，这个对象就变成了"可编辑对象"。

经过转换而成的"可编辑对象"就不再具有"参数化对象"的可调参数了。如果想要对象既具有参数化的特征，又能够实现可编辑目的，这时可以为"参数化对象"加载修改器而不进行转换。可用的修改器有"可编辑网格"、"可编辑面片"、"可编辑多边形"和"可编辑样条线"4 种。

3.2 常用建模方法

在 3ds Max 中有非常多的建模方法，如内置几何体建模、复合对象建模、二维图形建模、多边形建模（包含网格建模）、面片建模和 NURBS 建模等。面对如此多的建模方法，应充分了解每种方法的优势和不足，掌握其特点及适用对象，以便在面对不同工作时选择最佳的建模方式。

3.2.1 内置几何体建模

内置几何体建模是 3ds Max 的入门级建模方法，包括标准基本体、扩展基本体、窗、门、楼梯等建模，如图 3-9 所示。这些模型对象都是从"几何体" 命令面板中创建的，方法都很简单。

图 3-9

【提示】

内置几何体都由多种属性参数控制，通过对参数的调整来控制基本体的形态。这种建模方法可以搭建简单的模型，同时也是创建复杂模型的基础。从理论上讲，任何复杂的模型都可以拆分成多个标准的内置模型，反之，多个标准的内置模型也可以合成任何复杂的模型。

3.2.2 复合对象建模

复合对象就是由两个或更多的模型组合形成的新模型，实际模型往往可以看成是由很多简单模型组合而成的。对于合并的过程可以反复调节，从而制作一些高难度的造型。复合对象建模的方法有很多种，其创建面板如图 3-10 所示。

虽然复合对象建模的方法比较多，但比较常用的只有几种，下面简单介绍一下。

【命令详解】

● 变形：由两个或多个节点数相同的二维或三维物体组成。通过对这些节点的插入，从一个物体变为另一个物体，其间的形状发生渐变而生成动画。

图 3-10

- 散布：将物体的多个副本散布到屏幕上或定义的区域内。
- 连接：由两个带有开放面的物体，通过开放面或空洞将其连接后组合成一个新的物体。连接的对象必须都有开放的面或空洞，就是两个对象连接的位置。
- 水滴网格：将粒子系统转换为网格对象。
- 图形合并：将一个二维图形投影到一个三维对象表面，从而产生相交或相减的效果。常用于生产物体边面的文字镂空、花纹、立体浮雕效果或从复杂面物体截取部分表面以及一些动画效果等。
- 布尔：对两个以上的对象进行并集、差集、交集的运算，从而得到新的对象形态。
- 地形：根据一组等高线的分布创建地形对象。
- 放样：起源于古代的造船技术，以龙骨为路径，在不同界面处放入木板，从而产生船体模型。这种技术被应用于三维建模领域，即放样操作。

以一个骰子为例，骰子的形状比较接近于一个切角长方体，在每个面上都有半球形的凹陷。使用其他建模方法来制作这种造型会比较麻烦一些，但使用"复合对象"中的"布尔"工具或 ProBoolean 工具 ProBoolean 来进行制作，就可以很方便地在切角长方体上"挖"出一个凹陷的半球形，如图 3-11 所示。

图 3-11

3.2.3 二维图形建模

二维图形是指由一条或多条样条线组成的对象，它可以作为几何形体直接渲染输出，更重要的是可以通过二维挤出、旋转、倾斜等编辑修改，使二维图形转换为三维图形，或作为动画的路径和放样的路径或截面使用，还可以将二维图形直接设置成可渲染的（如创建霓红灯一类的效果）。

3ds Max 包含 3 种重要的样条线类型：样条线、NURBS 曲线、扩展样条线。在许多方面它们的用处是相同的，其中样条线继承了 NURBS 曲线和扩展样条线所具有的属性，绝大部分默认的图形方式都是样条线方式，也就是说二维图形建模主要就是样条线建模。

样条线建模是指调用样条线强大的可塑性，并配以自身的可渲染性、样条线专用修改器以及放样的创建方法，制作形态富于变化的模型。一般多用于制作复杂模型的外部形状或不规则物体的截面轮廓。例如可以快速地创建出可渲染的文字模型，如图 3-12 所示。第 1 个模型是二维线，后面两个是为二维线加载了不同修改器后的三维效果。

图 3-12

3.2.4　多边形建模

多边形建模是最为传统和经典的一种建模方式。3ds Max 的多边形建模方法比较容易理解，非常适合初学者学习，并且在建模的过程中用户有更多的想象空间和可修改余地。3ds Max 中的多边形建模主要有两个命令：可编辑网格和可编辑多边形，几乎所有的几何体类型都可以转换为可编辑多边形，曲线也可以转换，封闭曲线可以转换为曲面。

1．网格建模

可编辑网格（网格建模）是 3ds Max 最基本也最稳定的建模方法，制作模型占用系统资源最少，运行速度最快，在较少面数下也可制作出复杂模型。它针对三维对象的各个组成部分进行修改或编辑，它提供由三角面组成的网格对象的操作控制（顶点、边和面）。其中涉及的技术主要是推托表面构建基本模型，再增加平滑网格修改器，进行表面的平滑和提高精度。这种技法大量使用点、线、面的编辑操作，对空间控制能力要求比较高。

在 3ds Max 中，可以将大多数对象转换为可编辑网格，然后对形状进行调整，图 3-13 所示

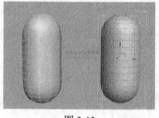

为将一个药丸模型转换为可编辑网格后，其表面就变成了可编辑的三角面。

2．多边形建模

可编辑多边形（多边形建模）是目前最流行的建模方法，是在网格建模的基础上发展起来的一种多边形建模技术，与编辑网格非常相似。多边形是一组由顶点和顶点之间的有序边构成的 N 边形，多边形物体是面的集合，比较适合建立结构穿插关系很复

图 3-13

杂的模型。它的不足之处是，当表现细节太多时，随着面数的增加，3ds Max 的性能也会下降。不过现在的计算机硬件性能越来越强大，这个已经不是什么难解的问题了。当然，大家在制作模型的时候一定要明白：细节不是越多越好，而是越合适越好。否则再好的计算机也无法容纳。

下面以一个休闲椅为例来分析多边形建模方法，如图 3-14 所示。

图 3-14

图 3-15 所示为休闲椅在四视图中的显示效果，可以观察出休闲椅由两部分组成（座靠和支架）。座靠并不是规则的几何体，但其中每一部分都是由基本几何体变形而来的，从布线上可以看出模型表面都是由四边面构成的，这就是使用多边形建模方法制作的模型的显著特点。

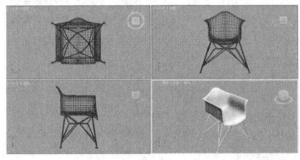

图 3-15

【提示】

网格建模和多边形建模的参数大都相同，只是多边形建模的普及率更高。

初次接触网格建模和多边形建模可能会难以看出这两种建模方式的区别。网格建模本来是 3ds Max 最基本的多边形加工方法，但在 3ds Max 4 之后就被多边形建模取代了，之后网格建模逐渐被忽略，不过网格建模的稳定性要高于多边形建模。

其实这两种方法在建模思路上基本相同，不同点在于网格建模所编辑的对象是三角面，而多边形建模所编辑的对象是三边面、四边面或更多边的面，因此多边形建模具有更高的灵活性。

3.2.5 面片建模

面片建模是在多边形建模的基础上发展而来的，它解决了多边形表面不易进行平滑编辑的难题。多边形的边只能是直线，而面片的边可以是曲线，因此多边形模型中单独的面只能是平面，而面片模型的一个单独的面却可以是曲面，使面内部的区域更光滑，它的优点是用较少的细节就可以表现出很光滑的物体表面或表皮褶皱，面片建模适合创建生物模型。

以一个面片为例，将其转换为可编辑面片后，选中一个顶点，然后随意调整这个顶点的位置，可以观察到凸起的部分很圆滑，如图 3-16（左）所示；而同样形状的物体，转换成可编辑多边形后，调整顶点的位置，该顶点凸起的部分会非常尖锐，如图 3-16 所示（右）。

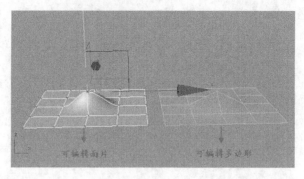

图 3-16

3.2.6 NURBS 建模

NURBS 即 "非均匀有理 B 样条曲线"，它是一种非常优秀的建模方式，使用数学函数来定义曲线和曲面，自动计算出表面精度。相对面片建模，NURBS 可使用更少的控制点来表现相同的曲线。

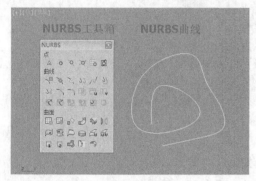

图 3-17

简单地说，NURBS 就是专门做曲面物体的一种造型方法。由于 NURBS 造型总是曲线和曲面来定义的，所以要在 NURBS 表面里生成一条有棱角的边是很困难的。就是因为这一特点，用户可以用它做出各种复杂的曲面造型或表现特殊的效果，如人的皮肤、面貌或流线型跑车等。不足的是该方法不易入门和理解，不够直观。

在场景中创建出 NURBS 曲线，然后进入 "修改" 面板，NURBS 的 "工具箱" 就会自动弹出来，如图 3-17 所示。

3.2.7 特殊建模方法

1．置换贴图建模

图 3-18

严格来讲，置换贴图建模并不是一种建模方式，因为这种方式并没有改变当前模型的物理形状，它是通过一种贴图方式在渲染阶段来改变模型的显示效果，使最终渲染出来的模型的视觉效果图与原始模型不同。

如图 3-18 所示，这个木雕效果就是用置换贴图方式来获得的，但实际上这块木板的物理造型依然很平整，其表面并没有凸起的雕花模型。在渲染的时候，给平整的木板赋于一张黑白的雕花贴图，白色部分纹理所覆盖的模型将在法线方向上凸起，黑色部分纹理所覆盖的模型将在法线方向上凹下，所以最终渲染出来的效果就会呈现出 3D 效果。

【提示】

　　置换贴图的效果类似于凹凸贴图，但是凹凸贴图仅仅是材质作用于物体表面的一个效果，而置换贴图是作用于物体模型上的一个效果，置换贴图的效果比凹凸贴图的效果更丰富更强烈。

　　3ds Max 的第三方插件 VRay 也带有功能强大的置换修改器。

2．动力学建模

　　动力学建模是一种新型建模方式，它的原理就是依据动力学计算来分布对象，达到非常真实的随机效果。动力学建模适用于一些手工建模比较困难的情况，例如可以将一块布料盖在一些凌乱的几何体上以形成一片连绵的山脉，或者用来制作效果真实的床单等，如图 3-19 所示。

3．Hair and Fur 毛发系统

　　Hair and Fur 毛发系统是一种特殊的建模方式，可以快速制作出生物表面的毛发效果，或者类似于草地等植物的效果，而且这些对象还可以实现动力学随风摇曳的效果。

　　3ds Max 提供了 Hair and Fur 修改器，该修改器不仅可以设置毛发的长度、密度和状态等参数，还可以设置毛发颜色和光泽度的参数，使毛发效果的创建更为简单快捷。如图 3-20 所示，这就是用 Hair and Fur 毛发系统制作的毛发效果。

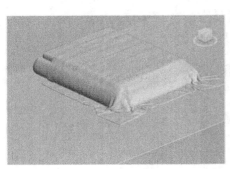
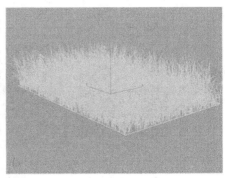

图 3-19　　　　　　　　　　　　　　　　　图 3-20

4．Cloth 布料系统

　　Cloth 布料系统也是一种特殊的建模方式，可以快速地通过样条线来生成制作服装的版型，然后用缝合功能瞬间将版型缝制成衣服，如图 3-21 所示。

图 3-21

3.3 创建标准基本体

图 3-22

"标准基本体"是 3ds Max 最基本的建模工具,其中包含 10 种对象类型,分别是"长方体"、"圆锥体"、"球体"、"几何球体"、"圆柱体"、"管状体"、"圆环"、"四棱锥"、"茶壶"和"平面",如图 3-22 所示。

3.3.1 长方体

【功能介绍】

"长方体"是标准基本体中使用频率最高的建模命令,它的控制参数也比较简单,只有"长度"、"高度"、"宽度"以及相对应的分段数,如图 3-23 所示。

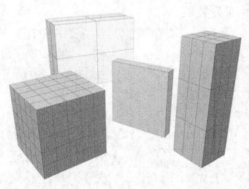

图 3-23

【参数详解】

● 立方体:直接创建立方体模型。

● 长方体:通过确定长、宽、高来创建长方体模型。

● 长度/宽度/高度:这 3 个参数决定了长方体的外形,用来设置长方体的长度、宽度和高度。

● 长度分段/宽度分段/高度分段:这 3 个参数用来设置沿着对象每个轴的分段数量。

● 生成贴图坐标:自动产生贴图坐标。

● 真实世界贴图大小:不勾选此项时,贴图大小适合创建对象的尺寸;勾选此项后,贴图大小由绝对尺寸决定。

【提示】

使用鼠标左键单击 长方体 按钮,按钮凹陷表示该工具被激活,然后在视图中按住鼠标左键并拖曳鼠标即可创建长方体,创建之后可以在"参数"面板中调整参数以精确控制模型形状。3ds Max 的内置几何体都采用这种方式进行创建并设置参数。

3.3.2 球体

【功能介绍】

球体也是现实生活中最常见的物体。在 3ds Max 中,用户可以创建完整的球体,也可以创建半球体或球体的局部，其参数设置面板如图 3-24 所示。

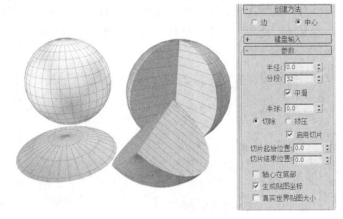

图 3-24

【参数详解】

● 半径：指定球体的半径。

● 分段：设置球体多边形分段的数目。分段越多，球体越圆滑，反之则越粗糙，图 3-25 所示为"分段"值分别为 8 和 32 时的球体对比。

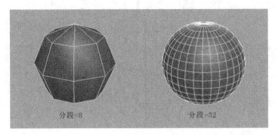

图 3-25

● 平滑：混合球体的面，从而在渲染视图中创建平滑的外观。

● 半球：该值过大将从底部"切断"球体，以创建部分球体，取值范围为 0~1。值为 0 可以生成完整的球体；值为 0.5 可以生成半球，如图 3-26 所示；值为 1 会使球体消失。

图 3-26

● 切除：通过在半球断开时将球体中的顶点数和面数"切除"来减少它们的数量。

● 挤压：保持原始球体中的顶点数和面数，将几何体向着球体的顶部挤压为越来越小的体积。

● 启用切片：控制是否开启"切片"功能。

● 切片起始位置/切片结束位置：设置切片的起始角度和停止角度。对于这两个参数，正数值将按逆时针移动切片的末端，负数值将按顺时针移动它。这两个设置的先后顺序无关紧要，端点重合时，将重新显示整个球体。

● 轴心在底部：在默认情况下，轴点位于球体中心的构造平面上，如图 3-27 所示。如果勾选"轴心在底部"选项，则会将球体沿着其局部 z 轴向上移动，使轴点位于其底部，如图 3-28 所示。

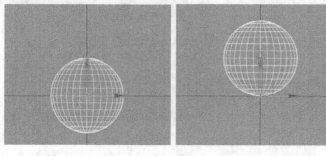

图 3-27　　　　　　　　　　　　　　　　图 3-28

3.3.3　圆柱体

【功能介绍】

圆柱体在现实生活中很常见，如玻璃酒杯、油漆桶、圆柱子等，制作由圆柱体构成的物体时，可以先将圆柱体转换成可编辑多边形，然后对细节进行调整。"圆柱体"的参数如图 3-29 所示。

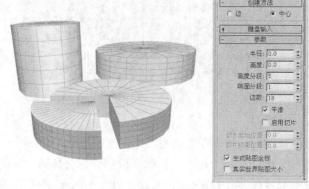

图 3-29

【参数详解】

● 半径：设置圆柱体的半径。

● 高度：设置沿着中心轴的维度。负值将在构造平面下面创建圆柱体。

● 高度分段：设置沿着圆柱体主轴的分段数量。

● 端面分段：设置围绕圆柱体顶部和底部中心的同心分段数量。

● 边数：设置圆柱体周围的边数。

3.3.4　圆环

【功能介绍】

"圆环"可以用于创建环形或具有圆形横截面的环状物体。"圆环"的参数如图 3-30 所示。

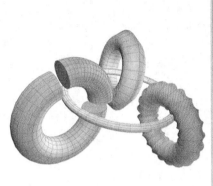

图 3-30

【参数详解】

- 半径 1：设置从环形的中心到横截面圆形的中心的距离，这是环形环的半径。
- 半径 2：设置横截面圆形的半径。
- 旋转：设置旋转的度数，顶点将围绕通过环形环中心的圆形非均匀旋转。
- 扭曲：设置扭曲的度数，横截面将围绕通过环形中心的圆形逐渐旋转。
- 分段：设置围绕环形的分段数目。通过减小该数值，可以创建多边形环，而不是圆形。
- 边数：设置环形横截面圆形的边数。通过减小该数值，可以创建类似于棱锥的横截面，而不是圆形。

3.3.5 其他标准基本体

除了以上 4 种标准基本体以外，还有其他 6 种标准基本体，分别是"圆锥体"、"几何球体"、"管状体"、"四棱锥"、"茶壶"和"平面"，其控制参数基本都差不多，这里就不再详细讲解了，如图 3-31 所示。

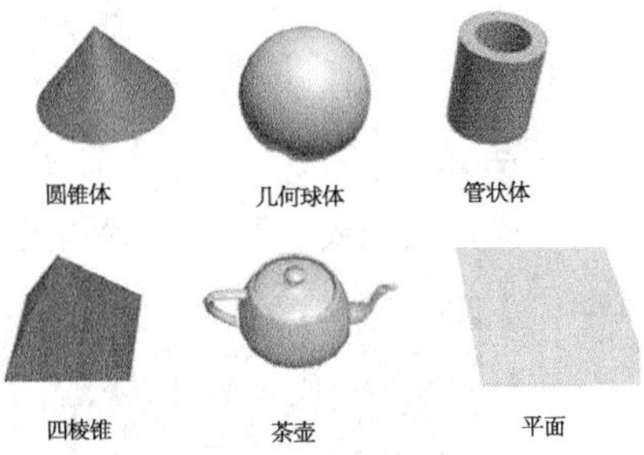

前面学习了标准基本体的创建工具，下面通过课堂案例和练习来进行实践，以便让大家对工具的理解更深刻。

圆锥体　　几何球体　　管状体

四棱锥　　茶壶　　平面

图 3-31

课堂案例——制作简约台灯

学习目标：掌握常见标准基本体的建模方法，能够使用标准基本体构建简单的家具模型。

知识要点："管状体"、"圆柱体"、"长方体"和"圆环"建模工具的使用方法。

本例要先使用"管状体"工具创建出灯罩，然后使用"圆柱体"工具、"长方体"工具、"圆环"工具拼接出支架和底座模型，案例效果如图 3-32 所示。

图 3-32

【操作步骤】

（1）在"创建"面板中单击"管状体"按钮，然后在场景中创建一个管状体，接着在"参数"卷展栏下设置"半径 1"为 110mm、"半径 2"为 109mm、"高度"为 120mm、"边数"为 4，具体参数设置如图 3-33 所示，模型效果如图 3-34 所示。

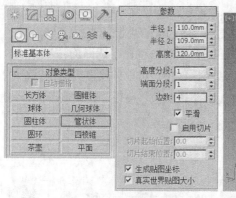

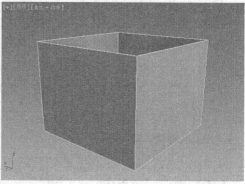

图 3-33   图 3-34

【提示】

在"修改器列表"中为灯罩模型加载一个"平滑"修改器，可以去除模型上黑色的区域，效果如图 3-35 所示。

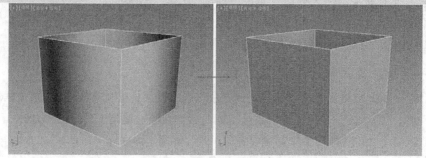

图 3-35

（2）使用"圆柱体"工具在管状体内部创建一个圆柱体，然后在"参数"卷展栏下设置"半径"为 4.5mm、"高度"为 150mm、"高度分段"为 1、"边数"为 18，参数设置及模型效果如图 3-36 所示。

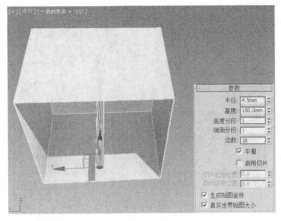

图 3-36

（3）使用"圆环"工具在场景中创建一个圆环，然后在"参数"卷展栏下设置"半径 1"为 5mm、"半径 2"为 1.5mm、"分段"为 24、"边数"为 12，参数设置及模型位置如图 3-37所示。

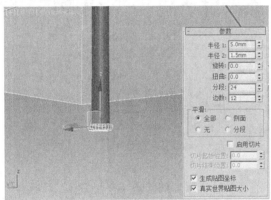

图 3-37

（4）采用相同的方法继续使用"圆环"工具创建出台灯的其他配件部分，模型效果如图 3-38所示。

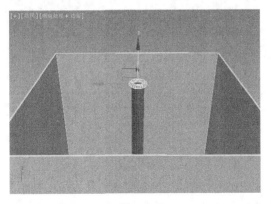

图 3-38

（5）使用"圆锥体"工具在管状体上部创建一个圆锥体，然后在"参数"卷展栏下设置"半径 1"为 4.5mm、"半径 2"为 0mm、"高度"为 9mm、"高度分段"为 1、"边数"为 24，具体参数设置及模型位置如图 3-39 所示。

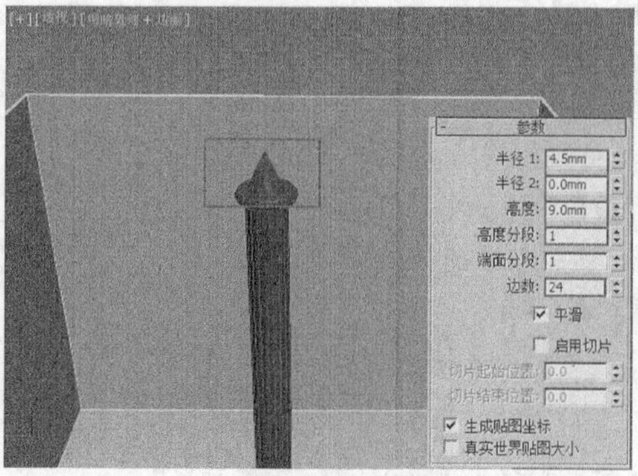

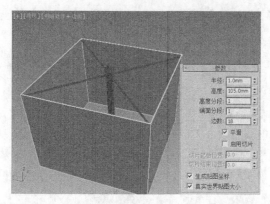

图 3-39

（6）使用"圆柱体"工具在灯罩内主体支架上创建 4 个圆柱体，参数设置及模型效果如图 3-40 所示。

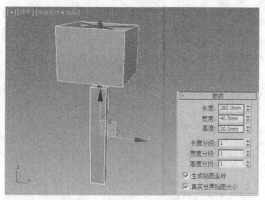

图 3-40

（7）使用"长方体"工具在管状体下部创建一个长方体，然后在"参数"卷展栏下设置"长度"为 280mm、"宽度"为 40mm、"高度"为 20mm，参数设置及模型位置如图 3-41 所示。

图 3-41

（8）使用"长方体"工具在支架的底部创建 4 个长方体，具体参数设置及模型位置如图 3-42 ~ 图 3-44 所示，简约台灯最终模型效果如图 3-45 所示。

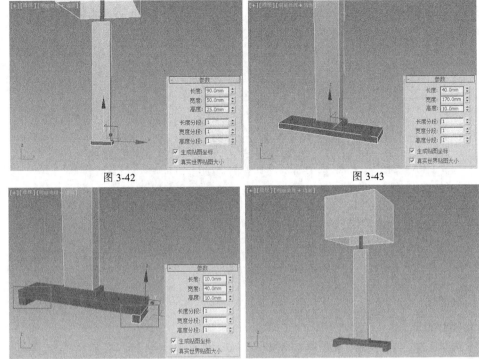

图 3-42   图 3-43

图 3-44   图 3-45

课堂练习——制作茶几

本练习主要使用"长方体"工具、"圆柱体"工具和"管状体"工具来进行制作，其中穿插了旋转复制功能的运用，效果如图 3-46 所示。如果大家在制作过程中遇到技术难题，可以参考配套光盘中的视频教学或者请求指导教师协助，然后再进行制作。

图 3-46

3.4   创建扩展基本体

"扩展基本体"是基于"标准基本体"的一种扩展物体，共有 13 种，分别是"异面体"、"环形结"、"切角长方体"、"切角圆柱体"、"油罐"、"胶囊"、"纺锤"、"L-Ext"、"球棱柱"、"C-Ext"、

"环形波"、"软管"和"棱柱",如图 3-47 所示。但并不是所有的扩展基本体都很实用,本书只讲解在实际工作中比较常用的一些扩展基本体。

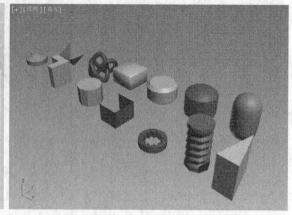

图 3-47

3.4.1　异面体

【功能介绍】

"异面体"是一种很典型的扩展基本体,异面体类型包括 5 种,分别是"四面体"、"立方体/八面体"、"十二面体/二十面体"、"星形 1"和"星形 2",如图 3-48 所示。

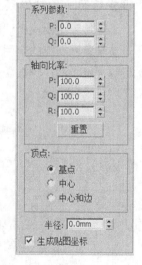

下面对"异面体"的各个参数进行讲解,其参数面板如图 3-49 所示。

图 3-48

【参数详解】

● 系列参数:该选项组主要包含以下两个选项。

⊿ P/Q:这两个选项主要用来切换多面体顶点与面之间的关联关系,其数值范围为 0~1。

● 轴向比率:该选项组主要包含以下 4 个选项。

⊿ P/Q/R:这 3 个选项主要用来设置多面体的一个面反射的轴向。

⊿ 重置:单击该按钮可以将轴恢复到默认设置。

● 顶点:该选项组主要包含以下 3 个选项。

⊿ 基点:该选项主要用来限制面的细分不能超过最小值。

⊿ 中心:在中心放置另一个顶点(其中边是从每个中心点到面角)来细分每个面。

⊿ 中心和边:在中心放置另一个顶点(其中边是从每个中心点到面角,以及到每个边的中心)来细分每个面。与"中心"选项相比,"中心和边"选项会使多面体中的面数加倍。

● 半径:设置多面体的半径。

图 3-49

【提示】

"顶点"选项组中的参数决定了多面体每个面的内部几何体。"中心"和"中心和边"选项可以增加对象中的顶点数,但是这些参数不能用来设置动画。

3.4.2 切角长方体

【功能介绍】

"切角长方体"是"长方体"的扩展，使用"切角长方体"工具可以方便快捷地创建出带圆角效果的长方体，其参数包括"长度"、"宽度"、"高度"、"圆角"以及相对应的分段数，如图 3-50 所示。

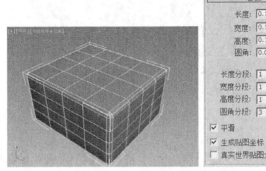

图 3-50

【提示】

相对于长方体的参数设置，切角长方体增加了"圆角"和"圆角分段"两项参数。当设置切角长方体的"圆角"数值为 0 时，效果与长方体效果是完全一样的，如图 3-51 所示。

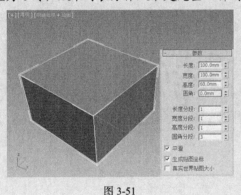

图 3-51

3.4.3 切角圆柱体

【功能介绍】

"切角圆柱体"是"圆柱体"的扩展，使用"切角圆柱体"工具可以方便快捷地创建出带圆角效果的圆柱体，其参数包括"半径"、"高度"、"圆角"、"高度分段"、"圆角分段"、"边数"和"端面分段"等，如图 3-52 所示。

3.4.4 其他扩展基本体

除了以上 3 种扩展基本体外，还有其他 10 种扩展基本体，分别是"环

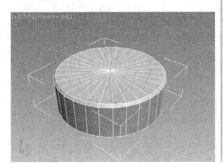

图 3-52

形结"、"油罐"、"胶囊"、"纺锤"、"L-Ext"、"球棱柱"、"C-Ext"、"环形波"、"软管"和"棱柱"，如图 3-53 所示，这 10 种扩展基本体平时很少用到，这里不着重讲解。

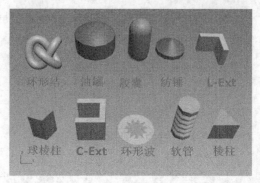

图 3-53

课堂案例——制作餐桌椅

学习目标：掌握常见扩展基本体的建模方法，能够使用扩展基本体构建简单的家具模型。

知识要点：重点掌握"切角长方体"工具的使用方法。

本案例主要使用"切角长方体"工具进行制作，以"选择并旋转"和"选择并移动"工具为辅，案例效果如图 3-54 所示。

图 3-54

【操作步骤】

（1）设置几何体类型为"扩展基本体"，然后使用"切角长方体"工具在场景中创建一个切角长方体，接着在"参数"卷展栏下设置"长度"为 1200mm、"宽度"为 40mm、"高度"为 1200mm、"圆角"为 0.4mm、"圆角分段"为 3，具体参数设置及模型效果如图 3-55 所示。

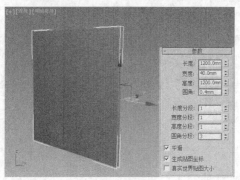

图 3-55

（2）按 A 键激活"角度捕捉切换"工具 ，然后按 E 键选择"选择并旋转"工具 ，接着按住 Shift 键在前视图中沿 z 轴旋转 90°，在弹出的"克隆选项"对话框中设置"对象"为"复制"，单击"确定"按钮，如图 3-56 所示，最后将复制好的切角长方体移动到合适的位置，此时效果如图 3-57 所示。

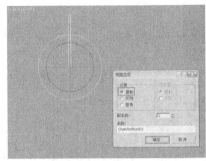
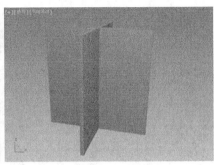

图 3-56   图 3-57

（3）使用"切角长方体"工具在场景中创建一个切角长方体，然后在"参数"卷展栏下设置"长度"为 1200mm、"宽度"为 1200mm、"高度"为 40mm、"圆角"为 0.4mm、"圆角分段"为 3，具体参数设置及模型位置如图 3-58 所示。

（4）继续使用"切角长方体"工具在场景中创建一个切角长方体，然后在"参数"卷展栏下设置"长度"为 850mm、"宽度"为 850mm、"高度"为 700mm、"圆角"为 10mm、"圆角分段"为 3，具体参数设置及模型位置如图 3-59 所示。

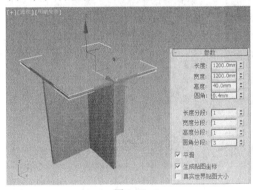
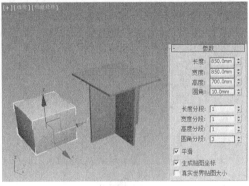

图 3-58   图 3-59

（5）使用"切角长方体"工具在场景中创建一个切角长方体，然后在"参数"卷展栏下设置"长度"为 80mm、"宽度"为 850mm、"高度"为 500mm、"圆角"为 8mm、"圆角分段"为 2，具体参数设置及模型位置如图 3-60 所示。

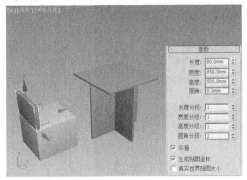

图 3-60

（6）使用"选择并旋转"工具 ⟳ 选择上一步创建的切角长方体，然后按住 Shift 键复制，并使用"选择并移动"工具 ✛ 将其调整到如图 3-61 所示的位置。

（7）选择椅子的所有部件，然后执行"组>成组"菜单命令，接着在弹出的"组"对话框中单击"确定"按钮，如图 3-62 所示。

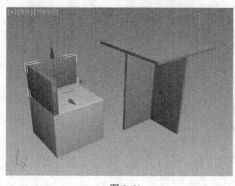
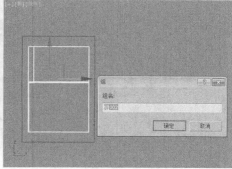

图 3-61　　　　　　　　　　　　　　　图 3-62

（8）选择"组 002"，然后按住 Shift 键使用"选择并移动"工具 ✛ 移动复制 3 组椅子，如图 3-63 所示。

（9）使用"选择并移动"工具 ✛ 和"选择并旋转"工具 ⟳ 调整好各把椅子的位置和角度，最终效果如图 3-64 所示。

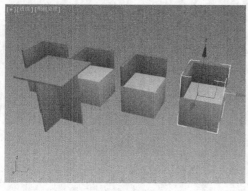
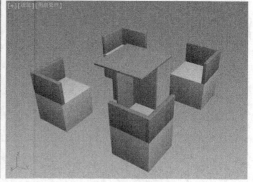

图 3-63　　　　　　　　　　　　　　　图 3-64

课堂练习——制作椅子

本练习主要用来巩固"切角长方体"建模方法，其中还会涉及 FFD3×3×3 修改器的运用，效果如图 3-65 所示，对于案例中涉及的还未讲到的技术，请读者参考该练习的视频教学。

图 3-65

3.5 本章小结

　　3ds Max 建模的几个主要途径分别是内置几何体建模、修改器建模、样条线建模、多边形建模以及其他特殊建模。本章着重讲解了 3ds Max 的内置几何体建模，内置几何体是 3ds Max 自带的几何体模型，主要包含标准基本体和扩展基本体两大类，这也是 3ds Max 的基础建模技术，通过修改和调整大致可以创建出较基本的模型。建模的方法还有很多种，在下一章中将继续讲解。

　　课后习题——制作简约橱柜

　　本习题是一个简约橱柜模型，这是室内表现中常用的家具，本习题用来巩固"标准基本体"中"长方体"建模工具的使用方法，其效果如图 3-66 所示。

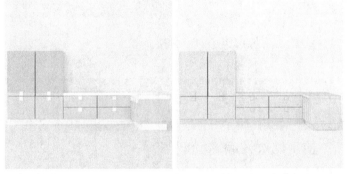

图 3-66

　　课后习题——制作欧式柱

　　本习题是一个欧式柱模型，主要使用"扩展基本体"中的"球体"和"软管"建模工具来进行制作，其次需要导入植物素材，其效果如图 3-67 所示。

图 3-67

第 4 章
3ds Max 高级建模方法

本章将主要介绍 3ds Max 的高级建模技术，包括样条线建模、多边形建模，以及修改器的运用，这些都是学习 3ds Max 必须掌握的模型技术。通过本章的学习，读者要熟练掌握这些技术，并且结合上一章所学的基础建模方法快速进行各种 3D 模型的制作。

课堂学习目标
1. 掌握常用修改器的使用方法。
2. 掌握样条线建模方法。
3. 熟练掌握多边形建模方法。

4.1 使用修改器编辑模型

修改器是 3ds Max 非常重要的功能，在继续深入学习其他建模技术之前，必须先掌握修改器的相关功能，因为后面很多建模技术中都会用到修改器。

4.1.1 认识修改面板

图 4-1

在"命令"面板中单击 ⬚ 按钮，进入"修改"面板，可以观察到"修改"面板的工具，如图 4-1 所示。

从"修改"面板中可以看出，面板最顶部的文本框中显示了当前被选择对象的名称（如图 4-1 中的 Box001），单击右侧的色块按钮可以给选择对象设置显示颜色。

接下来有一个"修改器列表"，这个列表中显示了 3ds Max 可以提供的所有修改器命令，单击右侧的 ⬚ 按钮可以打开下拉列表，然后从中选择需要的修改器。

在"修改器列表"中选择了修改器之后，被选中的修改器将会出现在下面的修改器堆栈（面板中最大的空白区域）中，如这里选择了"平滑"修改器。

【提示】

如果选择了多个修改器，那么这些修改器都将堆叠显示在这个区域，所以这里才叫修改器堆栈，顾名思义就是堆积修改器的地方。

"修改"面板最下方是一行工具按钮，不过这些工具一般很少使用，这里就不作介绍了。

给对象加载修改器的方法也非常简单。选择一个对象后，进入"修改"面板，然后单击"修改器列表"后面的 按钮，接着在弹出的下拉列表中选择相应的修改器即可，如图4-2所示。

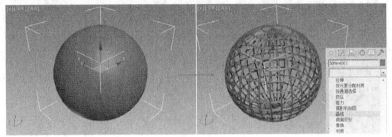

图4-2

4.1.2　修改器的基本操作

1.　修改器的排序

修改器的排列顺序非常重要，先加入的修改器位于修改器堆栈的下方，后加入的修改器则在修改器堆栈的顶部，不同的顺序对同一物体起到的效果是不一样的，如图4-3和图4-4所示。

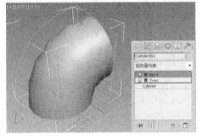

图4-3　　　　　　　　　　　图4-4

调整修改器顺序的方法很简单，用鼠标左键单击其中一个修改器不放，然后将其拖曳到需要放置的位置后松开鼠标左键即可（进行拖曳的时候修改器下方会出现一条蓝色的线），如图4-5所示。

【提示】

在修改器堆栈中，如果要同时选择多个修改器，可以先选中一个修改器，然后按住Ctrl键的同时加选其他修改器，如果按住Shift键则可以选中多个连续的修改器。

图4-5

2.　启用与禁用修改器

在修改器堆栈中可以观察到每个修改器前面都有个小灯泡的图标 ，这个图标表示的是这个修改器的启用或禁用状态。当小灯泡显示为亮的状态时 ，代表这个修改器是启用的；当小灯泡显示为暗的状态时 ，代表这个修改器被禁用了。单击这个小灯泡即可切换启用和禁用状态。

以下面的修改器堆栈为例，可以观察到这个物体加载了3个修改器，并且这3个修改器都被启用了，如图4-6所示。

选择底层的修改器，当"显示最终结果"按钮 被禁用时，场景中的物体不能显示该修改器之上的所有修改器的效果。例如此时选中底层的"晶格"修改器，从图4-7中可以观察到其余两个修改器的效果并没有显示出来。这时如果单击"显示最终结果"按钮 ，即可在选中底层修改器的状态下显示所有修改器的修改结果，如图 4-8 所示。

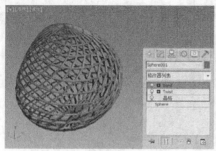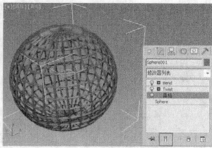

图 4-6 　　　　　　　　　　　　　　　　　　图 4-7

如果要禁用"弯曲"修改器，可以单击该修改器前面的小灯泡图标，使其变为灰色即可，这时物体的形状也跟着发生了变化，如图 4-9 所示。

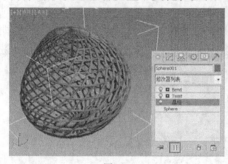

图 4-8 　　　　　　　　　　　　　　　　　　图 4-9

3. 编辑修改器

在修改器命令上单击鼠标右键（如在图 4-8 所示的"晶格"修改器命令上单击鼠标右键），系统会弹出一个快捷菜单，该菜单中包括一些对修改器进行编辑的常用命令，如图 4-10 所示。

从菜单中可以看出修改器是可以复制到其他物体上的，复制的方法有以下两种。

第 1 种：在修改器上单击鼠标右键，然后在弹出的菜单中选择"复制"命令，接着在需要的位置单击鼠标右键，最后在弹出的菜单中选择"粘贴"命令即可。

第 2 种：直接将修改器拖曳到场景中的某一物体上。

【提示】

在选中某一修改器后，如果按住 Ctrl 键的同时将其拖曳到其他对象上，可以将这个修改器作为实例粘贴到其他对象上；如果按住 Shift 键的同时将其拖曳到其他对象上，就相当于将源物体上的修改器剪切并粘贴到新对象上。

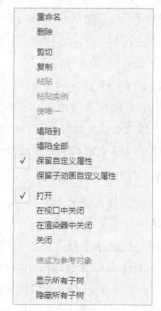

图 4-10

4. 塌陷修改器堆栈

塌陷修改器堆栈会将物体转换为可编辑网格，并删除其中所有的修改器，这样可以简化对象，并且还能够节约内存。但是塌陷之后就不能再对修改器的参数进行调整，并且也不能将修改器的历史恢复到基准值了。

塌陷修改器堆栈有"塌陷到"和"塌陷全部"两种方法。使用"塌陷到"命令可以塌陷到当前选定的修改器，也就是说删除当前及列表中位于当前修改器下面的所有修改器，保留当前修改器上面的所有修改器。而使用"塌陷全部"命令，则会塌陷整个修改器堆栈，删除所有修改器，并使对象变成可编辑网格。

下面以实例说明"塌陷到"与"塌陷全部"命令的区别。

以图 4-11 所示的修改器堆栈为例，处于最底层的是一个圆柱体，可以将其称为基础对象（注意，基础对象一定是处于修改器堆栈的最底层），而处于基础物体之上的是"弯曲"、"扭曲"和"松弛"这 3 个修改器。

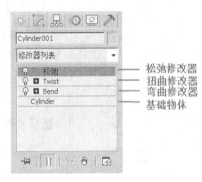

图 4-11

在"扭曲"修改器上单击鼠标右键，然后在弹出的菜单选择"塌陷到"命令，此时系统会弹出"警告:塌陷全部"对话框，如图 4-12 所示。在"警告:塌陷全部"对话框中有 3 个按钮，分别为"暂存/是"按钮、"是"按钮和"否"按钮。如果单击"暂存/是"按钮则可以将当前对象的状态保存到"暂存"缓冲区，然后才应用"塌陷到"命令，执行"编辑/取回"菜单命令，可以恢复到塌陷前的状态；如果单击"是"按钮，则将塌陷"扭曲"修改器和"弯曲"两个修改器，而保留"松弛"修改器，同时基础对象会变成"可编辑网格"物体，如图 4-13 所示。

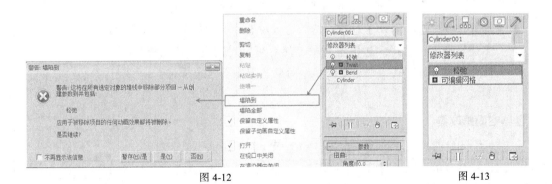

图 4-12   图 4-13

下面对同样的对象执行"塌陷全部"命令。在任意一个修改器上单击鼠标右键，然后在弹出的菜单中选择"塌陷全部"命令，此时系统也会弹出"警告:塌陷全部"对话框，如图 4-14 所示。如果单击"是"按钮后，将塌陷修改器堆栈中的所有修改器，并且基础对象也会变成"可编辑网格"物体，如图 4-15 所示。

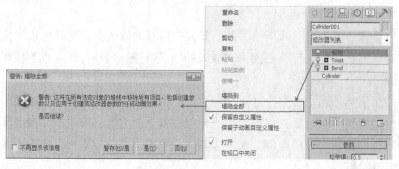

图 4-14　　　　　　　　　　　　　　　　　　　图 4-15

4.1.3　修改器的分类

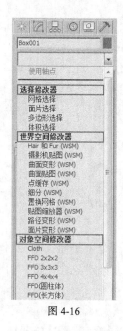

图 4-16

修改器有很多种，按照类型的不同被划分在几个修改器集合中。在"修改"面板下的"修改器列表"中，3ds Max 将这些修改器默认分为"选择修改器"、"世界空间修改器"和"对象空间修改器"3 大类，如图 4-16 所示。

1. 选择修改器

"选择修改器"集合中包括"网格选择"、"面片选择"、"多边形选择"和"体积选择"4 种修改器，如图 4-17 所示。

图 4-17

【命令详解】

● 网格选择：可以选择网格子对象。

● 面片选择：选择面片子对象，然后可以对面片子对象应用其他修改器。

● 多边形选择：选择多边形子对象，然后可以对其应用其他修改器。

● 体积选择：可以从一个对象或多个对象选定体积内的所有子对象。

2. 世界空间修改器

"世界空间修改器"集合基于世界空间坐标，而不是基于单个对象的局部坐标系，如图 4-18 所示。当应用了一个世界空间修改器之后，无论物体是否发生了移动，它都不会受到任何影响。

图 4-18

【命令详解】

● Hair 和 Fur（WSM）（头发和毛发（WSM））：用于为物体添加毛发。

● 点缓存（WSM）：该修改器可以将修改器动画存储到磁盘文件中，然后使用磁盘文件中的信息来播放动画。

● 路径变形（WSM）：可以根据图形、样条线或 NURBS 曲线路径将对象进行变形。

- 面片变形（WSM）：可以根据面片将对象进行变形。
- 曲面变形（WSM）：该修改器的工作方式与"路径变形（WSM）"修改器相同，只是它使用的是 NURBS 点或 CV 曲面，而不是使用曲线。
- 曲面贴图（WSM）：将贴图指定给 NURBS 曲面，并将其投射到修改的对象上。
- 摄影机贴图（WSM）：使摄影机将 UVW 贴图坐标应用于对象。
- 贴图缩放器（WSM）：用于调整贴图的大小，并保持贴图比例不变。
- 细分（WSM）：提供用于光能传递处理创建网格的一种算法。处理光能传递需要网格的元素尽可能地接近等边三角形。
- 置换网格（WSM）：用于查看置换贴图的效果。

3. 对象空间修改器

"对象空间修改器"集合中的修改器非常多，如图 4-19 所示。这个集合中的修改器主要应用于单独对象，使用的是对象的局部坐标系，因此当移动对象时，修改器也会跟着移动。

图 4-19

这部分修改器将在后面的内容中作为重点进行讲解。

4.1.4　常用修改器

1. 弯曲

【功能介绍】

"弯曲"修改器可以使物体在任意 3 个轴上控制弯曲的角度和方向，也可以对几何体的一段限制弯曲效果，其参数设置面板如图 4-20 所示。

【参数详解】

- 弯曲：该选项组主要包含以下两个选项。
- 角度：从顶点平面设置要弯曲的角度，范围为-999999~999999。
- 方向：设置弯曲相对于水平面的方向，范围为-999999~999999。

图 4-20

- 弯曲轴 X/Y/Z：该选项组用于指定要弯曲的轴，默认轴为 z 轴。
- 限制：该选项组主要包含以下 3 个选项。
- ⌐ 限制效果：将限制约束应用于弯曲效果。
- ⌐ 上限：以世界单位设置上部边界，该边界位于弯曲中心点的上方，超出该边界弯曲不再影响几何体，其范围为 0~999999。
- ⌐ 下限：以世界单位设置下部边界，该边界位于弯曲中心点的下方，超出该边界弯曲不再影响几何体，其范围为-999999~0。

2. 扭曲

【功能介绍】

"扭曲"修改器与"弯曲"修改器的参数比较相似，但是"扭曲"修改器产生的是扭曲效果，而"弯曲"修改器产生的是弯曲效果。"扭曲"修改器可以在对象几何体中产生一个旋转效果（就像拧湿抹布），并且可以控制任意 3 个轴上的扭曲角度，同时也可以对几何体的一段限制扭曲效果，其参数设置面板如图 4-21 所示。

图 4-21

【参数详解】

- 扭曲：该选项组主要包含以下两个选项。
- ⌐ 角度：确定围绕垂直轴扭曲的量，其默认值为 0。
- ⌐ 偏移：使扭曲物体的任意一段相互靠近，其取值范围为-100~100。数值为负时，对象扭曲会与 Gizmo 中心相邻；数值为正时，对象扭曲将远离 Gizmo 中心；数值为 0 时，将产生均匀的扭曲效果。
- 扭曲轴 X/Y/Z：该选项组用于指定扭曲所沿着的轴。
- 限制：该选项组主要包含以下 3 个选项。
- ⌐ 限制效果：对扭曲效果应用限制约束。
- ⌐ 上限：设置扭曲效果的上限，默认值为 0。
- ⌐ 下限：设置扭曲效果的下限，默认值为 0。

3. 拉伸

【功能介绍】

"拉伸"修改器用于模拟传统的挤出拉伸动画效果，在保持体积不变的前提下，沿指定轴向拉伸或挤出对象的形态。可以用于调节模型的形状，也可用于卡通动画的制作，其功能示意图和参数面板如图 4-22 所示。

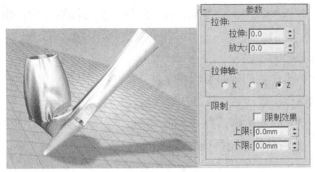

图 4-22

【参数详解】

- 拉伸：该选项组主要包含以下两个选项。
- 拉伸：设置拉伸的强度大小。
- 放大：设置拉伸中部扩大变形的程度。
- 拉伸轴 X/Y/Z：该选项组用于设置拉伸依据的坐标轴向。
- 限制：该选项组主要包含以下 3 个选项。
- 限制效果：打开限制影响，允许用户限制拉伸影响在 Gizmo（线框）上的范围。
- 上限/下限：分别设置拉伸限制的区域。

4. 挤压

【功能介绍】

"挤压"修改器类似于"拉伸"修改器的效果，沿着指定轴向拉伸或挤出对象，即可在保持体积不变的前提下改变对象的形态，也可以通过改变对象的体积来影响对象的形态，其示意图和参数面板如图 4-23 所示。

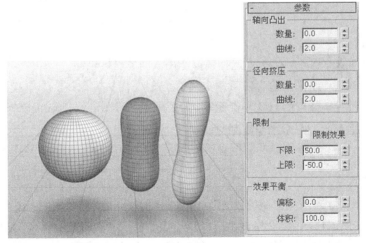

图 4-23

【参数详解】

- 轴向凸出：该选项组用于沿着 Gizmo（线框）自用轴的 z 轴进行膨胀变形。在默认状态下，Gizmo（线框）的自用轴与对象的轴向对齐，主要包含以下两个选项。

　 ⌐ 　 数量：控制膨胀作用的程度。

　 ⌐ 　 曲线：设置膨胀产生的变形弯曲程度，控制膨胀的圆滑和尖锐程度。

● 径向挤压：该选项组用于沿着 Gizmo（线框）自用轴的 z 轴挤出对象，主要包含以下两个选项。

　 ⌐ 　 数量：设置挤出的程度。

　 ⌐ 　 曲线：设置挤出作用的弯曲影响程度。

● 限制：该选项组主要包含以下 3 个选项。

　 ⌐ 　 限制效果：打开限制影响，在 Gizmo（线框）对象上限制挤压影响的范围。

　 ⌐ 　 下限/上限：分别设置限制挤压的区域。

● 效果平衡：该选项组主要包含以下两个选项。

　 ⌐ 　 偏移：在保持对象体积不变的前提下改变挤出和拉伸的相对数量。

　 ⌐ 　 体积：改变对象的体积，同时增加或减少相同数量的拉伸和挤出效果。

5. 镜像

【功能介绍】

"镜像"修改器用于沿着指定轴向镜像对象或对象选择集，适用于任何类型的模型，对镜像中心的位置变动可以记录成动画，其示意图及其参数面板如图 4-24 所示。

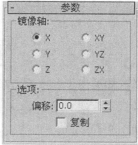

图 4-24

【参数详解】

● 镜像轴 X/Y/Z/XY/YZ/ZX：选择镜像作用依据的坐标轴向。

● 选项：该选项组主要包含以下两个选项。

　 ⌐ 　 偏移：设置镜像后的对象与镜像轴之间的偏移距离。

　 ⌐ 　 复制：是否产生一个镜像复制对象。

6. FFD

【功能介绍】

FFD 是"自由形式变形"的意思，FFD 修改器即"自由形式变形"修改器。FFD 修改器包含 5 种类型，分别是 FFD 2×2×2 修改器、FFD 3×3×3 修改器、FFD 4×4×4 修改器、FFD（长方体）修改器和 FFD（圆柱体）修改器。这种修改器是使用晶格框包围住选中的几何体，然后通过调整晶格的控制点来改变封闭几何体的形状。

➢ 　 FFD 2×2×2/FFD 3×3×3/FFD 4×4×4

FFD 2×2×2、FFD 3×3×3 和 FFD 4×4×4 修改器的子选项和参数设置面板完全相同，如图 4-25

所示。这里统一进行讲解，以节省篇幅。

图 4-25

【参数详解】

- 控制点：在这个子对象级别，可以对晶格的控制点进行编辑，通过改变控制点的位置影响外形。

- 晶格：对晶格进行编辑，可以通过移动、旋转、缩放使晶格与对象分离。

- 设置体积：在这个子对象级别下，控制点显示为绿色，对控制点的操作不影响对象形态。

- 显示：该选项组主要包含以下两个选项。

- 晶格：控制是否使连接控制点的线条形成栅格。

- 源体积：开启该选项可以将控制点和晶格以未修改的状态显示出来。

- 变形：该选项组主要包含以下两个选项。

- 仅在体内：只有位于源体积内的顶点会变形。

- 所有顶点：所有顶点都会变形。

- 控制点：该选项组主要包含以下 6 个选项。

- 重置：将所有控制点恢复到原始位置。

- 全部动画化：单击该按钮可以将控制器指定给所有的控制点，使他们在轨迹视图中可见。

- 与图形一致：在对象中心控制点位置之间沿直线方向来延长线条，可以将每一个 FFD 控制点移到修改对象的交叉点上。

- 内部点：仅控制受"与图形一致"影响的对象内部的点。

- 外部点：仅控制受"与图形一致"影响的对象外部的点。

- 偏移：设置控制点偏移对象曲面的距离。

- About（关于）：显示版权和许可信息。

> FFD（长方体）/FFD（圆柱体）

"FFD（长方体）"和"FFD（圆柱体）"修改器与 FFD 修改器的功能基本一致，只是参数面板略有一些差异，如图 4-26 所示，这里只介绍其特有的相关参数。

图 4-26

【参数详解】

● 尺寸：该选项组主要包含以下两个选项。

⌐ 点数：显示晶格中当前的控制点数目，例如 4×4×4、2×2×2 等。

⌐ 设置点数：单击该按钮可以打开"设置 FFD 尺寸"对话框，在该对话框中可以设置晶格中所需控制点的数目，如图 4-27 所示。

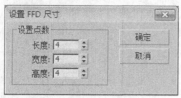

图 4-27

● 变形：该选项组主要包含以下 3 个选项。

⌐ 衰减：决定 FFD 的效果减为 0 时离晶格的距离。

⌐ 张力/连续性：调整变形样条线的张力和连续性。虽然无法看到 FFD 中的样条线，但晶格和控制点代表着控制样条线的结构。

● 选择：该选项组主要包含以下 3 个选项。

⌐ 全部 X/全部 Y/全部 Z：选中沿着由这些轴指定的局部维度的所有控制点。

7. 平滑

【功能介绍】

"平滑"修改器用于给对象指定不同的平滑组，产生不同的表面平滑效果，其示意图和参数面板如图 4-28 所示。

图 4-28

【参数详解】

● 自动平滑：如果此选项开启，则可以通过"阈值"来调节平滑的范围。

● 禁止间接平滑：打开此选项，可以避免自动平滑的漏洞，但会使计算速度下降，它只影响自动平滑效果。如果发现自动平滑后的对象表面有问题，可以打开此选项来修改错误，否则不必将它打开。

● 阈值：设置平滑依据的面之间的夹角度数。

● 平滑组：该选项组提供了 32 个平滑组群供选择指定，它们之间没有高低强弱之分，只要相邻的面拥有相同的平滑组群号码，它们就产生平滑的过渡，否则就产生接缝。

8. 网格平滑

【功能介绍】

"平滑"、"网格平滑"和"涡轮平滑"修改器都可以用来平滑几何体，但是在效果和可调性上有所差别。简单地说，对于相同的物体，"平滑"修改器的参数比其他两种修改器要简单一些，但是平滑的强度不大；"网格平滑"与"涡轮平滑"修改器的使用方法相似，但是后者能够更快并更有效率地利用内存，不过"涡轮平滑"修改器在运算时容易发生错误。因此，"网格平滑"修改器是在实际工作中最常用的一种。"网格平滑"修改器可以通过多种方法来平滑场景中的几何体，它允许细分几何体，同时可以使角和边变得平滑，其参数设置面板共包含 7 个卷展栏，如图 4-29 所示。

图 4-29

【参数详解】

（1）展开"细分方法"卷展栏，如图 4-30 所示。

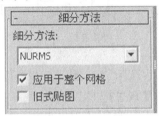

图 4-30

- 细分方法：在其下拉列表中选择细分的方法，共有"经典"、NURMS 和"四边形输出"3 种方法。"经典"方法可以生成三面和四面的多面体，如图 4-31 所示；NURMS 方法生成的对象与可以为每个控制顶点设置不同权重的 NURBS 对象相似，这是默认设置，如图 4-32 所示；"四边形输出"方法仅生成四面多面体，如图 4-33 所示。

图 4-31　　　　　　　图 4-32　　　　　　　图 4-33

- 应用于整个网络：启用该选项后，平滑效果将应用于整个对象。

（2）展开"细分量"卷展栏，如图 4-34 所示。

- 迭代次数：设置网格细分的次数，这是最常用的一个参数，其数值的大小直接决定了平滑的效果，取值范围为 0～10。增加该值时，每次新的迭代会通过在迭代之前对顶点、边和曲面创建平滑差补顶点来细分网格，如图 4-35 所示是"迭代次数"为 1、2、3 时的平滑效果对比。

图 4-34

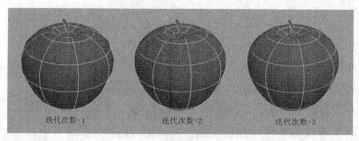

图 4-35

【提示】

　　"网格平滑"修改器的参数虽然有 7 个卷展栏，但是基本上只会用到"细分方法"和"细分量"卷展栏中的参数，特别是"细分量"卷展栏中的"迭代次数"。

- 平滑度：为多尖锐的锐角添加面以平滑锐角，计算得到的平滑度为顶点连接的所有边的平均角度。

- 渲染值：用于在渲染时对对象应用不同平滑"迭代次数"和不同的"平滑度"值。在一般情况下，使用较低的"迭代次数"和较低的"平滑度"值进行建模，而使用较高值进行渲染。

（3）展开"局部控制"卷展栏，如图 4-36 所示。

- 子对象层级：启用或禁用"顶点"或"边"层级。如果两个层级都被禁用，将在对象层级进行工作。

- 忽略背面：控制子对象的选择范围。取消选择时，不管法线的方向如何，可以选择所有的子对象，包括不被显示的部分。

- 控制级别：用于在一次或多次迭代后察看控制网格，并在该级别编辑子对象点和边。

- 折缝：在平滑的表面上创建尖锐的转折过渡。

图 4-36

- 权重：设置点或边的权重。

- 等值线显示：选择该项，细分曲面之后，软件也只显示对象在平滑之前的原始边。禁用此项后，3ds Max 会显示所有通过涡轮平滑添加的曲面，因此更高的迭代次数会产生更多数量的线条，默认设置为禁用状态。

- 显示框架：选择该项后，可以显示出细分前的多边形边界。其右侧的第 1 个色块代表"顶点"子对象层级未选定的边，第 2 个色块代表"边"子对象层级未选定的边，单击色块可以更改其颜色。

（4）展开"参数"卷展栏，如图 4-37 所示。

- 强度：设置增加面的大小范围，仅在平滑类型选择为"经典"或"四边形输出"时可用。取值范围为 0~1。

- 松弛：对平滑的顶点指定松弛影响，仅在平滑类型选择为"经典"或"四边形输出"时可用。取值范围为-1~1，值越大，表面收缩越紧密。

- 投影到限定曲面：在平滑结果中将所有的点放到"限定表面"中，仅在平滑类型选择为"经典"时可用。

图 4-37

- 平滑结果：选择此项，对所有的曲面应用相同的平滑组。

- 分隔方式：有两种方式供用户选择。材质，防止在不共享材质 ID 的面之间创建边界上的新面；平滑组，防止在不共享平滑组（至少一组）的面之间创建边界上的新面。

（5）展开"设置"卷展栏，如图 4-38 所示。

- 操作于：以两种方式进行平滑处理，三角形方式 对每个三角面进行平滑处理，包括不可见的三角面边，这种方式细节会很清晰；多边形方式 只对可见的多边形面进行平滑处理，这种方式整体平滑度较好，细节不明显。

- 保持凸面：只能用于多边形模式，勾选时，可以保持所有的多边形都是凸起的，防止产生折缝。

图 4-38

（6）展开"重置"卷展栏，如图 4-39 所示。

- 重置所有层级：恢复所有子对象级别的几何编辑、折缝、权重等为默认或初始设置。

- 重置该层级：恢复当前子对象级别的几何编辑、折缝、权重等为默认或初始设置。

- 重置几何体编辑：恢复对点或边的变换为默认状态。

- 重置边折缝：恢复边的折缝值为默认值。

- 重置顶点权重：恢复顶点的权重设置为默认值。

- 重置边权重：恢复边的权重设置为默认值。

- 全部重置：恢复所有设置为默认值。

图 4-39

9. 涡轮平滑

【功能介绍】

"涡轮平滑"是基于"网格平滑"的一种新型平滑修改器，与网格平滑相比，它更加简洁快速，其优化了网格平滑中的常用功能，也使用了更快的计算方式来满足用户的需求，其示意图和参数面板如图 4-40 所示。

在涡轮平滑中没有对"顶点"和"边"子对象级别的操作，而且它只有 NURMS 一种细分方式，但在处理场景时使用涡轮平滑可以大大提高视口的响应速度。

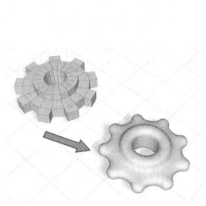

图 4-40

【参数详解】

- **主体**：该选项组主要包含以下 4 个选项。
  - ↳ **迭代次数**：设置网格的细分次数。增加该值时，每次新的迭代会通过在迭代之前对顶点、边和曲面创建平滑差补顶点来细分网格，修改器会细分曲面来使用这些新的顶点。默认值为 1，取值范围为 0~10。
  - ↳ **渲染迭代次数**：选择该项，可以在右边的数值框中设置渲染的迭代次数。
  - ↳ **等值线显示**：选择该项，细分曲面之后，软件也只显示对象在平滑之前的原始边。禁用此项后，3ds Max 会显示所有通过涡轮平滑添加的曲面，因此更高的迭代次数会产生更多数量的线条，默认设置为禁用状态。
  - ↳ **明确的法线**：选择该项，可以在涡轮平滑过程中进行法线计算。此方法比"网格平滑"中用于计算法线的标准方法快速，而且法线质量会稍微提高。默认设置为禁用状态。
- **曲面参数**：该选项组主要包含以下 3 个选项。
  - ↳ **平滑结果**：选择此项，对所有的曲面应用相同的平滑组。
  - ↳ **材质**：选择此项，防止在不共享材质 ID 的曲面之间的边创建新曲面。
  - ↳ **平滑组**：选择此项，防止在不共享至少一个平滑组的曲面之间的边上创建新曲面。
- **更新选项**：该选项组主要包含以下 4 个选项。
  - ↳ **始终**：任何时刻对涡轮平滑作了改动后都自动更新对象。
  - ↳ **渲染时**：仅在渲染时才更新视口中对象的显示。
  - ↳ **手动**：单击"更新"按钮，手动更新视口中对象的显示。
  - ↳ **更新**：更新视口中的对象显示，仅在选择了"渲染时"或"手动"选项时才起作用。

课堂案例——制作樱桃

学习目标：掌握常用修改器的用法，能够运用修改器制作简单的模型。

知识要点：FFD、"平滑"、"网格平滑"、"涡轮平滑"修改器的使用方法。

本例是一组樱桃模型，采用标准基本体和多边形建模方法进行制作，并应用了 FFD、"平滑"、"网格平滑"和"涡轮平滑"修改器，效果如图 4-41 所示。

图 4-41

【操作步骤】

（1）设置几何体类型为"标准基本体"，接着单击"茶壶"并在顶视图中创建，然后设置"半径"为 80mm、"分段"为 10，并取消勾选"壶把"、"壶嘴"、"壶盖"部分，具体参数设置及模型效果如图 4-42 所示。

（2）选择上一步创建的模型，然后为其加载一个 FFD 3×3×3 修改器，接着在修改器堆栈下单击展开 FFD 3×3×3，并单击"控制点"，最后在前视图中选择图 4-43 中所示的控制点。

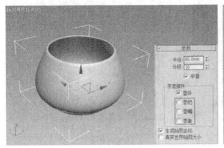
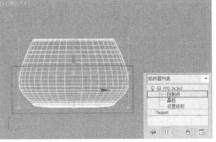

图 4-42   图 4-43

（3）单击"选择并均匀缩放"按钮 将控制点进行缩放，接着单击"选择并移动"按钮 ，并在前视图中将控制点按 Y 轴的正方向进行拖曳，将模型调整到图 4-44 所示的状态，此时杯子模型如图 4-45 所示。

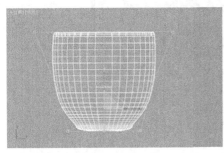

图 4-44   图 4-45

（4）单击"创建"面板，接着在顶视图中创建一个球体，然后设置球体的"半径"为 20mm、"分段"为 8，最后取消勾选"平滑"，具体参数设置及模型效果如图 4-46 所示。

【提示】

在这里设置"分段"以及不勾选"平滑"是为了使模型表面上的点不会太多，当将其转换为可编辑多边形的时候更容易调节各点的位置。

（5）右键单击"转换为"，接着单击"转换为可编辑多边形"命令，将其转换为可编辑多边形，如图 4-47 所示。

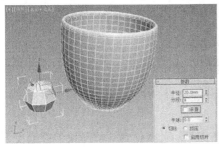

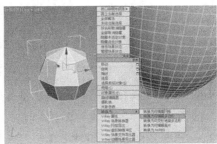

图 4-46   图 4-47

（6）在"顶点"按钮 ，选择如图 4-48 所示的点，然后单击"选择并移动"按钮 ，接着在前视图中拖曳其位置，此时效果如图 4-49 所示。

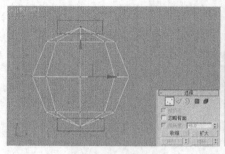
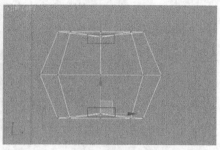

图 4-48 图 4-49

（7）选择上一步创建的模型，然后为其加载一个"网格平滑"命令，并设置"迭代次数"为 2，具体参数设置及模型效果如图 4-50 所示。

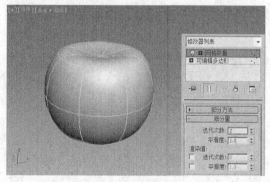

图 4-50

【提示】

"网格平滑"修改器通过同时把斜面功能用于对象的顶点和边来光滑全部曲面。此修改器可以创建一个 NURMS 对象，NURMS 代表非均匀有理网格光滑。

"细分方法"卷展栏下的"细分方法"包括 3 种类型："典型"、"四边形输出"和 NURMS，如图 4-51 所示，可以操作于三角形面或多边形面。"迭代次数"可以调节平滑的数值（在这里一定注意不要将迭代次数设置得太大）。

图 4-51

（8）最后使用"编辑多边形"创建出樱桃把部分的模型，并将樱桃两部分成组，此时模型效果如图 4-52 所示。

（9）按下键盘上的 Shift 键然后单击"选择并移动"按钮 ，将其复制并拖曳到适当的位置，最终模型效果如图 4-53 所示。

图 4-52

图 4-53

【提示】

在"涡轮平滑"出现之前都是使用"网格平滑"来光滑物体的，可代价就是光滑之后显卡明显迟钝严重影响了操作，大家不得不一直升级硬件来满足需要。

而"涡轮平滑"是 3ds Max 7 推出的强大功能之一，它的效果跟"网格平滑"是一样的，但算法非常优秀，对显卡的要求却非常低，以前"网格平滑"光滑 2 级机器就跑不动了，而"涡轮平滑"却可以轻松上到 6 级，简直不可同日而语，也因此取代了"网格平滑"，不过"涡轮平滑"的高速度是有一定缺陷的，稳定性不如"网格平滑"好，不过这种情况很少见。如果你发现模型发生奇怪的穿洞或者拉扯现象，可以试着把"涡轮平滑"换成"网格平滑"。

在这里我们可以使用"涡轮平滑"命令来制作，单击并在"修改器列表"下面选择"涡轮平滑"命令，然后设置"迭代次数"为 2，添加"涡轮平滑"后的效果，从图中可以看到效果也比较好，如图 4-54 所示。

接下来我们还可以使用"平滑"命令，在使用"平滑"的时候我们需要先对物体进行"细化"命令，增加它表面的段值，设置"操作于"为"四边形"，设置"迭代次数"为 2，如图 4-55 所示。

图 4-54

图 4-55

在"修改器列表"下选择"平滑"命令，然后勾选"自动平滑"命令，并设置"阈值"为 50，如图 4-56 所示。

图 4-56

三种平滑命令的效果对比，如图 4-57 所示。

图 4-57

在实地操作的时候我们可以根据我们的实际情况来使用这些命令。

课堂练习——制作冰淇淋

本练习是一个冰淇淋模型，主要用来练习前面学习的"弯曲"、"壳"和"扭曲"修改器的使用方法，其效果如图 4-58 所示。

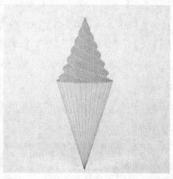

图 4-58

4.2 样条线建模

样条线建模也是非常重要的一种建模方法，很多复杂的 3D 模型都可以通过二维样条线来获得。样条线本身其实没有太大的模型价值，但是它可以作为一个平台，用户能够利用这个平台来制作有价值的 3D 模型。

4.2.1 创建样条线

二维图形由一个或多个样条线组成，而样条线又是由点和线段组成的。所以只要调整点的参数及样条线的参数，就可以生成复杂的二维模型，利用这些二维模型又可以生成三维模型。

在"创建"面板中单击"图形"按钮，然后选择图形类型为"样条线"，打开样条线的工具面板，其中包含 12 种样条线工具，分别是"线"、"矩形"、"圆"、"椭圆"、"弧"、"圆环"、"多边形"、"星形"、"文本"、"螺旋线"、"Egg"和"截面"，如图 4-59 所示。

图 4-59

【提示】

样条线的应用非常广泛，其建模速度相当快。在 3ds Max 中，制作三维文字时，可以直接使用"文本"工具输入字体，然后将其转换为三维模型。同时还可以导入 AI 矢量图形来生成三维物体。选择相应的样条线工具后，在视图中拖曳光标就可以绘制出相应的样条线，如图 4-60 所示。

图 4-60

1. 线

【功能介绍】

"线"在建模中是最常用的一种样条线，其使用方法非常灵活，形状也不受约束，可以封闭也可以不封闭，拐角处可以是尖锐的也可以是圆滑的，如图 4-61 所示。线中的顶点有 3 种类型，分别是"角点"、"平滑"和 Bezier。

线的参数包括"渲染"卷展栏、"插值"卷展栏、"创建方法"卷展栏和"键盘输入"卷展栏，如图 4-62 所示。

图 4-61

图 4-62

【参数详解】

图 4-63

（1）展开"渲染"卷展栏，如图 4-63 所示。

- 在渲染中启用：勾选该选项才能渲染出样条线。
- 在视口中启用：勾选该选项后，样条线会以网格的形式显示在视图中。
- 使用视口设置：该选项只有在开启"在视口中启用"选项时才可用，主要用于设置不同的渲染参数。
- 生成贴图坐标：控制是否应用贴图坐标。
- 真实世界贴图大小：控制应用于对象的纹理贴图材质所使用的缩放方法。
- 视口/渲染：当勾选"在视口中启用"选项时，样条线将显示在视图中；当同时勾选"在视口中启用"和"渲染"选项时，样条线在视图和渲染中都可以显示出来。

- 径向：将 3D 网格显示为圆柱形对象，其参数包含"厚度"、"边"和"角度"。"厚度"选项用于指定视图或渲染样条线网格的直径，其默认值为 1，取值范围为 0～100；"边"选项用于在视图或渲染器中为样条线网格设置边数或面数（如值为 4 则表示一个方形横截面）；"角度"选项用于调整视图或渲染器中的横截面的旋转位置。

- 矩形：将 3D 网格显示为矩形对象，其参数包含"长度"、"宽度"、"角度"和"纵横比"。"长度"选项用于设置沿局部 y 轴的横截面大小；"宽度"选项用于设置沿局部 x 轴的横截面大小；"角度"选项用于调整视图或渲染器中的横截面的旋转位置；"纵横比"选项用于设置矩形横截面的纵横比。

- 自动平滑：启用该选项可以激活下面的"阈值"选项，调整"阈值"数值可以自动平滑样条线。

（2）展开"插值"卷展栏，如图 4-64 所示。

- 步数：手动设置每条样条线的步数。
- 优化：启用该选项后，可以从样条线的直线线段中删除不需要的步数。
- 自适应：启用该选项后，系统会自适应设置每条样条线的步数，以生成平滑的曲线。

（3）展开"创建方法"卷展栏，如图 4-65 所示。

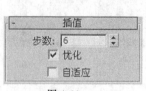

图 4-64

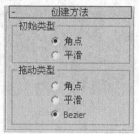

图 4-65

- 初始类型：该选项组用于指定创建第 1 个顶点的类型，主要包含以下两个选项。
- 角点：通过顶点产生一个没有弧度的尖角。
- 平滑：通过顶点产生一条平滑的、不可调整的曲线。

- 拖动类型：该选项组用于当拖曳顶点位置时，设置所创建顶点的类型，主要包含以下 3 个选项。
- 角点：通过顶点产生一个没有弧度的尖角。
- 平滑：通过顶点产生一条平滑、不可调整的曲线。
- Bezier：通过顶点产生一条平滑、可以调整的曲线。

（4）展开"键盘输入"卷展栏，如图 4-66 所示。该卷展栏下的参数可以通过键盘输入来完成样条线的绘制。

图 4-66

2. 文本

【功能介绍】

使用"文本"样条线可以很方便地在视图中创建出文字模型，并且可以更改字体类型和字体大小，如图 4-67 所示，其参数设置面板如图 4-68 所示（"渲染"和"插值"两个卷展栏中的参数与"线"的参数相同）。

图 4-67   图 4-68

【参数详解】

- 斜体 I：单击该按钮可以将文本切换为斜体，如图 4-69 所示。

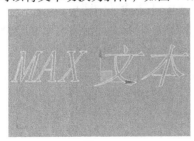

图 4-69

下画线 U：单击该按钮可以将文本切换为下画线文本，如图 4-70 所示。

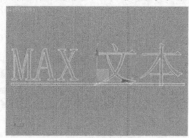

图 4-70

- 左对齐 ：单击该按钮可以将文本对齐到边界框的左侧。
- 居中 ：单击该按钮可以将文本对齐到边界框的中心。
- 右对齐 ：单击该按钮可以将文本对齐到边界框的右侧。
- 对正 ：分隔所有文本行以填充边界框的范围。
- 大小：设置文本高度，其默认值为 100mm。
- 字间距：设置文字间的间距。
- 行间距：调整字行间的间距（只对多行文本起作用）。
- 文本：在此可以输入文本，若要输入多行文本，可以按 Enter 键切换到下一行。

3. 其他样条线

除了以上两种样条线以外，还有其他 10 种样条线，分别是"矩形"、"圆"、"椭圆"、"弧"、"圆环"、"多边形"、"星形"、"螺旋线"、"Egg"和"截面"，如图 4-71 所示。这 10 种样条线都很简单，其参数也很容易理解，在此就不再赘述。

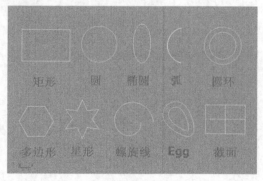

图 4-71

课堂案例——制作卡通猫咪

学习目标：灵活使用"线"工具来创建二维图形。

知识要点：掌握"线"的创建方法和样条线的可渲染属性设置。

本案例的卡通猫咪效果如图 4-72 所示，制作技术比较简单，主要采用"线"命令创建样条线来构图，最后设置样条线的可渲染属性。

图 4-72

【操作步骤】

（1）使用"线"工具 ___线___ 在前视图中绘制出猫咪头部的样条线，如图 4-73 所示。

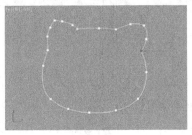

图 4-73

【提示】

如果绘制出来的样条线不是很平滑，就需要对其进行调节（需要尖角的角点时就不需要调节），样条线形状主要是在"顶点"级别下进行调节。下面以图 4-74 中的矩形来详细介绍一下如何将硬角点调节为平面的角点。

进入"修改"面板，然后在"选择"卷展栏下单击"顶点"按钮 ·，进入"顶点"级别，如图 4-75 所示。

图 4-74

图 4-75

选择需要调节的顶点，然后单击鼠标右键，在弹出的菜单中可以观察到除了"角点"选项以外，还有另外 3 个选项，分别是"Bezier 角点"、"Bezier"和"平滑"选项，如图 4-76 所示。

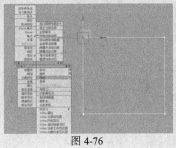

图 4-76

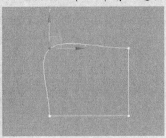

图 4-77

　　平滑：如果选择该选项，则选择的顶点会自动平滑，但是不能继续调节角点的形状，如图4-77 所示。

　　Bezier 角点：如果选择该选项，则原始角点的形状保持不变，但会出现控制柄（两条滑竿）和两个可供调节方向的锚点，如图4-78 所示。通过这两个锚点，可以用"选择并移动"工具 ，"选择并旋转"工具 、"选择并均匀缩放"工具 等对锚点进行移动、旋转和缩放等操作，从而改变角点的形状，如图4-79 所示。

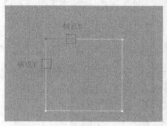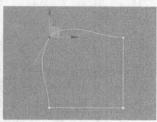

图 4-78　　　　　　　　　　　　　　　　图 4-79

　　Bezier：如果选择该选项，则会改变原始角点的形状，同时也会出现控制柄和两个可供调节方向的锚点，如图4-80 所示。同样通过这两个锚点，可以用"选择并移动"工具 、"选择并旋转"工具 和"选择并均匀缩放"工具 等对锚点进行移动、旋转和缩放等操作，从而改变角点的形状，如图4-81 所示。

图 4-80　　　　　　　　　　　　　　　　图 4-81

　　（2）切换到"修改"面板，然后在"渲染"卷展栏下勾选"在渲染中启用"和"在视口中启用"选项，接着设置"径向"的"厚度"为1.969mm、"边"为15，最后在"插值"卷展栏下设置"步数"为30，具体参数设置如图4-82 所示，此时模型效果如图4-83 所示。

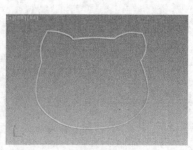

图 4-82　　　　　　　　　　　　　　　　图 4-83

【提示】

"步数"主要用来调节样条线的平滑度，值越大，样条线就越平滑，如图 4-84 和图 4-85 所示分别是"步数"值为 2 和 50 时的效果对比。

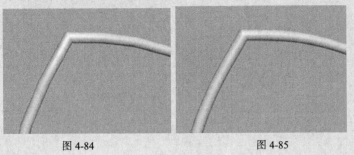

图 4-84   图 4-85

（3）在"创建"面板中单击"圆"按钮 _____圆_____ ，然后在前视图中绘制一个圆形作为猫咪的眼睛，接着在"参数"卷展栏下设置"半径"为 7.46mm，圆形位置如图 4-86 所示。

【提示】

由于在步骤（2）中已经设置了样条线的渲染参数（在"渲染"卷展栏下设置），3ds Max 会记忆这些参数，并应用在创建的新样条线中，所以在步骤（3）中就不用设置渲染参数。

（4）使用"选择并移动"工具 ✛ 选择圆形，然后按住 Shift 键移动复制一个圆到图 4-87 中所示的位置。

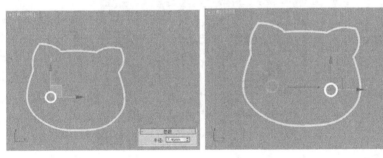

图 4-86   图 4-87

（5）继续使用"选择并移动"工具 ✛ 移动复制一个圆形到嘴部位置，然后按 R 键选择"选择并均匀缩放"工具 ▣ ，接着在前视图中沿 y 轴向下将其压扁，效果如图 4-88 所示。

（6）采用相同的方法使用"线"工具在前视图中绘制出猫咪的其他部分，最终模型效果如图 4-89 所示。

图 4-88

图 4-89

课堂练习——制作创意字母

本练习主要用来练习"文本"命令的用法，案例效果如图 4-90 所示。

图 4-90

4.2.2 可编辑样条线

1. 把样条线转换为可编辑样条线

将样条线转换为可编辑样条线的方法有以下两种。

第 1 种：选择样条线，然后单击鼠标右键，接着在弹出的菜单中选择"转换为/转换为可编辑样条线"命令，如图 4-91 所示。

图 4-91

【提示】

在将样条线转换为可编辑样条线前，样条线具有创建参数（"参数"卷展栏），如图 4-92 所示。转换为可编辑样条线以后，"修改"面板的修改器堆栈中的 Text 就变成了"可编辑样条线"选项，并且没有了"参数"卷展栏，但增加了"选择"、"软选择"和"几何体" 3 个卷展栏，如图 4-93 所示。

图 4-92

图 4-93

第 2 种：选择样条线，然后在"修改器列表"中为其加载一个"编辑样条线"修改器，如图 4-94 所示。

图 4-94

【提示】

上面介绍的两种方法有一些区别。与第 1 种方法相比，第 2 种方法的修改器堆栈中不只包含"编辑样条线"选项，同时还保留了原始的样条线（也包含"参数"卷展栏）。当选择"编辑样条线"选项时，其卷展栏包含"选择"、"软选择"和"几何体"卷展栏，如图 4-95 所示；当选择 Text 选项时，其卷展栏包括"渲染"、"插值"和"参数"卷展栏，如图 4-96 所示。

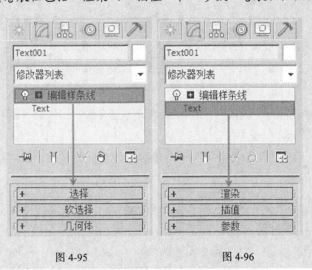

图 4-95   图 4-96

在 3ds Max 的修改器中，能够用于样条线编辑的修改器包括编辑样条线、横截面、删除样条线、车削、规格化样条线、圆角/切角、修剪/延伸等。

2. 编辑样条线

"编辑样条线"修改器主要针对样条线进行修改和编辑，把样条线转换为可编辑样条线后，可编辑样条线就包含 5 个卷展栏，分别是"渲染"、"插值"、"选择"、"软选择"和"几何体"卷展栏，如图 4-97所示。

图 4-97

【提示】

下面只介绍"选择"、"软选择"和"几何体"3 个卷展栏下的相关参数，另外两个卷展栏请参阅上面相关内容。

【参数详解】

（1）"选择"卷展栏主要用来切换可编辑样条线的操作级别，其参数面板如图 4-98 所示。

- 顶点：用于访问"顶点"子对象级别，在该级别下可以对样条线的顶点进行调节，如图 4-99 所示。

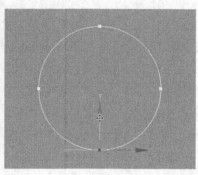

图 4-98　　　　　　　　　　　　图 4-99

- 线段 ：用于访问"线段"子对象级别，在该级别下可以对样条线的线段进行调节，如图 4-100 所示。
- 样条线 ：用于访问"样条线"子对象级别，在该级别下可以对整条样条线进行调节，如图 4-101 所示。

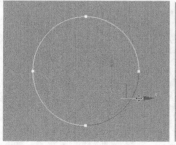
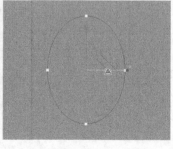

图 4-100　　　　　　　　　　　　图 4-101

- 命名选择：该选项组用于复制和粘贴命名选择集，主要包含以下两个选项。
- 复制：将命名选择集放置到复制缓冲区。
- 粘贴：从复制缓冲区中粘贴命名选择集。
- 锁定控制柄：关闭该选项时，即使选择了多个顶点，用户每次也只能变换一个顶点的切线控制柄；勾选该选项时，可以同时变换多个 Bezier 和 Bezier 角点控制柄。
- 相似：拖曳传入向量的控制柄时，所选顶点的所有传入向量将同时移动。同样，移动某个顶点上的传出切线控制柄将移动所有所选顶点的传出切线控制柄。

- 全部：当处理单个 Bezier 角点顶点并且想要移动两个控制柄时，可以使用该选项。
- 区域选择：该选项允许自动选择所单击顶点的特定半径中的所有顶点。
- 线段端点：勾选该选项后，可以通过单击线段来选择顶点。
- 选择方式：单击该按钮可以打开"选择方式"对话框，如图 4-102 所示。在该对话框中可以选择所选样条线或线段上的顶点。

图 4-102

- 显示：该选项组用于设置顶点编号的显示方式，主要包含以下两个选项。
- 显示顶点编号：启用该选项后，3ds Max 将在任何子对象级别的所选样条线的顶点旁边显示顶点编号，如图 4-103 所示。
- 仅选定：启用该选项后（要启用"显示顶点编号"选项时，该选项才可用），仅在所选顶点旁边显示顶点编号，如图 4-104 所示。

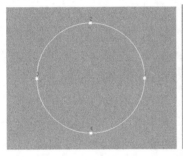

| 图 4-103 | 图 4-104 |

（2）"软选择"卷展栏下的参数选项允许部分地选择显式选择邻接处中的子对象，如图 4-105 所示。这将会使显式选择的行为就像被磁场包围了一样。在对子对象进行变换时，在场中被部分选定的子对象就会以平滑的方式进行绘制。

- 使用软选择：启用该选项后，3ds Max 会将样条线曲线变形应用到所变换的选择周围的未选定子对象。
- 边距离：启用该选项后，可以将软选择限制到指定的边数。
- 衰减：用以定义影响区域的距离，它是用当前单位表示的从中心到球体的边的距离。使用越高的"衰减"数值，就可以实现更平缓的斜坡。
- 收缩：用于沿着垂直轴提高并降低曲线的顶点。数值为负数时，将生成凹陷，而不是点；数值为 0 时，收缩将跨越该轴生成平滑变换。
- 膨胀：用于沿着垂直轴展开和收缩曲线。受"收缩"选项的限制，"膨胀"选项设置膨胀的固定起点。"收缩"值为 0mm 并且"膨胀"值为 1mm 时，将会产生最为平滑的凸起。

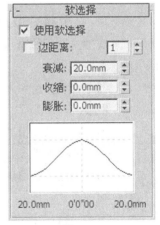

图 4-105

- 软选择曲线图：以图形的方式显示软选择是如何进行工作的。

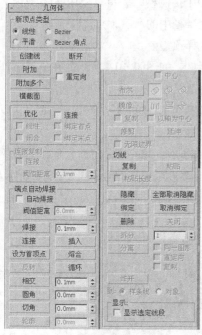

图 4-106

（3）"几何体"卷展栏下是一些编辑样条线对象和子对象的相关参数与工具，如图 4-106 所示。

- 新顶点类型：该选项组用于选择新顶点的类型，主要包含以下 4 个选项。
- 线性：新顶点具有线性切线。
- Bezier：新顶点具有 Bezier 切线。
- 平滑：新顶点具有平滑切线。
- Bezier 角点：新顶点具有 Bezier 角点切线。
- 创建线：向所选对象添加更多样条线。这些线是独立的样条线子对象。
- 断开：在选定的一个或多个顶点拆分样条线。选择一个或多个顶点，然后单击"断开"按钮可以创建拆分效果。
- 附加：将其他样条线附加到所选样条线。
- 附加多个：单击该按钮可以打开"附加多个"对话框，该对话框包含场景中所有其他图形的列表。
- 重定向：启用该选项后，将重新定向附加的样条线，使每个样条线的创建局部坐标系与所选样条线的创建局部坐标系对齐。
- 横截面：在横截面形状外面创建样条线框架。
- 优化：这是最重要的工具之一，可以在样条线上添加顶点，且不更改样条线的曲率值。
- 连接：启用该选项时，通过连接新顶点可以创建一个新的样条线子对象。使用"优化"工具添加顶点后，"连接"选项会为每个新顶点创建一个单独的副本，然后将所有副本与一个新样条线相连。
- 线性：启用该选项后，通过使用"角点"顶点可以使新样条直线中的所有线段成为线性。
- 绑定首点：启用该选项后，可以使在优化操作中创建的第一个顶点绑定到所选线段的中心。
- 闭合：如果选用该选项后，将连接新样条线中的第一个和最后一个顶点，以创建一个闭合的样条线；如果关闭该选项，"连接"选项将始终创建一个开口样条线。
- 绑定末点：启用该选项后，可以使在优化操作中创建的最后一个顶点绑定到所选线段的中心。
- 连接复制：该选项组在"线段"级别下使用，用于控制是否开启连接复制功能。
- 连接：启用该选项后，按住 Shift 键复制线段的操作将创建一个新的样条线子对象，以及将新线段的顶点连接到原始线段顶点的其他样条线。
- 阈值距离：确定启用"连接复制"选项时将使用的距离软选择。数值越高，创建的样条线就越多。
- 端点自动焊接：该选项组用于自动焊接样条线的端点，主要包含以下两个选项。

- ﹂ 自动焊接：启用该选项后，会自动焊接在与同一样条线的另一个端点的阈值距离内放置和移动的端点顶点。
- ﹂ 阈值距离：用于控制在自动焊接顶点之前，顶点可以与另一个顶点接近的程度。
- 焊接：这是最重要的工具之一，可以将两个端点顶点或同一样条线中的两个相邻顶点转化为一个顶点。
- 连接：连接两个端点顶点以生成一个线性线段。
- 插入：插入一个或多个顶点，以创建其他线段。
- 设为首顶点：指定所选样条线中的哪个顶点为第一个顶点。
- 熔合：将所有选定顶点移至它们的平均中心位置。
- 反转：该工具在"样条线"级别下使用，用于反转所选样条线的方向。
- 循环：选择顶点以后，单击该按钮可以循环选择同一条样条线上的顶点。
- 相交：在属于同一个样条线对象的两个样条线的相交处添加顶点。
- 圆角：在线段会合的地方设置圆角，以添加新的控制点。
- 切角：用于设置形状角部的倒角。
- 轮廓：这是最重要的工具之一，在"样条线"级别下使用，用于创建样条线的副本。
- 中心：如果关闭该选项，原始样条线将保持静止，而仅仅一侧的轮廓偏移到"轮廓"工具指定的距离；如果启用该选项，原始样条线和轮廓将从一个不可见的中心线向外移动由"轮廓"工具指定的距离。
- 布尔：对两个样条线进行 2D 布尔运算，主要包含以下 3 个命令。
- ﹂ 并集 ⊙：将两个重叠样条线组合成一个样条线。在该样条线中，重叠的部分会被删除，而保留两个样条线不重叠的部分，构成一个样条线。
- ﹂ 差集 ⊙：从第 1 个样条线中减去与第 2 个样条线重叠的部分，并删除第 2 个样条线中剩余的部分。
- ﹂ 交集 ⊙：仅保留两个样条线的重叠部分，并且会删除两者的不重叠部分。
- 镜像：对样条线进行相应的镜像操作，主要包含以下 5 个命令。
- ﹂ 水平镜像 ⅢⅠ：沿水平方向镜像样条线。
- ﹂ 垂直镜像 ☰：沿垂直方向镜像样条线。
- ﹂ 双向镜像 ⬦：沿对角线方向镜像样条线。
- ﹂ 复制：启用该选项后，可以在镜像样条线时复制（而不是移动）样条线。
- ﹂ 以轴为中心：启用该选项后，可以以样条线对象的轴点为中心镜像样条线。
- 修剪：清理形状中的重叠部分，使端点接合在一个点上。
- 延伸：清理形状中的开口部分，使端点接合在一个点上。
- 无限边界：为了计算相交，启用该选项可以将开口样条线视为无限长。
- 切线：使用该选项组中的工具可以将一个顶点的控制柄复制并粘贴到另一个顶点，包含以下 3 个选项。
- ﹂ 复制：激活该按钮，然后选择一个控制柄，可以将所选控制柄切线复制到缓冲区。
- ﹂ 粘贴：激活该按钮，然后单击一个控制柄，可以将控制柄切线粘贴到所选顶点。
- ﹂ 粘贴长度：如果启用该选项后，还可以复制控制柄的长度；如果关闭该选项，则只考虑控制柄角度，而不改变控制柄长度。

- 隐藏：隐藏所选顶点和任何相连的线段。
- 全部取消隐藏：显示任何隐藏的子对象。
- 绑定：允许创建绑定顶点。
- 取消绑定：允许断开绑定顶点与所附加线段的连接。
- 删除：在"顶点"级别下，可以删除所选的一个或多个顶点，以及与每个要删除的顶点相连的那条线段；在"线段"级别下，可以删除当前形状中任何选定的线段。
- 关闭：通过将所选样条线的端点顶点与新线段相连，以关闭该样条线。
- 拆分：通过添加由指定的顶点数来细分所选线段。
- 分离：允许选择不同样条线中的几个线段，然后拆分（或复制）它们，以构成一个新图形，该组主要包含以下 3 个命令。
  - 同一图形：启用该选项后，将关闭"重定向"功能，并且"分离"操作将使分离的线段保留为形状的一部分（而不是生成一个新形状）。如果还启用了"复制"选项，则可以结束在同一位置进行的线段的分离副本。
  - 重定向：移动和旋转新的分离对象，以便对局部坐标系进行定位，并使其与当前活动栅格的原点对齐。
  - 复制：复制分离线段，而不是移动它。
- 炸开：通过将每个线段转化为一个独立的样条线或对象，来分裂任何所选样条线。
  - 到：设置炸开样条线的方式，包含"样条线"和"对象"两种。
- 显示：控制是否开启"显示选定线段"功能。
  - 显示选定线段：启用该选项后，与所选顶点子对象相连的任何线段将高亮显示为红色。

3. 用修改器编辑样条线

（1）挤出。"挤出"修改器可以将深度添加到二维图形中，并且可以将对象转换成一个参数化对象，该修改器的功能示意图和参数面板如图 4-107 和图 4-108 所示。

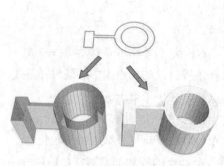

图 4-107

图 4-108

【参数详解】

- 数量：设置挤出的深度。
- 分段：指定将要在挤出对象中创建线段的数目。
- 封口：该选项组主要包含以下 4 个选项。

- ┚ 封口始端：在挤出对象始端生成一个平面。
- ┚ 封口末端：在挤出对象末端生成一个平面。
- ┚ 变形：以可预测、可重复的方式排列封口面，这是创建变形目标所必需的操作。
- ┚ 栅格：在图形边界上的方形修剪栅格中安排封口面。
- ● 输出：该选项组主要包含以下 3 个选项。
- ┚ 面片：产生一个可以折叠到面片对象中的对象。
- ┚ 网格：产生一个可以折叠到网格对象中的对象。
- ┚ NURBS：产生一个可以折叠到 NURBS 对象中的对象。
- ● 生成贴图坐标：将贴图坐标应用到挤出对象中。默认设置为禁用状态。
- ● 真实世界贴图大小：控制应用于该对象的纹理贴图材质所使用的缩放方法。
- ● 生成材质 ID：将不同的材质 ID 指定给挤出对象侧面与封口。
- ● 使用图形 ID：将材质 ID 指定给在挤出产生的样条线中的线段，或指定给在 NURBS 挤出产生的曲线子对象。
- ● 平滑：将平滑应用于挤出图形。

（2）车削。"车削"修改器通过围绕坐标轴旋转一个图形或 NURBS 曲线来创建 3D 对象，如图 4-109 所示，其参数设置面板如图 4-110 所示。

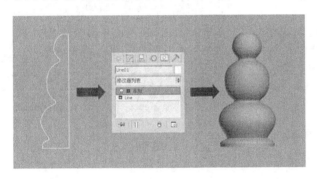

图 4-109

图 4-110

【参数详解】

- ● 度数：设置对象围绕坐标轴旋转的角度，其范围为 0°~360°，默认值为 360°。
- ● 焊接内核：通过将旋转轴中的顶点焊接来简化网格。
- ● 翻转法线：使物体的法线翻转，翻转后物体内部会外翻。
- ● 分段：在起始点之间，确定在曲面上创建多少插补线段数量。
- ● 封口：该选项组主要包含以下 4 个选项。
- ┚ 封口始端：封口设置的"度"小于 360° 的车削对象的始点，并形成闭合图形。
- ┚ 封口末端：封口设置的"度"小于 360° 的车削的对象终点，并形成闭合图形。
- ┚ 变形：按照创建变形目标所需的可预见且可重复的模式排列封口面。
- ┚ 栅格：在图形边界上的方形修剪栅格中安排封口面。
- ● 方向：设置轴的旋转方向，共有 x、y、z 3 个轴可供选择。
- ● 对齐：设置对齐的方式，共有"最小"、"中心"和"最大"3 种方式可供选择。
- ● 输出：该选项组主要包含以下 3 个选项。

- 面片：产生一个可以折叠到面片对象中的对象。
- 网格：产生一个可以折叠到网格对象中的对象。
- NURBS：产生一个可以折叠到 NURBS 对象中的对象。
- 生成贴图坐标：将贴图坐标应用到车削对象中。
- 真实世界贴图大小：控制应用于该对象的纹理贴图材质所使用的缩放方法。
- 生成材质 ID：将不同的材质 ID 指定给挤出对象侧面与封口。
- 使用图形 ID：将材质 ID 指定给在车削生成的样条线段，或指定给在 NURBS 中车削生成的曲线子对象。
- 平滑：将平滑应用于车削图形。

（3）倒角。"倒角"修改器可以将图形挤出为 3D 对象，并在边缘应用平滑的倒角效果，如图 4-111 所示，其参数设置面板包含"参数"和"倒角值"两个卷展栏，其参数面板如图 4-112 所示。

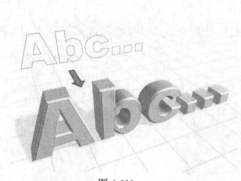
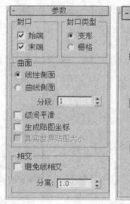
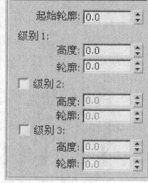

图 4-111　　　　　　　　　　　　　　　图 4-112

【参数详解】

- 封口：该选项组用于指定倒角对象是否要在一端封闭开口，主要包含以下两个选项。
- 始端：用对象的最低局部 z 值（底部）对末端进行封口。
- 末端：用对象的最高局部 z 值（底部）对末端进行封口。
- 封口类型：该选项组用于指定封口的类型，主要包含以下两个选项。
- 变形：创建适合的变形封口曲面。
- 栅格：在栅格图案中创建封口曲面。
- 曲面：该选项组用于控制曲面的侧面曲率、平滑度和贴图，主要包含以下 6 个选项。
- 线性侧面：勾选该选项后，级别之间会沿着一条直线进行分段插补。
- 曲线侧面：勾选该选项后，级别之间会沿着一条 Bezier 曲线进行分段插补。
- 分段：在每个级别之间设置中级分段的数量。
- 级间平滑：控制是否将平滑效果应用于倒角对象的侧面。
- 生成贴图坐标：将贴图坐标应用于倒角对象。
- 真实世界贴图大小：控制应用于对象的纹理贴图材质所使用的缩放方法。
- 相交：该选项组用于防止重叠的相邻边产生锐角，主要包含以下两个选项。
- 避免线相交：防止轮廓彼此相交。
- 分离：设置边与边之间的距离。

- 起始轮廓：设置轮廓到原始图形的偏移距离。正值会使轮廓变大；负值会使轮廓变小。
- 级别 1：该选项组主要包含以下两个选项。
  - 高度：设置"级别 1"在起始级别之上的距离。
  - 轮廓：设置"级别 1"的轮廓到起始轮廓的偏移距离。
- 级别 2：该选项组用于在"级别 1"之后添加一个级别，主要包含以下两个选项。
  - 高度：设置"级别 1"之上的距离。
  - 轮廓：设置"级别 2"的轮廓到"级别 1"轮廓的偏移距离。
- 级别 3：在选项组用于在前一级别之后添加一个级别，如果未启用"级别 2"，"级别 3"会添加在"级别 1"之后，主要包含以下两个选项。
  - 高度：设置到前一级别之上的距离。
  - 轮廓：设置"级别 3"的轮廓到前一级别轮廓的偏移距离。

（4）倒角剖面。"倒角剖面"修改器可以使用另一个图形路径作为倒角的截剖面来挤出一个图形，其示意图及其数设置面板如图 4-113 和图 4-114 所示。

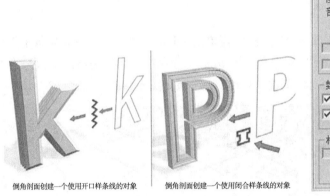

倒角剖面创建一个使用开口样条线的对象　　倒角剖面创建一个使用闭合样条线的对象

图 4-113　　　　　　　　　　　　　　　　图 4-114

【参数详解】
- 倒角剖面：该选项组用于选择剖面图形，主要包含以下 3 个选项。
  - 拾取剖面 拾取剖面 ：拾取一个图形或 NURBS 曲线作为剖面路径。
  - 生成贴图坐标：指定 UV 坐标。
  - 真实世界贴图大小：控制应用于该对象的纹理贴图材质所使用的缩放方法。
- 封口：该选项组用于设置封口的方式，主要包含以下两个选项。
  - 始端：对挤出图形的底部进行封口。
  - 末端：对挤出图形的顶部进行封口。
- 封口类型：该选项组用于设置封口的类型，主要包含以下两个选项。
  - 变形：这是一个确定性的封口方法，它为对象间的变形提供相等数量的顶点。
  - 栅格：创建更适合封口变形的栅格封口。
- 相交：该选项组用于设置倒角曲面的相交情况，主要包含以下两个选项。
  - 避免线相交：启用该选项后，可以防止倒角曲面自相交。
  - 分离：设置侧面为防止相交而分开的距离。

课堂案例——制作台灯

学习目标：绘制二维样条线，并通过加载修改器获得 3D 模型。

知识要点：掌握"线"和"矩形"样条线命令，以及"挤出"、"车削"和 FFD 4×4×4 修改器的运用。

本例主要是针对"车削"修改器的运用，首先使用"线"工具绘制出主体模型的 1/2 横截面，然后为样条线加载一个"车削"修改器即可得到三维实体模型，案例效果如图 4-115 所示。

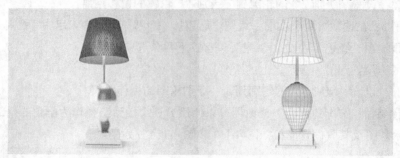

图 4-115

【操作步骤】

（1）设置几何体类型为"标准基本体"，再单击"管状体"按钮，并在场景中创建一个管状体。在"参数"卷展栏下设置"半径 1"为 420mm、"半径 2"为 410mm、"高度"为 600、"高度分段"为 1、"边数"为 24，具体参数设置和模型效果如图 4-116 所示。

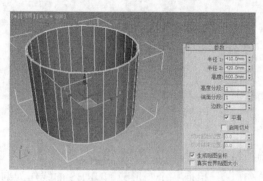

图 4-116

（2）在"修改器列表"中为模型加载一个 FFD 4×4×4 修改器，然后选择"控制点"次层级，接着选择图 4-117 中所示的控制点进行缩放，最后将其调整为图 4-118 所示的效果。

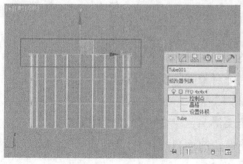

图 4-117

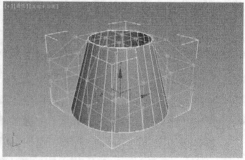

图 4-118

（3）设置图形类型为"样条线"，然后使用"线"工具在前视图中绘制出台灯主体模型的1/2 横截面，如图 4-119 所示。

（4）选择样条线，然后为其加载一个"车削"修改器，展开"参数"卷展栏设置"分段"为 24，再单击"对齐"中的"最小"，具体参数设置和模型效果如图 4-120 所示。

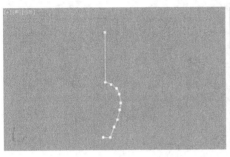

图 4-119

图 4-120

（5）使用"矩形"工具在主体模型的底部绘制一个矩形，然后在"参数"卷展栏下设置"长度"为 500mm、"宽度"为 500mm、"角半径"为 20mm，具体参数设置和模型效果如图 4-121 所示。

（6）为矩形加载一个"挤出"修改器，然后在"参数"卷展栏下设置"数量"为 150mm，具体参数设置和模型效果如图 4-122 所示。

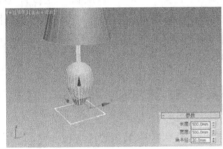

图 4-121

图 4-122

（7）使用同样的方法再制作出一个矩形作为台灯的底座，并设置"长度"为 550mm、"宽度"为 550mm、"角半径"为 5mm，接着为矩形加载一个"挤出"修改器，然后在"参数"卷展栏下设置"数量"为 30mm，具体参数设置如图 4-123 和图 4-124 所示，最终模型效果如图 4-125 所示。

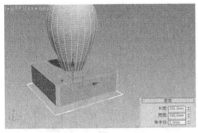

图 4-123

图 4-124

图 4-125

课堂练习——制作果盘

本练习是一组果盘模型，主要是样条线建模和"倒角剖面"修改器的运用，其效果如图 4-126 所示。

图 4-126

4.3 多边形建模

多边形建模作为主流的建模方式，被广泛应用到建筑、游戏、影视和工业设计等领域的模型制作中。多边形建模方法在编辑上更加灵活，对硬件的要求也很低，其建模思路与网格建模的思路很接近，其不同点在于网格建模只能编辑三角面，而多边形建模对面没有特殊要求。

4.3.1 将对象转换为多边形

在编辑多边形对象之前首先要明确多边形对象不是创建出来的，而是塌陷（转换）出来的。将物体塌陷为多边形的方法主要有以下 4 种。

第 1 种：选中物体，然后在"Graphite 建模工具"工具栏中单击"Graphite 建模工具"按钮，接着单击"多边形建模"按钮，最后在弹出的面板中单击"转化为多边形"按钮 ，如图 4-127 所示。注意，经过这种方法转换来的多边形的创建参数将全部丢失。

第 2 种：在物体上单击鼠标右键，然后在弹出的菜单中选择"转换为/转换为可编辑多边形"命令，如图 4-128 所示。同样，经过这种方法转换来的多边形的创建参数将全部丢失。

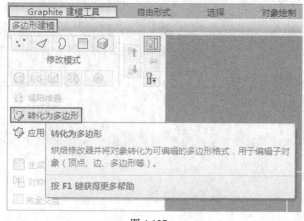

图 4-127

图 4-128

第 3 种：为物体加载"编辑多边形"修改器，如图 4-129 所示。经过这种方法转换来的多边形的创建参数将被保留。

第 4 种：在修改器堆栈中选中物体，然后单击鼠标右键，接着在弹出的菜单中选择"可编辑多边形"命令，如图 4-130 所示。经过这种方法转换来的多边形的创建参数将全部丢失。

图 4-129

图 4-130

4.3.2 编辑多边形对象

当模型变成可编辑多边形对象后，可以观察到可编辑多边形对象有"顶点"、"边"、"边界"、"多边形"和"元素"5 个级别，用户可以分别在这 5 个级别下对多边形对象进行编辑，如图 4-131 所示。

可编辑多边形参数设置面板中包括 6 个卷展栏，分别是"选择"卷展栏、"软选择"卷展栏、"编辑几何体"卷展栏、"细分曲面"卷展栏、"细分置换"卷展栏和"绘制变形"卷展栏，如图 4-132 所示。

图 4-131

图 4-132

需要注意的是，在选择了不同的次层级以后，可编辑多边形的参数设置面板也会发生相应的变化，比如在"选择"卷展栏中单击"顶点"按钮，进入"顶点"层级以后，在参数设置面板中就会增加两个对顶点进行编辑的卷展栏。如果进入"边"层级和"多边形"层级以后，又会增加对边和多边形进行编辑的卷展栏。

【参数详解】

（1）"选择"卷展栏中主要是选择对象和选择次物体级别的一些参数和按钮，如图 4-133 所示。

图 4-133

- 顶点 ：用于选择顶点子对象级别。
- 边 ：用于选择边子对象级别。
- 边界 ：用于选择边界子对象级别，可从中选择构成网格中孔洞边框的一系列边。边界总是由仅在一侧带有面的边组成，并总是为完整循环。
- 多边形 ：用于选择多边形子对象级别。
- 元素 ：用于选择元素子对象级别，可以选择对象的所有连续面。
- 按顶点：除了"顶点"级别外，该选项可以在其他 4 种级别中使用。启用该选项后，只有选择所用的顶点才能选择子对象。
- 忽略背面：启用该选项后，只能选中法线指向当前视图的子对象。
- 按角度：启用该选项后，可以根据面的转折度数来选择子对象。
- 收缩：单击该按钮可以在当前选择范围中向内减少一圈对象。
- 扩大：与"收缩"相反，单击该按钮可以在当前选择范围中向外增加一圈对象。
- 环形：该按钮只能在"边"和"边界"级别中使用。在选中一部分子对象后单击该按钮可以自动选择平行于当前对象的其他对象。
- 循环：该按钮只能在"边"和"边界"级别中使用。在选中一部分子对象后单击该按钮可以自动选择与当前对象在同一曲线上的其他对象。
- 预览选择：在选择对象之前，通过这里的选项可以预览光标滑过位置的子对象，有"禁用"、"子对象"和"多个"这 3 个选项可供选择。

（2）"软选择"是以选中的子对象为中心向四周扩散，可以通过控制"衰减"、"收缩"和"膨胀"的数值来控制所选子对象区域的大小及对子对象控制力的强弱，并且"软选择"卷展栏还包括了绘制软选择的工具，这一部分与"绘制变形"卷展栏的用法很接近，如图 4-134 所示。

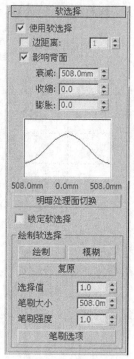

图 4-134

- 使用软选择：控制是否开启"软选择"功能。启用后，选择一个子对象或一个区域的子对象，那么会以这个子对象为中心向外选择其他对象。
- 边距离：启用该选项后，可以将软选择限制到指定的面数。
- 影响背面：启用该选项后，那些与选定对象法线方向相反的子对象也会受到相同的影响。
- 衰减：用以定义影响区域的距离，默认值为 20mm。"衰减"数值越高，软选择的范围也就越大。
- 收缩：设置区域的相对"突出度"。

- 膨胀：设置区域的相对"丰满度"。
- 软选择曲线图：以图形的方式显示软选择是如何进行工作的。
- 明暗处理面切换：只能用在"多边形"和"元素"级别中，用于显示颜色渐变。它与软选择范围内面上的软选择权重相对应。
- 锁定软选择：锁定软选择，以防止对按程序的选择进行更改。
- 绘制：可以在使用当前设置的活动对象上绘制软选择。
- 模糊：可以通过绘制来软化现有绘制软选择的轮廓。
- 复原：可以通过绘制的方式还原软选择。
- 选择值：整个值表示绘制或还原的软选择的最大相对选择。笔刷半径内周围顶点的值会趋向于 0 衰减。
- 笔刷大小：用来设置圆形笔刷的半径。
- 笔刷强度：用来设置绘制子对象的速率。
- 笔刷选项：单击该按钮可以打开"绘制选项"对话框，如图 4-135 所示，在该对话框中可以设置笔刷的更多属性。

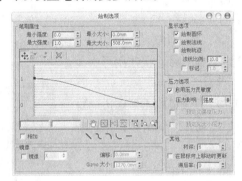

图 4-135

（3）"编辑几何体"卷展栏中提供了多种用于编辑多边形的工具，这些工具在所有次物体层级下都可用，如图 4-136 所示。

- 重复上一个：单击该按钮可以重复使用上一次使用的命令。
- 约束：使用现有的几何体来约束子对象的变换效果，共有"无"、"边"、"面"和"法线"4 种方式可供选择。
- 保持 UV：启用该选项后，可以在编辑子对象的同时不影响该对象的 UV 贴图。
- 创建：创建新的几何体。
- 塌陷：这个工具类似于"焊接"工具，但是不需要设置"阈值"参数就可以直接塌陷在一起。
- 附加：使用该工具可以将场景中的其他对象附加到选定的可编辑多边形中。
- 分离：将选定的子对象作为单独的对象或元素分离出来。
- 切片平面：使用该工具可以沿某一平面分开网格对象。
- 分割：启用该选项后，可以通过"快速切片"工具和"切割"工具在划分边的位置处创建出两个顶点集合。

图 4-136

- 切片：可以在切片平面位置处执行切割操作。
- 重置平面：将执行过"切片"的平面恢复到之前的状态。
- 快速切片：可以将对象进行快速切片，切片线沿着对象表面，所以可以更加准确地进行切片。
- 切割：可以在一个或多个多边形上创建出新的边。
- 网格平滑：使选定的对象产生平滑效果。
- 细化：增加局部网格的密度，从而方便处理对象的细节。
- 平面化：强制所有选定的子对象成为共面。
- 视图对齐：使对象中的所有顶点与活动视图所在的平面对齐。
- 栅格对齐：使选定对象中的所有顶点与活动视图所在的平面对齐。
- 松弛：使当前选定的对象产生松弛现象。
- 隐藏选定对象：隐藏所选定的子对象。
- 全部取消隐藏：将所有的隐藏对象还原为可见对象。
- 隐藏未选定对象：隐藏未选定的任何子对象。
- 命名选择：用于复制和粘贴子对象的命名选择集。
- 删除孤立顶点：启用该选项后，选择连续子对象时会删除孤立顶点。
- 完全交互：启用该选项后，如果更改数值，将直接在视图中显示最终的结果。

（4）"细分曲面"卷展栏中的参数可以将细分效果应用于多边形对象，以便可以对分辨率较低的"框架"网格进行操作，同时还可以查看更为平滑的细分结果，如图 4-137 所示。

- 平滑结果：对所有的多边形应用相同的平滑组。
- 使用 NURMS 细分：通过 NURMS 方法应用平滑效果。

图 4-137

- 等值线显示：启用该选项后，只显示等值线。
- 显示框架：在修改或细分之前，切换可编辑多边形对象的两种颜色线框的显示方式。
- 显示：该选项组包含以下两个选项。
  - 迭代次数：用于控制平滑多边形对象时所用的迭代次数。
  - 平滑度：用于控制多边形的平滑程度。
- 渲染：用于控制渲染时的迭代次数与平滑度。
- 分隔方式：该选项组包括"平滑组"与"材质"两个选项。
- 更新：用于设置手动或渲染时的更新选项。

图 4-138

（5）"细分置换"卷展栏中的参数主要用于细分可编辑的多边形，其中包括"细分预设"和"细分方法"等，如图 4-138 所示。

（6）"绘制变形"卷展栏可以对物体上的子对象进行推、拉操作，或者在对象曲面上拖曳光标来影响顶点，如图 4-139 所示。

（7）进入可编辑多边形的"顶点"层级以后，在"修改"面板中会增加一个"编辑顶点"卷展栏，如图 4-140 所示。这个卷展栏中的工具全部是用来编辑顶点的。

图 4-139　　　　　　　　　　　　　　　　图 4-140

- 移除：选中一个或多个顶点以后，单击该按钮可以将其移除，然后接合起使用它们的多边形。这里详细介绍一下移除顶点与删除顶点的区别。"移除顶点"指选中一个或多个顶点以后，单击"移除"按钮或按 Backspace 键即可移除顶点，但也只是移除了顶点，面仍然存在，如图 4-141 所示。注意，移除顶点可能导致网格形状发生严重变形。而"删除顶点"是指选中一个或多个顶点以后，按 Delete 键可以删除顶点，同时也会删除连接到这些顶点的面，如图 4-142 所示。

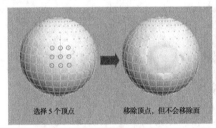

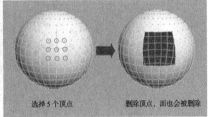

图 4-141　　　　　　　　　　　　　　　　图 4-142

- 断开：选中顶点以后，单击该按钮可以在与选定顶点相连的每个多边形上都创建一个新顶点，这可以使多边形的转角相互分开，使它们不再相连于原来的顶点上。
- 挤出：直接使用这个工具可以手动在视图中挤出顶点，如图 4-143 所示。如果要精确设置挤出的高度和宽度，可以单击后面的"设置"按钮 ，然后在视图中的"挤出顶点"对话框中输入数值即可，如图 4-144 所示。

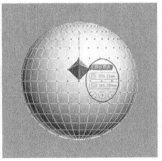

图 4-143　　　　　　　　　　　　　　　　图 4-144

- 焊接：对"焊接顶点"对话框中指定的"焊接阈值"范围之内连续的选中的顶点进行合并，合并后所有边都会与产生的单个顶点连接。单击后面的"设置"按钮□可以设置"焊接阈值"。

- 切角：选中顶点以后，使用该工具在视图中拖曳光标，可以手动为顶点切角，如图 4-145 所示。单击后面的"设置"按钮□，在弹出的"切角"对话框中可以设置精确的"顶点切角量"数值，同时还可以将切角后的面"打开"，以生成孔洞效果，如图 4-146 所示。

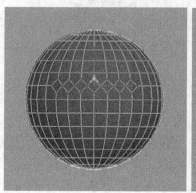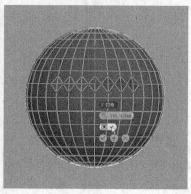

图 4-145   图 4-146

- 目标焊接：选择一个顶点后，使用该工具可以将其焊接到相邻的目标顶点，如图 4-147 所示。

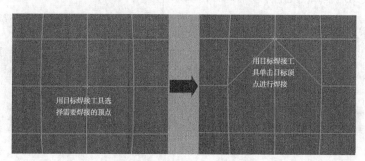

图 4-147

【提示】

"目标焊接"工具只能焊接成对的连续顶点。也就是说，选择的顶点与目标顶点有一个边相连。

- 连接：在选中的对角顶点之间创建新的边，如图 4-148 所示。

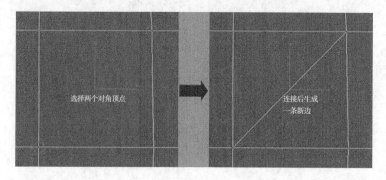

图 4-148

- 移除孤立顶点：删除不属于任何多边形的所有顶点。
- 移除未使用的贴图顶点：某些建模操作会留下未使用的（孤立）贴图顶点，它们会显示在"展开 UVW"编辑器中，但是不能用于贴图，单击该按钮就可以自动删除这些贴图顶点。
- 权重：设置选定顶点的权重，供 NURMS 细分选项和"网格平滑"修改器使用。

（8）进入可编辑多边形的"边"层级以后，在"修改"面板中会增加一个"编辑边"卷展栏，如图 4-149 所示。这个卷展栏中的工具全部是用来编辑边的。

图 4-149

- 插入顶点：在"边"级别下，使用该工具在边上单击鼠标左键，可以在边上添加顶点，如图 4-150 所示。

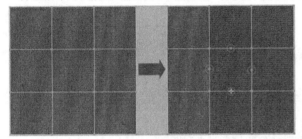

图 4-150

- 移除：选择边以后，单击该按钮或按 Backspace 键可以移除边，如图 4-151 所示。如果按 Delete 键，将删除边以及与边连接的面，如图 4-152 所示。

图 4-151

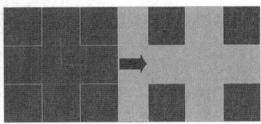

图 4-152

- 分割：沿着选定边分割网格。对网格中心的单条边应用时，不会起任何作用。
- 挤出：直接使用这个工具可以手动在视图中挤出边。如果要精确设置挤出的高度和宽度，可以单击后面的"设置"按钮□，然后在视图中的"挤出边"对话框中输入数值即可，如图 4-153 所示。

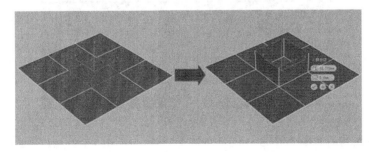

图 4-153

- 焊接：组合"焊接边"对话框指定的"焊接阈值"范围内的选定边。只能焊接仅附着一个多边形的边，也就是边界上的边。

● 切角：这是多边形建模中使用频率最高的工具之一，可以为选定边进行切角（圆角）处理，从而生成平滑的棱角，如图 4-154 所示。

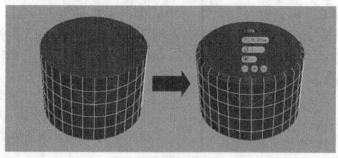

图 4-154

【提示】

在很多时候为边进行切角处理以后，都需要模型加载"网格平滑"修改器，以生成非常平滑的模型，如图 4-155 所示。

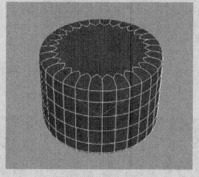

图 4-155

● 目标焊接：用于选择边并将其焊接到目标边。只能焊接仅附着一个多边形的边，也就是边界上的边。

● 桥：使用该工具可以连接对象的边，但只能连接边界边，也就是只在一侧有多边形的边。

● 连接：这是多边形建模中使用频率最高的工具之一，可以在每对选定边之间创建新边，对于创建或细化边循环特别有用。例如选择一对竖向的边，则可以在横向上生成边，如图 4-156 所示。

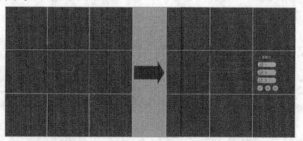

图 4-156

● 利用所选内容创建新图形：这是多边形建模中使用频率最高的工具之一，可以将选定的边创建为样条线图形。选择边以后，单击该按钮可以弹出一个"创建图形"对话框，在该对话框中可以设置图形名称以及图形的类型，如果选择"平滑"类型，

则生成平滑的样条线，如图 4-157 所示；如果选择"线性"类型，则样条线的形状
与选定边的形状保持一致，如图 4-158 所示。

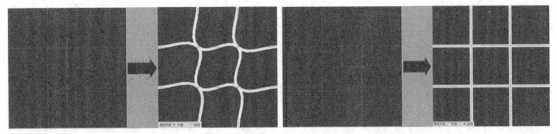

图 4-157 图 4-158

- 权重：设置选定边的权重，供 NURMS 细分选项和"网格平滑"修改器使用。
- 折缝：指定对选定边执行的折缝操作量，供 NURMS 细分选项和"网格平滑"修改器使用。
- 编辑三角形：用于修改绘制内边或对角线时多边形细分为三角形的方式。
- 旋转：用于通过单击对角线修改多边形细分为三角形的方式。使用该工具时，对角线可以在线框和边面视图中显示为虚线。

（9）进入可编辑多边形的"多边形"级别以后，在"修改"面板中会增加一个"编辑多边形"卷展栏，如图 4-159 所示。这个卷展栏中的工具全部是用来编辑多边形的。

图 4-159

- 插入顶点：用于手动在多边形插入顶点（单击即可插入顶点），以细化多边形，如图 4-160 所示。

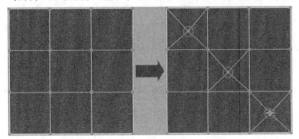

图 4-160

- 挤出：这是多边形建模中使用频率最高的工具之一，可以挤出多边形。如果要精确设置挤出的高度，可以单击后面的"设置"按钮，然后在视图中的"挤出边"对话框中输入数值即可。挤出多边形时，"高度"为正值时可向外挤出多边形，为负值时可向内挤出多边形，如图 4-161 所示。

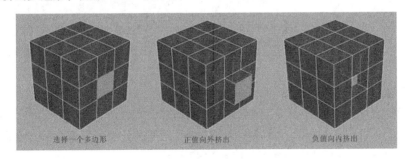

图 4-161

- 轮廓：用于增加或减少每组连续的选定多边形的外边。
- 倒角：这是多边形建模中使用频率最高的工具之一，可以挤出多边形，同时为多边形进行倒角，如图 4-162 所示。
- 插入：执行没有高度的倒角操作，即在选定多边形的平面内执行该操作，如图 4-163 所示。

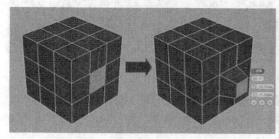
图 4-162

图 4-163

- 桥：使用该工具可以连接对象上的两个多边形或多边形组。
- 翻转：反转选定多边形的法线方向，从而使其面向用户的正面。
- 从边旋转：选择多边形后，使用该工具可以沿着垂直方向拖动任何边，以便旋转选定多边形。
- 沿样条线挤出：沿样条线挤出当前选定的多边形。
- 编辑三角剖分：通过绘制内边修改多边形细分为三角形的方式。
- 重复三角算法：在当前选定的一个或多个多边形上执行最佳三角剖分。
- 旋转：使用该工具可以修改多边形细分为三角形的方式。

课堂案例——制作台盆

学习目标：熟练运用多边形建模方法制作家具模型。

知识要点：掌握多边形的"插入"、"挤出"、"切角"、"倒角"和"连接"功能的使用技法。

本例主要用于练习多边形建模技法，一般都是先做出基础模型，然后把模型转换为可编辑多边形，然后使用多边形的各种编辑工具进行调整，最后得到需要的造型，案例效果如图 4-164 所示。

图 4-164

【操作步骤】

（1）使用"长方体"按钮在场景中创建一个长方体，然后在"参数"卷展栏下设置"长度"为 700mm、"宽度"为 1500mm、"高度"为 150mm，"长度分段"为 3、"宽度分段" 3、"高度分段"为 1，具体参数设置及模型效果如图 4-165 所示。

（2）将长方体转换为可编辑多边形，然后进入"顶点"级别，接着调整好各个顶点的位置，如图 4-166 所示。

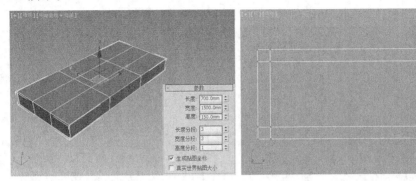

图 4-165   图 4-166

（3）进入"多边形"级别，然后选择图 4-167 所示的多边形，接着在"编辑多边形"卷展栏下单击"挤出"按钮后面的"设置"按钮，并在弹出的对话框中设置"挤出高度"为 500mm，具体参数设置及模型效果如图 4-168 所示。

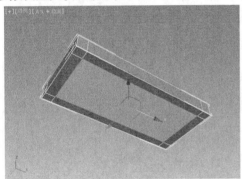

图 4-167   图 4-168

（4）进入"边"级别，然后选择图 4-169 中所示的边，接着在"编辑边"卷展栏下单击"连接"后面的"设置"按钮，并在弹出的对话框中设置"分段"为 2，具体参数设置及模型效果如图 4-170 所示。

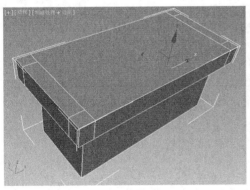
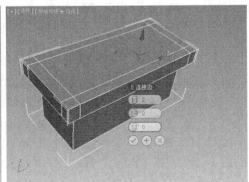

图 4-169   图 4-170

（5）使用同样方法，对上一步新创建的两条线进行连接分段，具体参数设置及模型效果如图 4-171 所示。

（6）进入"顶点"级别，然后在顶视图中调整好各个顶点的位置，如图 4-172 所示。

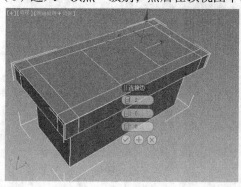
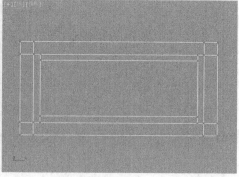

图 4-171   图 4-172

（7）进入"多边形"级别，然后选择图 4-173 所示的多边形，接着在"编辑多边形"卷展栏下单击"挤出"按钮后面的"设置"按钮□，并在弹出的对话框中设置"挤出高度"为-100mm，具体参数设置及模型效果如图 4-174 所示。

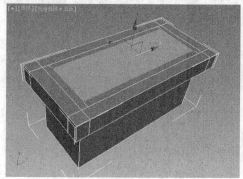
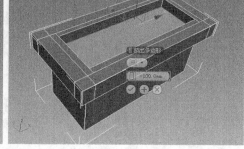

图 4-173   图 4-174

【提示】

在选择多边形时可以在修改面板下展开"选项"卷展栏勾选"忽略背面"命令，这样在选择时就可以避免错选，如图 4-175 所示。

图 4-175

（8）选择将要插入的多边形，然后在"编辑多边形"卷展栏下单击"插入"后面的"设置"按钮▣，接着在弹出的对话框中设置"数量"为10mm，具体参数设置及模型效果如图4-176所示。

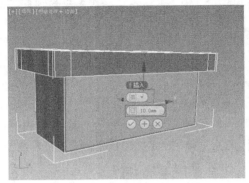

图4-176

（9）进入"边"级别，然后选择图4-177中所示的边，接着在"编辑边"卷展栏下单击"连接"后面的"设置"按钮▣，并在弹出的对话框中设置"分段"为2，具体参数设置及模型效果如图4-178所示。

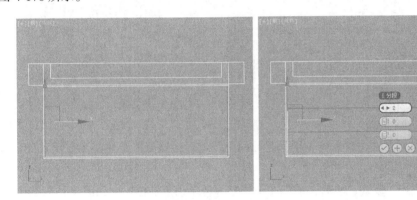

图4-177　　　　　　　　　　图4-178

（10）进入"顶点"级别，然后在前视图中调整好各个顶点的位置，如图4-179所示。

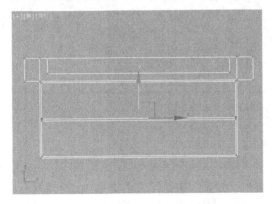

图4-179

（11）进入"多边形"级别，然后选择图4-180所示的多边形，接着在"编辑多边形"卷展栏下单击"挤出"按钮后面的"设置"按钮▣，并在弹出的对话框中设置"挤出高度"为10mm，具体参数设置及模型效果如图4-181所示。

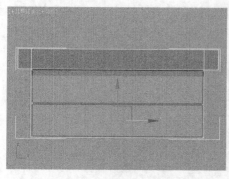
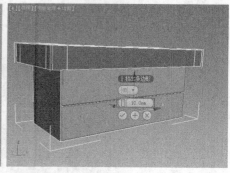

| 图 4-180 | 图 4-181 |

（12）进入"边"级别，然后选择图 4-182 中所示的边，接着在"编辑边"卷展栏下单击"连接"后面的"设置"按钮□，并在弹出的对话框中设置"分段"为 2，具体参数设置及模型效果如图 4-183 所示。

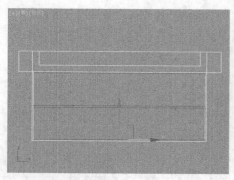

| 图 4-182 | 图 4-183 |

（13）使用同样的方法，对上一步新创建的两条线进行连接分段，具体参数设置及模型效果如图 4-184 所示。

（14）进入"顶点"级别，然后在前视图中调整好各个顶点的位置，如图 4-185 所示

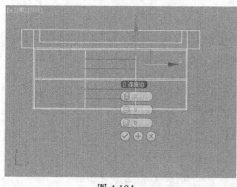
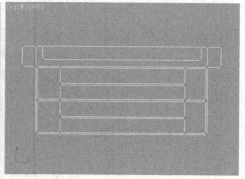

| 图 4-184 | 图 4-185 |

（15）进入"多边形"级别，然后选择图 4-186 所示的多边形，接着在"编辑多边形"卷展栏下单击"倒角"按钮后面的"设置"按钮□，并在弹出的对话框中设置"高度"为-5mm、"轮廓"为-2mm，具体参数设置及模型效果如图 4-187 所示。

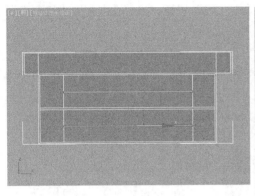

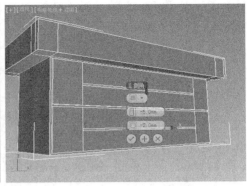

图 4-186　　　　　　　　　　　　图 4-187

（16）进入"边"级别，然后选择图 4-188 中所示的边，接着在"编辑边"卷展栏下单击"切角"后面的"设置"按钮 ，并在弹出的对话框中设置"切角量"为 3mm，具体参数设置及模型效果如图 4-189 所示。

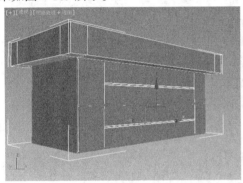

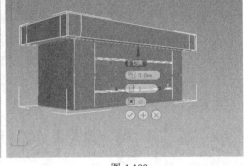

图 4-188　　　　　　　　　　　　图 4-189

（17）选择图 4-190 中所示的边，然后在"编辑边"卷展栏下单击"切角"后面的"设置"按钮 ，接着在弹出的对话框中设置"切角量"为 4mm，具体参数设置及模型效果如图 4-191 所示。

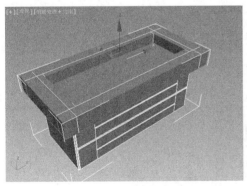

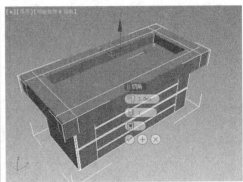

图 4-190　　　　　　　　　　　　图 4-191

（18）设置图形类型为"样条线"，然后单击"线"按钮，接着在左视图中绘制一条如图4-192 中所示的样条线作为水龙头模型。

（19）选择样条线并进入"修改"面板，然后在"渲染"卷展栏下勾选"在渲染中启用"和"在视口中启用"选项，接着勾选"径向"选项，最后设置"厚度"为 20mm、"边"为 12，具体参数设置及模型效果如图 4-193 所示。

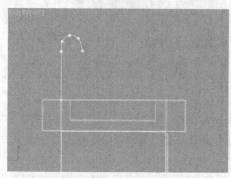

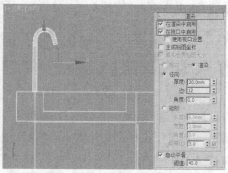

图 4-192   图 4-193

（20）使用"切角圆柱体"工具在场景中创建一个切角圆柱体，然后在"参数"卷展栏下设置"半径"为 10mm、"高度"为 50mm、"圆角"为 3mm、"高度分段"为 1、"圆角分段"为1、"边数"为 16，具体参数设置及模型位置如图 4-194 所示。

（21）使用"圆环"工具在场景中创建一个圆环，然后在"参数"卷展栏下设置"半径 1"为15mm、"半径 2"为 5mm、"分段"为-4、"边数"为 4，具体参数设置及模型位置如图 4-195 所示。

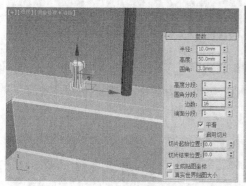

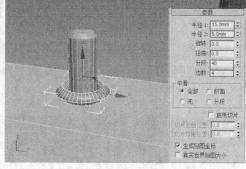

图 4-194   图 4-195

（22）使用"选择并移动"工具 同时按 Shift 键移动复制一个圆环到图 4-196 中所示的位置。

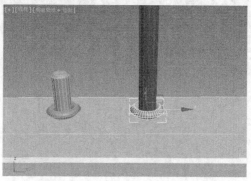

图 4-196

（23）使用同样的方法创建其他水龙头模型，此时模型效果如图 4-197 所示。

（24）使用"圆柱体"工具在场景中创建一个圆柱体，然后在"参数"卷展栏下设置"半径"为 30mm、"高度"为 12mm，参数设置及模型位置如图 4-198 所示。

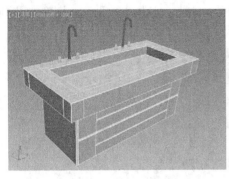
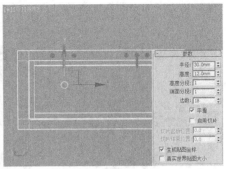

图 4-197　　　　　　　　　　　　　图 4-198

（25）将上一步创建的圆柱体转换为可编辑多边形，然后选择圆柱体顶部的多边形，接着在"编辑多边形"卷展栏下单击"插入"按钮后面的"设置"按钮，并在弹出的对话框中设置"插入量"为 5mm，具体参数设置及模型效果如图 4-199 所示。

（26）保持对多边形的选择，然后在"编辑多边形"卷展栏下单击"挤出"按钮后面的"设置"按钮，接着在弹出的对话框中设置"挤出高度"为-3mm，具体参数设置及模型效果如图 4-200 所示。

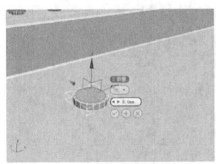
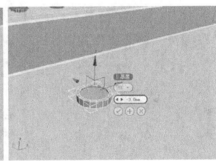

图 4-199　　　　　　　　　　　　　图 4-200

（27）保持对多边形的选择，然后使用"缩放"工具对其进行缩放，如图 4-201 所示，接着在"编辑多边形"卷展栏下单击"挤出"后面的"设置"按钮，并在弹出的对话框中设置"挤出高度"为 6mm，具体参数设置及模型效果如图 4-202 所示，最后再使用"缩放"工具对其进行缩放，此时模型效果如图 4-203 所示。

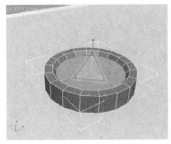

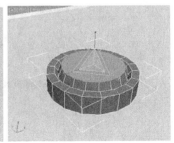

图 4-201　　　　　　图 4-202　　　　　　图 4-203

（28）进入"顶点"级别，选择将要调整的"顶点"并在视图中调整好各个顶点的位置，如图 4-204 所示。

（29）选择将要切角的边，然后在"编辑边"卷展栏下单击"切角"按钮后面的"设置"按钮 ⬜，接着在弹出的对话框中设置"切角量"为 0.5mm，具体参数设置及模型效果如图 4-205 所示。

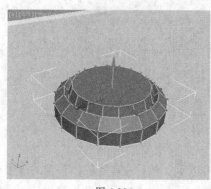
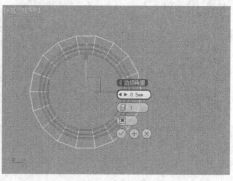

图 4-204　　　　　　　　　　　　　　　　图 4-205

（30）选择上一步创建的模型，然后为模型加载一个"网格平滑"修改器，接着在"细分量"卷展栏下设置"迭代次数"为 2，此时模型效果如图 4-206 所示。

（31）使用"选择并移动"工具 ⬚ 同时按 Shift 键移动复制一个圆环，最终模型效果如图 4-207 所示。

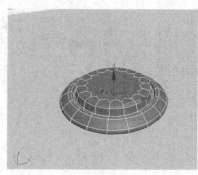
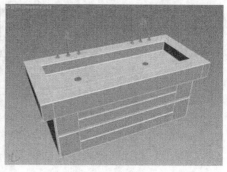

图 4-206　　　　　　　　　　　　　　　　图 4-207

课堂练习——制作现代沙发

本例是一个现代风格的沙发模型，造型比较简约，这类模型在商业制作中也都采用多边形建模方法来实现，读者可以通过本案例来熟悉沙发的建模思路和方法，案例效果如图 4-208 所示。

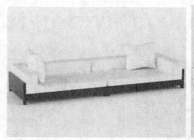
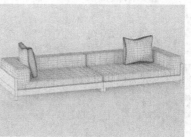

图 4-208

4.4　本章小结

本章在上一章的基础上进一步讲解了 3ds Max 的高级建模技术，包括修改器建模、样条线建模、多边形建模。其中加载修改器可以快速地创建出较复杂的模型；样条线建模更加灵活随意，是创建二维图形的重要途径；多边形建模对三维图形的修改则更加方便灵活。建模的方法虽有很多种，但还需灵活地将其结合起来运用，因此，只有通过大量地练习，方能更加快速、高效地创建出高质量的模型。

课后习题——制作柜子

本习题是一个柜子模型，柜子是室内表现中比较常用的家具，具有很强的代表性。这个习题主要用来巩固多边形建模技法，这也是本章教学的最终目标，其效果如图 4-209 所示。

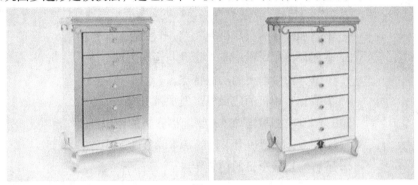

图 4-209

课后习题——制作时尚书架

本习题是一个时尚书架，书架的造型很别致，主要用于室内软装饰。与第 1 个习题一样，这里依然使用多边形建模技法来进行制作，如果大家在建模过程中遇到技术问题，请参考相关的视频教学，案例效果如图 4-210 所示。

图 4-210

第 5 章

3ds Max 摄影机技术

在 3ds Max 中，摄影机是进行场景构图的核心工具，无论是渲染静帧图像，还是输出动画，都必须用到摄影机工具。摄影机的工作原理与真实的相机基本一致，只是 3ds Max 摄影机拥有超过真实相机的能力，更换镜头瞬间完成，无极变焦更是真实相机无法比拟的。本章将结合真实相机原理对 3ds Max 的目标摄影机和 VRay 物理摄影机进行讲解，这是效果图制作中最常用的两种摄影机。

课堂学习目标

1. 了解 3ds Max 摄影机在 3D 制作中的基本作用。
2. 掌握目标摄影机的基本参数与运用方法。
3. 了解自由摄影机的功能特点。
4. 了解真实相机的成像原理及关键概念。
5. 理解真实相机与 VRay 物理摄影机的相似性。
6. 掌握 VRay 物理摄影机的基本参数与运用方法。
7. 了解穹顶摄影机的功能特点。

5.1 3ds Max 摄影机的作用

在 3ds Max 中，摄影机主要从特定的观察点来表现场景，能够模拟真实世界中的静态图像、运动图像或视频摄影机。

在 3ds Max 的视图中创建一个摄影机就表示建立了一个构图。比如在制作室内效果图的时候，选择好一个理想的角度并设置好摄影机，这时候如果要修改模型，无论怎么调整模型的造型，但是摄影机的构图不会变，完成模型的调整后可以轻松返回到之前确定的摄影机视图。

从某种意义上讲，3ds Max 摄影机其实就是现实生活中的相机，它的技术和工作原理都来自于真实相机，但又超出真实相机。如果有一定的摄影基础，那么学习 3ds Max 的摄影机技术会事半功倍。

下面就开始学习 3ds Max 的摄影机技术，包括 3ds Max 中内置的摄影机以及 VRay 中的摄影机。

<table>
<tr><td>5.2</td><td>3ds Max 的摄影机</td></tr>
</table>

3ds Max 中的摄影机在制作效果图和动画时非常有用。3ds Max 中的摄影机只包含"标准"摄影机，而"标准"摄影机又包含"目标"摄影机和"自由"摄影机两种，如图 5-1所示。

图 5-1

另外，安装了 VRay 渲染器后，摄影机的下拉列表中便会增加 VRay 选项，后面将进行讲解。

【提示】

在实际工作中，使用频率最高的是"目标"摄影机和"VR 物理摄影机"，因此下面将会重点讲解这两种摄影机。

5.2.1　目标摄影机

目标摄影机可以查看所放置的目标周围的区域，它比自由摄影机更容易定向，因为只需将目标对象定位在所需位置的中心即可。

使用"目标"工具 目标 在场景中拖曳光标可以创建一台目标摄影机，可以观察到目标摄影机包含"目标点"和"摄影机"两个部件，如图 5-2 所示。

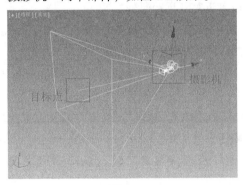

图 5-2

创建好一台目标摄影机后，接着进入"修改"面板，可以看到面板上有两个卷展栏，分别是"参数"卷展栏和"景深参数"卷展栏，但是在进行相关设置后还会出现一个"运动模糊参数"复卷展栏，下面将针对各个卷展栏的参数分别进行讲解。

1. "参数"卷展栏

展开"参数"卷展栏，其参数面板如图 5-3 所示。

【参数详解】

图 5-3

- 基本：该选项组主要包含以下 7 个选项。
  - 镜头：以 mm 为单位来设置摄影机的焦距。
  - 视野：设置摄影机查看区域的宽度视野，有水平 ↔、垂直 ↕ 和对角线 ↗ 3 种方式。
  - 正交投影：启用该选项后，摄影机视图为用户视图；关闭该选项后，摄影机视图为标准的透视图。
  - 备用镜头：系统预置的摄影机镜头包含有 15mm、20mm、24mm、28mm、35mm、50mm、85mm、135mm 和 200mm 9 种。
  - 类型：切换摄影机的类型，包含"目标摄影机"和"自由摄影机"两种。
  - 显示圆锥体：显示摄影机视野定义的锥形光线（实际上是一个四棱锥）。锥形光线出现在其他视口，但是显示在摄影机视口中。
  - 显示地平线：在摄影机视图中的地平线上显示一条深灰色的线条。
- 环境范围：该选项组主要包含以下两个选项。
  - 显示：显示出在摄影机锥形光线内的矩形。
  - 近距/远距范围：设置大气效果的近距范围和远距范围。
- 剪切平面：该选项组主要包含以下两个选项。
  - 手动剪切：启用该选项可定义剪切的平面。
  - 近距/远距剪切：设置近距和远距平面。
- 多过程效果：该选项组主要包含以下 3 个选项。
  - 启用：启用该选项后，可以预览渲染效果。
  - 多过程效果类型：共有"景深（mental ray）"、"景深"和"运动模糊"3 个选项，系统默认为"景深"。
  - 渲染每个过程效果：启用该选项后，系统会将渲染效果应用于多重过滤效果的每个过程（景深或运动模糊）。
- 目标距离：当使用"目标摄影机"时，该选项用来设置摄影机与其目标之间的距离。

2. "景深参数"卷展栏

景深是摄影机的一个非常重要的功能，在实际工作中的使用频率也非常高，常用于表现画面的中心点，如图 5-4 所示。

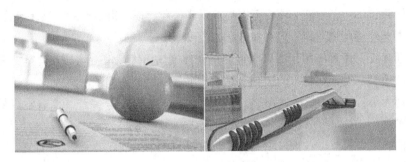

图 5-4

当在"参数"卷展栏下将"多过程效果"的类型设置为"景深"方式时，系统会自动显示出"景深参数"卷展栏，其参数面板如图 5-5 所示。

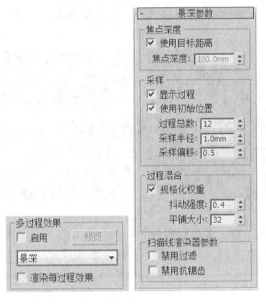

图 5-5

【参数详解】

● 焦点深度：该选项组主要包含以下两个选项。

◢ 使用目标距离：启用该选项后，系统会将摄影机的目标距离用作每个过程偏移摄影机的点。

◢ 焦点深度：当关闭"使用目标距离"选项时，该选项可以用来设置摄影机的偏移深度，其取值范围为 0～100。

● 采样：该选项组主要包含以下 5 个选项。

◢ 显示过程：启用该选项后，"渲染帧窗口"对话框中将显示多个渲染通道。

◢ 使用初始位置：启用该选项后，第一个渲染过程将位于摄影机的初始位置。

◢ 过程总数：设置生成景深效果的过程数。增大该值可以提高效果的真实度，但是会增加渲染时间。

◢ 采样半径：设置场景生成的模糊半径。数值越大，模糊效果越明显。

◢ 采样偏移：设置模糊靠近或远离"采样半径"的权重。增加该值将增加景深模糊的数量级，从而得到更均匀的景深效果。

● 过程混合：该选项组主要包含以下 3 个选项。

⌐ 规格化权重：启用该选项后可以将权重规格化，以获得平滑的结果；当关闭该选项后，
效果会变得更加清晰，但颗粒效果也更明显。

⌐ 抖动强度：设置应用于渲染通道的抖动程度。增大该值会增加抖动量，并且会生成颗
粒状效果，尤其在对象的边缘上最为明显。

⌐ 平铺大小：设置图案的大小。0 表示以最小的方式进行平铺；100 表示以最大的方式进
行平铺。

● 扫描线渲染器参数：该选项组主要包含以下两个选项。

⌐ 禁用过滤：启用该选项后，系统将禁用过滤的整个过程。

⌐ 禁用抗锯齿：启用该选项后，可以禁用抗锯齿功能。

3.“运动模糊参数”卷展栏

运动模糊一般运用在动画中，常用于表现运动对象高速运动时产生的模糊效果，如图 5-6
所示。

图 5-6

当在“参数”卷展栏下将“多过程效果”的类型设置为“运动模糊”方式时，系统会自动
显示出“运动模糊参数”卷展栏，其参数面板如图 5-7 所示。

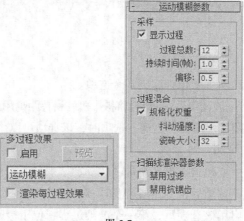

图 5-7

【参数详解】

● 采样：该选项组主要包含以下 4 个选项。

⌐ 显示过程：启用该选项后，“渲染帧窗口”对话框中将显示多个渲染通道。

⌐ 过程总数：设置生成效果的过程数。增大该值可以提高效果的真实度，但是会增加渲
染时间。

- 持续时间（帧）：在制作动画时，该选项用来设置应用运动模糊的帧数。
- 偏移：设置模糊的偏移距离。
● 过程混合：该选项组主要包含以下 3 个选项。
- 规格化权重：启用该选项后，可以将权重规格化，以获得平滑的结果；当关闭该选项后，效果会变得更加清晰，但颗粒效果也更明显。
- 抖动强度：设置应用于渲染通道的抖动程度。增大该值会增加抖动量，并且会生成颗粒状的效果，尤其在对象的边缘上最为明显。
- 瓷砖大小：设置图案的大小。0 表示以最小的方式进行平铺；100 表示以最大的方式进行平铺。
● 扫描线渲染器参数：该选项组主要包含以下两个选项。
- 禁用过滤：启用该选项后，系统将禁用过滤的整个过程。
- 禁用抗锯齿：启用该选项后，可以禁用抗锯齿功能。

5.2.2 自由摄影机

自由摄影机用于观察所指方向内的场景内容，多应用于轨迹动画制作，比如建筑物中的巡游、车辆移动中的跟踪拍摄效果等。自由摄影机的方向能够随着路径的变化而自由变化，如果要设置垂直向上或向下的摄影机动画时，也应当选择自由摄影机。这是因为系统会自动约束目标摄影机自身坐标系的 y 轴正方向尽可能地靠近世界坐标系的 z 轴正方向，在设置摄影机动画靠近垂直位置时，无论向上还是向下，系统都会自动将摄影机视点跳到约束位置，造成视觉突然跳跃。

自由摄影机的初始方向是沿着当前视图栅格的 z 轴负方向，也就是说，选择顶视图时，摄影机方向垂直向下；选择前视图时，摄影机方向由屏幕向内。单击透视图、正交视图、灯光视图和摄影机视图时，自由摄影机的初始方向垂直向下，沿着世界坐标系 z 轴的负方向。

使用"自由"工具在场景中拖曳光标可以创建一台自由摄影机，可以观察到自由摄影机只有"摄影机"一个部件，而没有目标点，如图 5-8 所示。

图 5-8

"自由"摄影机的参数面板与"目标"摄影机的参数面板基本上完全一致，请参考上一小节的相关内容。

课堂案例——利用目标摄影机制作餐桌景深效果

学习目标：掌握使用"目标"摄影机使图像产生景深效果。

知识要点："目标"摄影机的"景深"功能，VRay渲染器中的"从摄影机获取"功能。

本例将使用目标摄影机配合 VRay 渲染器来制作景深效果，案例效果如图 5-9 所示。

图 5-9

【操作步骤】

（1）打开本书配套光盘中的"第 5 章/素材文件/课堂案例——利用目标摄影机制作餐桌景深效果"素材文件，如图 5-10 所示。

（2）设置摄影机类型为"标准"，然后在场景中创建一台目标摄影机，其位置如图 5-11 所示。

（3）选择上一步创建的目标摄影机，然后在"参数"卷展栏下设置"镜头"为 35mm、"视野"为 54.432 度，最后设置"目标距离"为 999.999mm，具体参数设置如图 5-12 所示。

图 5-10　　　　　　　　　　　图 5-11　　　　　　　　　　　图 5-12

（4）按 F10 键打开"渲染设置"对话框，然后设置渲染器为 VRay 渲染器，接着单击 VRay 选项卡，并展开"VRay 摄像机"卷展栏，最后在"景深"选项组下勾选"开"和"从摄影机获取"选项，具体参数设置如图 5-13 所示。

【提示】

勾选"从摄影机获取"选项后，摄影机焦点位置的物体在画面中是最清晰的，而距离焦点越远的物体将会很模糊。

（5）按 F9 键渲染当前场景，最终效果如图 5-14 所示。

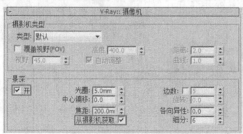

图 5-13　　　　　　　　　　　图 5-14

课堂练习——利用目标摄影机制作运动模糊
**　　　　　效果**

本练习的对象是一个轮胎模型，
主要利用"目标"摄影机的"运动模糊"效果制作轮胎的运动效果，其效果如图 5-15 所示。

图 5-15

5.3　VRay 的摄影机

安装好 VRay 渲染器后，摄影机列表中会增加一个 VRay 摄影机选项，而 VRay 摄影机又包含"VR 穹顶摄影机"和"VR 物理摄影机"两种，如图 5-16 所示。

下面就对 VRay 的这两种摄影机进行讲解，在学习 VRay 物理摄影机之前，先了解一下真实相机的基本原理，因为 VRay 物理摄影机就是根据真实相机的摄影原理来开发的，其功能很强大。

图 5-16

5.3.1　真实相机的结构

真实相机的基本结构如图 5-17 所示，遮光外壳的一端有一孔穴，用以安装镜头，孔穴的对面有一容片器，用以承装一段感光胶片。为了在不同光线强度下都能产生正确的曝光影像，相机镜头有一可变光阑，用来调节直径不断变化的小孔，这就是所谓的光圈。打开快门后，光线才能透射到胶片上，快门给了用户选择准确瞬间曝光的机会，而且通过确定某一快门速度，还可以控制曝光时间的长短。

图 5-17

5.3.2　相机成像过程

真实相机主要分为传统相机和数码相机，这两类相机的成像过程也是有所区别的。

1. 传统相机成像过程

传统相机的成像过程可归纳为以下 4 个步骤。

步骤 1：镜头把景物影象聚焦在胶片上。

步骤 2：片上的感光剂随光发生变化。

步骤 3：片上受光后变化了的感光剂经显影液显影和定影。

步骤 4：形成和景物相反或色彩互补的影像。

2. 数码相机成像过程

数码相机的成像过程可归纳为以下 4 个步骤。

步骤 1：经过镜头光聚焦在 CCD 或 CMOS 上。

步骤 2：CCD 或 CMOS 将光转换成电信号。

步骤 3：经处理器加工，记录在相机的内存上。

步骤 4：通过电脑处理和显示器的电光转换，或经打印机打印便形成影像。

5.3.3　相机的相关术语

1. 镜头

一个结构简单的镜头可以是一块凸形毛玻璃，它折射来自被摄体上每一点被扩大了的光线，然后这些光线聚集起来形成连贯的点，即焦平面。当镜头准确聚集时，胶片的位置就与焦平面互相叠合。镜头一般分为标准镜头、广角镜头、远摄镜头、鱼眼镜头和变焦镜头。

2. 焦平面

焦平面是通过镜头折射后的光线聚集起来形成清晰的、上下颠倒的影像的地方。经过离相机不同距离的运行，光线会被不同程度地折射后聚合在焦平面上，因此就需要调节聚焦装置，前后移动镜头距相机后背的距离。当镜头聚焦准确时，胶片的位置和焦平面应叠合在一起。

3. 光圈

光圈通常位于镜头的中央，它是一个环形，可以控制圆孔的开口大小，并且控制曝光时光线的亮度。当需要大量的光线来进行曝光时，就需要开大光圈的圆孔；若只需要少量光线曝光时，就需要缩小圆孔，让少量的光线进入。

光圈由装设在镜头内的叶片控制，而叶片是可动的。光圈越大，镜头里的叶片开放越大，所谓"最大光圈"就是叶片毫无动作，让可通过镜头的光源全部跑进来的全开光圈；反之光圈越小，叶片就收缩得越厉害，最后可缩小到只剩小小的一个圆点。

光圈的功能就如同人类眼睛的虹膜，是用来控制拍摄时的单位时间进光量的，一般以 f/5、F5 或 1：5 来表示。以实际而言，较小的 f 值表示较大的光圈。

光圈的计算单位称为光圈值（f-number）或者是级数（f-stop）。

【提示】

除了考虑进光量之外，光圈的大小还跟景深有关。景深是指物体成像后在相片（图档）中的清晰程度。光圈越大，景深会越浅（清晰的范围较小）；光圈越小，景深就越长（清晰的范围较大）。

大光圈的镜头非常适合低光量的环境，因为它可以在微亮光的环境下，获取更多的现场光，让我们可以用较快速的快门来拍照，以便保持拍摄时相机的稳定度。但是大光圈的镜头不易制作，必须要花较多的费用才可以完成。

好的相机会根据测光的结果等情况来自动计算出光圈的大小，一般情况下快门速度越快，光圈就越大，以保证有足够的光线通过，所以也比较适合拍摄高速运动的物体，如行动中的汽车或落下的水滴等。

4. 快门

快门是相机中的一个机械装置，大多设置于机身接近底片的位置（大型相机的快门设计在镜头中），用于控制快门的开关速度，并且决定了底片接受光线的时间长短。也就是说，在每一次拍摄时，光圈的大小控制了光线的进入量，快门的速度决定光线进入的时间长短，这样一系列的动作便完成了所谓的"曝光"。

快门是镜头前阻挡光线进来的装置，一般而言，快门的时间范围越大越好。秒数低适合拍摄运动中的物体，某款相机就强调快门最快能到 1/16000 秒，可以轻松抓住急速移动的目标。不过当您要拍的是夜晚的车水马龙，快门时间就要拉长，常见照片中丝绢般的水流效果也要用慢速快门才能拍到。

快门以"秒"作为单位，它有一定的数字格式。

光圈级数与快门级数的进光量其实是相同的，也就是说光圈之间相差一级的进光量，其实就等于快门之间相差一级的进光量，这个观念在计算曝光时很重要。

前面提到了光圈决定了景深，快门则是决定了被摄物的"时间"。当拍摄一个快速移动的物体时，通常需要比较高速的快门才可以抓到凝结的画面，所以在拍动态画面时，通常都要考虑可以使用的快门速度。

有时要抓取的画面可能需要有连续性的感觉，就像拍摄丝绸般的瀑布或是小河时，就必须要用到速度比较慢的快门，延长曝光的时间来抓取画面的连续动作。

5．胶片感光度

根据胶片感光度，可以把胶片归纳为 3 大类，分别是快速胶片、中速胶片和慢速胶片。快速胶片具有较高的 ISO（国际标准协会）数值，慢速胶片的 ISO 数值较低，快速胶片适用于低照度下的摄影。相对而言，当感光性能较低的慢速胶片可能引起曝光不足时，快速胶片获得正确曝光的可能性就更大，但是感光度的提高会降低影像的清晰度，增加反差。慢速胶片在照度良好时，对获取高质量的照片非常有利。

在光照亮度十分低的情况下，例如在暗弱的室内或黄昏时分的户外，可以选用超快速胶片（即高 ISO）进行拍摄。这种胶片对光非常敏感，即使在火柴光下也能获得满意的效果，其产生的景象颗粒度可以营造出画面的戏剧性氛围，以获得引人注目的效果；在光照十分充足的情况下，例如在阳光明媚的户外，可以选用超慢速胶片（即低 ISO）进行拍摄。

【提示】
　　以上介绍的光圈、快门、胶片感光度等都是摄影中比较关键的概念，在 VRay 物理摄影机中也有与之相对应的控制参数，如焦距、光圈数、快门速度（s^-1）、感光速度（ISO）等。由此可见，VRay 物理摄影机就是一个 3D 版的相机，非常接近物理真实，因此大家要重点掌握 VRay 物理摄影机的使用技术。

5.3.4　VRay 物理摄影机

VRay 物理摄影机相当于一台真实的相机（也有翻译为"VRay 物理相机"），它可以对场景进行"拍照"。选择"VR 物理摄影机"工具，然后在场景中拖曳鼠标就可以创建一台 VRay 物理摄影机，可以观察到 VRay 物理摄影机同样包含"目标点"和"摄影机"这两个部件，如图 5-18 所示。

创建好一台 VRay 物理摄影机后，接着进入"修改"面板，可以看到面板上有 5 个卷展栏，如图 5-19 所示。

图 5-18　　　　　　　　　　　　图 5-19

下面针对 VRay 物理摄影机的"创建"面板中常用的 3 个卷展栏参数进行详细讲解。

1. "基本参数"卷展栏

展开"基本参数"卷展栏,其参数面板如图 5-20 所示。

【参数详解】

图 5-20

- 类型:设置摄影机的类型,包含"照相机"、"摄影机(电影)"和"摄像机(DV)"3 种类型。
  - ⌐ 照相机:用来模拟一台常规快门的静态画面照相机。
  - ⌐ 摄影机(电影):用来模拟一台圆形快门的电影摄影机。
  - ⌐ 摄像机(DV):用来模拟带 CCD 矩阵的快门摄像机。
- 目标型:当勾选该选项时,摄影机的目标点将放在焦平面上;当关闭该选项时,可以通过下面的"目标距离"选项来控制摄影机到目标点的位置。
- 胶片规格(mm):控制摄影机所看到的景色范围。值越大,看到的景越多。
- 焦距(mm):设置摄影机的焦长,同时也会影响到画面的感光强度。较大的数值产生的效果类似于长焦效果,且感光材料(胶片)会变暗,特别是在胶片的边缘区域;较小数值产生的效果类似于广角效果,其透视感比较强,当然胶片也会变亮,图 5-21 所示为焦长为 15 的广角效果和焦长为 50 的正常效果之间的对比。

图 5-21

- 缩放因子:控制摄影机视图的缩放。值越大,摄影机视图拉得越近。
- 横向/纵向偏移:控制摄影机视图的水平和垂直方向上的偏移量。
- 光圈数:设置摄影机的光圈大小,主要用来控制渲染图像的最终亮度。值越小,图像越亮;值越大,图像越暗,图 5-22 所示为"光圈系数"为 2 和 4 时的对比。

图 5-22

- 目标距离:摄影机到目标点的距离,默认情况下是关闭的。当关闭摄影机的"目标"选项时,就可以用"目标距离"来控制摄影机的目标点的距离。
- 纵向/横向移动:指摄影机在垂直方向上的变形,主要用于纠正三点透视到两点透视。
- 指定焦点:开启这个选项后,可以手动控制焦点。

- 曝光：当勾选这个选项后，VRay 物理相机中的"光圈系数"、"快门速度（s^-1）"和"感光速度（ISO）"设置才会起作用。
- 光晕：用来模拟真实摄影机的虚光效果。
- 白平衡：和真实摄影机的功能一样，控制图像的色偏。例如在白天的效果中，设置一个桃色的白平衡颜色可以纠正阳光的颜色，从而得到正确的渲染颜色，图 5-23 所示为将"白平衡"调成偏黄与偏蓝之间的对比。

图 5-23

- 快门速度（s^-1）：控制光的进光时间，值越小，进光时间越长，图像就越亮；值越大，进光时间就越小，图像就越暗，图 5-24、图 5-25 和图 5-26 所示分别是"快门速度（s^-1）"值为 35、50 和 100 时的对比渲染效果。

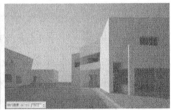

图 5-24　　　　　　　　　　图 5-25　　　　　　　　　　图 5-26

- 快门的角度（度）：当摄影机选择"摄影机（电影）"类型的时候，该选项才被激活，主要用来控制快门角度的偏移。
- 快门偏移（度）：当摄影机选择"摄影机（电影）"类型的时候，该选项才被激活，主要用来控制快门角度的偏移。
- 延迟（秒）：当摄影机选择"摄像机（DV）"类型的时候，该选项才被激活，作用和上面的"快门速度"的作用一样，主要用来控制图像的亮暗，值越大，表示光越充足，图像也越亮。
- 胶片速度（ISO）：控制图像的亮暗，值越大，表示 ISO 的感光系数越强，图像也越亮。一般白天效果比较适合用较小的 ISO，而晚上效果比较适合用较大的 ISO，图 5-27 所示为"感光速度（ISO）"数值为 600 和 200 时的效果对比。

图 5-27

2. "散景特效"卷展栏

"散景特效"卷展栏下的参数主要用于控制散景效果，当渲染景深的时候，或多或少都会产生一些散景效果，这主要和散景到摄影机的距离有关，图 5-28 所示为使用真实摄影机拍摄的散景效果。

展开"散景特效"卷展览，其参数面板如图 5-29 所示。

图 5-28

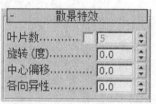

图 5-29

【参数详解】

● 叶片数：控制散景产生的小圆圈的边，默认值为 5，表示散景的小圆圈为正五边形。如果关闭该选项，那么散景就是个圆形。

● 旋转（度）：散景小圆圈的旋转角度。

● 中心偏移：散景偏移源物体的距离。

● 各向异性：控制散景的各向异性，值越大，散景的小圆圈拉得越长，即变成椭圆。

图 5-30

3. "采样"卷展栏

展开"采样"卷展栏，其参数面板如图 5-30 所示。

【参数详解】

● 景深：控制是否开启景深效果。当某一物体聚焦清晰时，从该物体前面的某一段距离到其后面的某一段距离内的所有景物都是相当清晰的。

● 运动模糊：控制是否开启运动模糊功能。这个功能只适用于具有运动对象的场景中，对静态场景不起作用。

● 细分：设置"景深"或"运动模糊"的细分采样。数值越高，效果越好，但是会增长渲染时间。

5.3.5　VRay 穹顶摄影机

VRay 穹顶摄影机一般被用来渲染半球圆顶效果，选择"VR 穹顶摄影机"工具，然后在场景中拖曳鼠标就可以创建一台 VRay 穹顶摄影机。VRay 穹顶摄影机同样包含"目标点"和"摄影机"两个部件，但它只有固定的焦距，不能调节它的焦长，如图 5-31 所示。

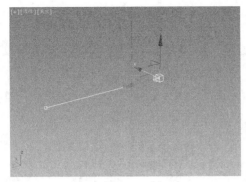

图 5-31

创建好一台 VRay 穹顶摄影机后，接着进入"修改"面板，可以看到只有一个"VRay 穹顶摄影机参数"卷展栏，其参数面板如图 5-32 所示。

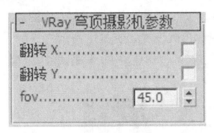

图 5-32

【参数详解】

- 翻转 X：让渲染的图像在 x 轴上反转。
- 翻转 Y：让渲染的图像在 y 轴上反转。
- fov（视野）：设置视角的大小。

课堂案例——测试 VRay 物理摄影机的光晕

学习目标：掌握使用 VRay 物理摄影机制作不同光晕效果的方法。

知识要点：VRay 物理摄影机的"光晕"功能。

本案例的场景是一个餐厅空间，主要讲解了使用 VRay 物理摄影机的光晕效果，案例效果如图 5-33 所示。

图 5-33

【操作步骤】

（1）打开本书配套光盘中的"第 5 章/素材文件/课堂案例——测试 VRay 物理摄影机的光晕"素材文件，如图 5-34 所示。

（2）设置摄影机类型为 VRay，然后在场景中创建一台 VRay 物理摄影机，其位置如图 5-35 所示。

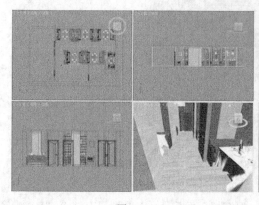
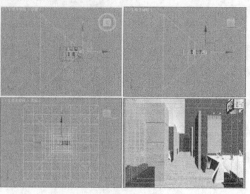

图 5-34　　　　　　　　　　　　图 5-35

（3）选择上一步创建的 VRay 物理摄影机，然后在"基本参数"卷展栏下设置"胶片规格（mm）"为 36、"焦距"为 20、"光圈数"为 1，并取消勾选"光晕"选项，具体参数设置如图 5-36 所示。

（4）按 C 键切换到摄影机视图，然后按 F9 键测试渲染当前场景，效果如图 5-37 所示。

图 5-37

图 5-36

（5）选择 VRay 物理摄影机，接着在"基本参数"卷展栏下勾选"光晕"选项，并设置其参数为 2，具体参数设置如图 5-38 所示，然后按 F9 键测试渲染当前场景，效果如图 5-39 所示。

图 5-38　　　　　　　　　　　　图 5-39

（6）选择 VRay 物理摄影机，然后在"基本参数"卷展栏下将"光晕"修改为 4，具体参数设置如图 5-40 所示，接着按 F9 键测试渲染当前场景，最终效果如图 5-41 所示。

图 5-40

图 5-41

课堂练习——测试 VRay 物理摄影机的快门速度

本练习需做 3 组测试，目的是帮助大家练习 VRay 物理摄影机的"快门速度（s^-1）"功能，VRay 物理摄影机的"快门速度"参数非常重要，因为它可以改变渲染图像的明暗度，其测试效果如图 5-42 所示。

图 5-42

【提示】

这里的快门速度中的数值是实际速度的倒数，也就是说如果将快门速度设为 80，那么最后的实际快门速度为 1/80 秒，它可以控制光通过镜头到达感光材料（胶片）的时间，其时间长短会影响到最后图像（效果图）的亮度，数值小与数值大相比，数值小的快门慢，所得到的光就会越多，最后的效果图就会越亮，数值大的快门快，所得到的效果图就会越暗。因此"快门速度"数值越大图像就会越暗，反之就会越亮。

5.4 本章小结

本章结合真实相机来讲解 3ds Max 摄影机和 VRay 摄影机，这些摄影机甚至比真实相机的功能更加强大，也更容易操作，掌握这些摄影机的运用能够辅助大家更加高效的完成任务，其中目标摄影机和 VRay 物理摄影机比较常用，需要重点掌握。

课后习题——测试 VRay 物理摄影机的缩放因子

本习题用于练习 VRay 物理摄影机的"缩放因子"功能，其参数非常重要，因为它可以改变摄影机视图的远近范围，从而改变物体的远近关系，其效果如图 5-43 所示。

图 5-43

课后习题——利用 VRay 物理摄影机渲染景深特效

本习题的场景是办公室一角，可以通过"VRay 物理摄影机"的"景深"特效渲染出景深效果，如图 5-44 所示。

图 5-44

第 6 章
3ds Max/VRay 材质制作

材质是效果图制作中最关键的环节之一，只有把材质做到位，并配合灯光的照射，才能渲染出真实的效果图。3ds Max 和 VRay 都提供了强大的材质功能，尤其是 VRay 材质，其功能强大，操作简便，在商业效果图制作中的使用频率非常高。本章将对各种材质的制作方法以及多种程序贴图进行全面而详细的介绍，为读者深度剖析 3ds Max 的材质和贴图技术。

课堂学习目标
1. 了解材质的属性和作用。
2. 掌握材质制作的一般流程。
3. 掌握常用 3ds Max 材质的设置方法。
4. 掌握常用 VRay 材质的设置方法。
5. 掌握常用 3ds Max 程序贴图的运用。
6. 掌握常用 VRay 程序贴图的运用。
7. 掌握 VRay 毛发和 VRay 置换的使用方法。

6.1 认识材质

在大自然中，物体表面总是具有各种各样的特性，如颜色、透明度、表面纹理等。而对于 3ds Max 而言，制作一个物体除了造型之外，还要将其表面特性表现出来，这样才能在三维虚拟世界中真实地再现物体本身的面貌，既做到了形似，也做到了神似。

下面将对材质的属性和在 3ds Max 中制作材质的流程进行进一步讲解。

6.1.1 材质的属性

材质可以看成是材料和质感的结合。在渲染程序中，它是物体表面各种可视属性的结合，这些可视属性是指色彩、纹理、光滑度、透明度、反射率、折射率、发光度等。正是有了这些属性，才能让大家识别三维空间中的物体属性是怎么表现的，也正是有了这些属性，计算机模拟的三维虚拟世界才会和真实世界一样缤纷多彩，如图 6-1 所示。

如果要做出真实的材质，就必须深入了解物体的属性，这需要对真实物理世界中的物体多观察，多分析。

图 6-1

1. 物体的颜色

色彩是光的一种特性，人们通常看到的色彩是光作用于眼睛的结果。但光线照射到物体上的时候，物体会吸收一些光色，同时也会漫反射一些光色，这些漫反射出来的光色到达人们的眼睛之后，就决定物体看起来是什么颜色，这种颜色常被称为"固有色"。这些被漫反射出来的光色除了会影响人们的视觉之外，还会影响它周围的物体，这就是"光能传递"。当然，影响的范围不会像人们的视觉范围那么大，它要遵循"光能衰减"的原理。

如图 6-2 示，远处的光照亮，而近处的光照暗。这是由于光的反弹与照射角度的关系，当光的照射角度与物体表面成 90°垂直照射时，光的反弹最强，而光的吸收最柔；当光的照射角度与物体表面成 180°时，光的反弹最柔，而光的吸收最强。

图 6-2

【提示】

物体表面越白，光的反射越强；反之，物体表面越黑，光的吸收越强。

2. 光滑与反射

一个物体是否有光滑的表面，往往不需要用手去触摸，视觉就会告诉我们结果。因为光滑的物体，总会出现明显的高光，如玻璃、瓷器、金属等。而没有明显高光的物体，通常都是比较粗糙的，如砖头、瓦片、泥土等。

这种差异在自然界无处不在，但它是怎么产生的呢？依然是光线的反射作用，但和上面"固有色"的漫反射方式不同，光滑物体有一种类似"镜子"的效果，在物体的表面还没有光滑到可以镜像反射出周围物体的时候，它对光源的位置和颜色是非常敏感的。所以，光滑的物体表面只"镜射"出光源，这就是物体表面的高光区，它的颜色是由照射它的光源颜色决定的（金属除外），随着物体表面光滑度的提高，对光源的反射会越来越清晰，这就是在材质编辑中，越是光滑的物体高光范围越小、强度越高的原因。

如图 6-3 所示，从洁具表面可以看到很小的高光，这是因为洁具表面比较光滑；再如图 6-4 示，表面粗糙的蛋糕没有一点光泽，光照射到蛋糕表面，发生了漫反射，反射光线弹向四面八方，所以就没有了高光。

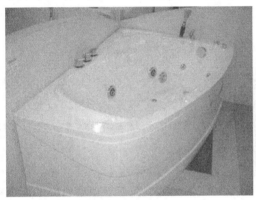

图 6-3

图 6-4

3. 透明与折射

自然界的大多数物体通常会遮挡光线，当光线可以自由穿过物体时，这个物体肯定就是透明的。这里所说的"穿过"，不单指光源的光线穿过透明物体，还指透明物体背后的物体反射出来的光线也要再次穿过透明物体，这就使得大家可以看见透明物体背后的东西。

由于透明物体的密度不同，光线射入后会发生偏转现象，也就是折射。比如插进水里的筷子，看起来是弯的。不同透明物质的折射率也不一样，即使同一种透明的物质，温度不同也会影响其折射率，例如用眼睛穿过火焰上方的热空气观察对面的景象，会发现景象有明显的扭曲现象，这就是因为温度改变了空气的密度，不同的密度产生了不同的折射率。正确使用折射率是真实再现透明物体的重要手段。

在自然界中还存在另一种形式的透明，在三维软件的材质编辑中把这种属性称之为"半透明"，例如纸张、塑料、植物的叶子和蜡烛等。它们原本不是透明的物体，但在强光的照射下背光部分会出现"透光"现象。

如图 6-5 所示，半透明的葡萄在逆光的作用下，表现得更彻底。

6.1.2 3ds Max 材质的制作流程

对于初学 3ds Max 的读者来说，进入"材质管理器"对话框后难免会不知如何下手，所以在这里向大家介绍一下制作材质的基本流程，当然具体设置方法会在后面陆续为大家进行讲解。

图 6-5

通常，在 3ds Max 中制作新材质并将其应用于对象时，应该遵循以下 8 个步骤。

第 1 步：指定材质的名称。

第 2 步：选择材质的类型。

第 3 步：对于标准或光线追踪材质，应选择着色类型。

第 4 步：设置漫反射颜色、光泽度和不透明度等各种参数。

第 5 步：将贴图指定给要设置贴图的材质通道，并调整参数。

第 6 步：将材质应用于对象。

第 7 步：如有必要，应调整 UV 贴图坐标，以便正确定位对象的贴图。

第 8 步：保存材质。

【提示】

3ds Max 2013 中创建材质的方法非常灵活自由，任何模型都可以被赋予栩栩如生的材质，使得创建的场景更加丰富。当编辑好材质后，用户可以随时返回到材质编辑器中，进行细致的调节。

材质描述对象如何反射或透射灯光。在材质中，贴图可以模拟纹理、应用设计、反射、折射和其他效果（贴图也可以用作环境和投射灯光）。"材质编辑器"是用于创建、改变和应用场景中的材质的对话框。图 6-6 所示为"无材质"和"有材质"的渲染对比效果。

无材质效果　　　　　　　　　　　　　　有材质效果

图 6-6

6.2　3ds Max 材质

前面学习了材质的相关基础知识，下面开始对 3ds Max 自带的材质功能进行讲解。

按 M 键打开"材质编辑器"对话框，接着单击 Standard（标准）按钮，然后在弹出的"材质/贴图浏览器"面板中可以观察到 29 种材质类型，其中 3ds Max 自带材质即"标准"材质共有 16 种，安装 VRay 渲染器后，VRay 材质共有 13 种。

首先来将介绍 3ds Max 的材质，如图 6-7 所示。

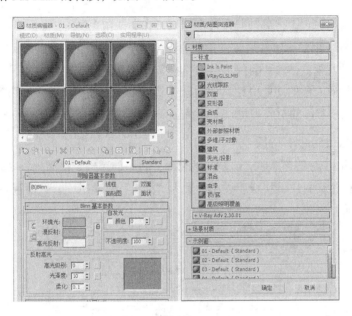

图 6-7

【材质详解】

● Ink'n Paint（墨水油漆）：通常用于制作卡通材质。

● 变形器：配合 Morpher 修改器使用，能产生材质融合的变形动画效果。

● 标准材质：系统默认的材质。

● 虫漆材质：用来控制两种材质混合的数量比例。

● 顶/底：为一个物体指定不同的材质，一个在顶端，一个在底端，中间交互处可产生过度效果，并且可以调节两种材质的比例。

● 多维/子对象材质：将多个子材质应用到单个对象的子对象。

● 超级照明覆盖：配合光能传递使用的一种材质，能很好地控制光能传递和物体之间的反射比。

● 光线跟踪：可以创建真实的反射和折射效果，并且支持雾、颜色浓度、半透明和荧光等效果。

● 合成：将多个不同的材质叠加在一起，包括一个基本材质和 10 个附加材质，通过添加排除和混合能够创造出复杂多样的物体材质，常用来制作动物和人体皮肤、生锈的金属以及复杂的岩石等物体。

- 混合：将两个不同的材质融合在一起，据融合度的不同来控制两种材质的显示程度，可以利用这种特性来制作材质变形动画，也可以用来制作一些质感要求较高的物体，如打磨的大理石、上腊的地板。
- 建筑：主要用于表现建材质感的材质。
- 壳材质：专门配合"渲染到贴图"命令一起使用，其作用是将"渲染到贴图"命令产生的贴图再贴回物体造型中。
- 双面：可为物体内外或正反表面分别指定两种不同的材质，并且可以控制他们彼此间的透明度来产生特殊效果，经常用在一些需要双面显示不同材质的动画中，如纸牌和杯子等。
- 外部参考材质：参考外部对象或参考场景相关运用资料。
- 无光/投影：主要作用是隐藏场景中的物体，渲染时也观察不到，不会对背景进行遮挡，但可遮挡其他物体，并且能产生自身投影和接受投影的效果。

以上是各个材质大致的功能介绍，但由于在实际运用中某些材质很少用到，所以大家只需要掌握其中重要的、常用的材质即可，下面将对某些常用材质的设置方法与参数进行详细讲解。

6.2.1　标准（Standard）材质

标准（Standard）材质是 3ds Max 默认的材质，也是使用频率最高的材质之一，它几乎可以模拟真实世界中的任何材质，将材质类型设置为"标准"材质时，参数面板中共显示 6 个卷展栏，如图 6-8 所示。

图 6-8

需要注意的是，虽然这里看到只有 6 个卷展栏，但是通过相应的设置，可能会出现一些复卷展栏，下面便对各个卷展栏中的参数进行详细讲解。

1．"明暗器基本参数"卷展栏

展开"明暗器基本参数"卷展栏，在"明暗器基本参数"卷展栏下可以选择明暗器的类型，还可以设置"线框"、"双面"、"面贴图"和"面状"等参数，如图 6-9 所示。

图 6-9

图 6-10

【参数详解】

- 明暗器列表：在该列表中包含了 8 种明暗器类型，如图 6-10 所示。
- 各向异性：这种明暗器通过调节两个垂直于正向上可见高光尺寸之间的差值来提供了一种"重折光"的高光效果，这种渲染属性可以很好地表现毛发、玻璃和被擦拭过的金属等物体。

- Blinn：这种明暗器是以光滑的方式来渲染物体表面，是最常用的一种明暗器。
- 金属：这种明暗器适用于金属表面，它能提供金属所需的强烈反光。
- 多层："多层"明暗器与"各向异性"明暗器很相似，但"多层"明暗器可以控制两个高亮区，因此"多层"明暗器拥有对材质更多的控制，第 1 高光反射层和第 2 高光反射层具有相同的参数控制，可以对这些参数使用不同的设置。
- Oren-Nayar-Blinn：这种明暗器适用于无光表面（如纤维或陶土），与 Blinn 明暗器几乎相同，通过它附加的"漫反射色级别"和"粗糙度"两个参数可以实现无光效果。
- Phon 绿：这种明暗器可以平滑面与面之间的边缘，也可以真实地渲染有光泽和规则曲面的高光，适用于高强度的表面和具有圆形高光的表面。
- Strauss：这种明暗器适用于金属和非金属表面，与"金属"明暗器十分相似。
- 半透明明暗器：这种明暗器与 Blinn 明暗器类似，它们之间最大的区别在于该明暗器可以设置半透明效果，使光线能够穿透半透明的物体，并且在穿过物体内部时离散。

● 线框：以线框模式渲染材质，用户可以在"扩展参数"卷展栏下设置线框的"大小"参数，如图 6-11 所示。

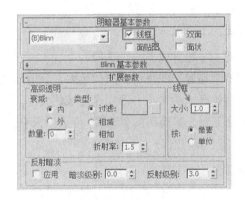

图 6-11

● 双面：将材质应用到选定面，使材质成为双面。
● 面贴图：将材质应用到几何体的各个面。如果材质是贴图材质，则不需要贴图坐标，因为贴图会自动应用到对象的每一个面。
● 面状：使对象产生不光滑的明暗效果，把对象的每个面都作为平面来渲染，可以用于制作加工过的钻石、宝石和任何带有硬边的物体表面。

2. "Blinn 基本参数" / "Phong 基本参数" 卷展栏

Blinn 和 Phong 都是以光滑的方式进行表现渲染，效果非常相似。Blinn 高光点周围的光晕是旋转混合的，Phong 是发散混合的；背光处 Blinn 的反光点形状近圆形，Phong 的则为梭形，影响周围的区域较小；如果增大柔化参数，Blinn 的反光点仍保持尖锐的形态，而 Phong 却趋向于均匀柔和的反光；从色调上来看，Blinn 趋于冷色，Phong 趋于暖色。综上所述，可以近似地认为，Phong 易表现暖色柔和的材质，常用于塑性材质，可以精确地反映出凹凸、不透明、反光、高光和反射贴图效果，Blinn 易表现冷色坚硬的材质，它们之间的差别并不是很大。

【提示】

当在图 6-44 所示的明暗器列表中选择不同的明暗器时，这个卷展栏的名称和参数也会有所不同，比如选择 Blinn 明暗器之后，这个卷展栏就叫"Blinn 基本参数"；如果选择"各向异性"明暗器，这个卷展栏就叫"各向异性基本参数"。

下面就来介绍一下"Blinn 基本参数"和"Phong 基本参数"卷展栏的相关参数，如图 6-12 所示，这两个明暗器的参数完全相同。

【参数详解】

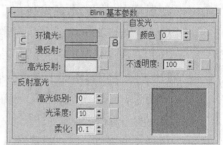

图 6-12

- 环境光：用于模拟间接光，也可以用来模拟光能传递。
- 漫反射："漫反射"是在光照条件较好的情况下（如在太阳光和人工光直射的情况下）物体反射出来的颜色，又被称作物体的"固有色"，也就是物体本身的颜色。
- 高光反射：物体发光表面高亮显示部分的颜色。
- 自发光：使用"漫反射"颜色替换曲面上的任何阴影，从而创建出白炽效果。
- 不透明度：控制材质的不透明度。
- 反射高光：该选项组主要包含以下 3 个选项。
  - 高光级别：控制"反射高光"的强度。数值越大，反射强度越强。
  - 光泽度：控制镜面高亮区域的大小，即反光区域的大小。数值越大，反光区域越小。
  - 柔化：设置反光区和无反光区衔接的柔和度。0 表示没有柔化效果；1 表示应用最大量的柔化效果。

3. "各向异性基本参数"卷展栏

各向异性就是通过调节两个垂直正交方向上可见高光尺寸之间的差额，从而实现一种"重折光"的高光效果。这种渲染属性可以很好的表现毛发、玻璃和被擦拭过的金属等效果。它的基本参数大体上与 Blinn 相同，其参数面板如图 6-13 所示。

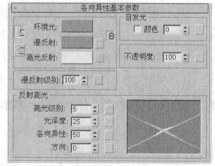

图 6-13

【参数详解】

- 漫反射级别：控制漫反射部分的亮度。增减该值可以在不影响高光部分的情况下增减漫反射部分的亮度，调节范围为 0～400，默认为 100。
- 各向异性：控制高光部分的各向异性和形状。值为 0 时，高光形状呈弧形；值为 100 时，高光变形为极窄条状。高光图的一个轴发生更改以显示该参数中的变化，默认设置为 50。
- 方向：用来改变高光部分的方向，范围为 0～9999，默认设置为 0。

4. "金属基本参数"卷展栏

这是一种比较特殊的渲染方式，专用于金属材质的制作，可以提供金属所需要的强烈反光。

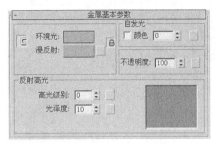

图 6-14

它取消了"高光反射"色彩的调节，反光点的色彩仅依据于漫反射色彩和灯光的色彩。

由于取消了"高光反射"色彩的调节，所以在高光部分的高光级别和光泽度设置也与 Blinn 有所不同。高光级别仍控制高光区域的强度，而光泽度部分变化的同时将影响高光区域的强度和大小，其参数面板如图 6-14 所示。

5. "多层基本参数"卷展栏

多层渲染属性与各向异性有相似之处，它的高光区域也属于各向异性类型，意味着从不同的角度产生的高光尺寸。当各向异性为 0 时，它们基本是相同的，高光是圆形的，和 Blinn、Phong 相同；当各向异性为 100 时，这种高光的各项异性达到最大程度的不同，在一个方向上高光非常尖锐，而另一个方向上光泽度可以单独控制。多层最明显的不同在于，它拥有两个高光区域控制。通过高光区域的分层，可以创建很多不错的特效，其参数面板如图 6-15 所示。

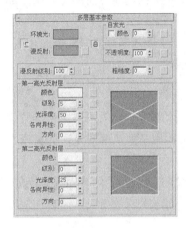

图 6-15

【参数详解】

● 粗糙度：设置由漫反射部分向阴影部分进行调和的快慢。提升该值时，表面的不平滑部分随之增加，材质也显得更暗更平。值为 0 时，则与 Blinn 渲染属性没有什么差别，默认为 0。

【提示】

关于"多层基本参数"卷展栏下的其他参数请参考前面的内容。

6. "Oren–Nayar–Blinn 基本参数"卷展栏

Oren-Nayar-Blinn 渲染属性是 Blinn 的一个特殊变量形式，通过它附加的漫反射级别和粗糙度这两个设置，可以实现无光材质的效果，这种渲染属性常用来表现织物、陶制品等粗糙对象的表面，其参数面板如图 6-16 所示。

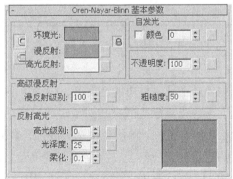

图 6-16

7. "Strauss 基本参数"卷展栏

Strauss 提供了一种金属感的表现效果，比金属渲染属性更简洁，参数更简单，如图 6-17 所示。

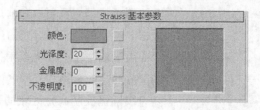

图 6-17

【参数详解】

● 颜色：设置材质的颜色。相当于其他渲染属性中的漫反射颜色选项，而高光和阴影部分的颜色则由系统自动计算。

● 金属度：设置材质的金属表现程度，默认设置为 0。由于主要依靠高光表现金属程度，所以"金属度"需要配合"光泽度"才能更好地发挥效果。

8. "半透明基本参数"卷展栏

半透明明暗器与 Blinn 类似，最大的区别在于能够设置半透明的效果。光线可以穿透这些半透明效果的对象，并且在穿过对象内部时离散。通常半透明明暗器用来模拟薄对象，如窗帘、电影银幕、霜或者毛玻璃等效果。

制作类似单面反射的材质时，可以选择单面接受高光，通过勾选或取消"内表面高光反射"复选框来实现这些控制。半透明材质的背面同样可以产生阴影，而半透明效果只能出现在渲染结果中，视图中无法显示，其参数面板如图 6-18 所示。

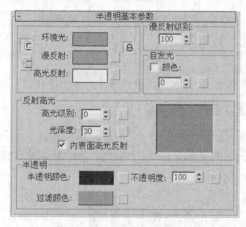

图 6-18

【参数详解】

● 半透明：该选项组主要用于设置材质的透明度，包含以下 3 个选项。

◢ 半透明颜色：半透明颜色是离散光线穿过对象时所呈现的颜色。设置的颜色可以不同于过滤颜色，两者互为倍增关系。单击色块选择颜色，右侧的灰色方块用于指定贴图。

◢ 过滤颜色：设置穿透材质的光线颜色，与半透明颜色互为倍增关系。单击色块选择颜色，右侧的灰色方块用于指定贴图。过滤颜色是指透过透明或半透明对象（如玻璃）后的颜色。过滤颜色配合体积光可以模拟诸如彩光穿过毛玻璃后的效果，也可以根据过滤颜色为半透明对象产生的光线跟踪阴影配色。

- ▄ 不透明度：用百分率表现材质的透明/不透明程度。当对象有一定厚度时，能够产生一些有趣的效果。

【提示】

除了模拟薄对象之外，半透明明暗器还可以模拟实体对象子表面的离散，用于制作玉石、肥皂、蜡烛等半透明对象的材质效果。

9. "扩展参数"卷展栏

"扩展参数"卷展栏如图 6-19 所示，参数内容涉及透明度、反射以及线框模式，还有标准透明材质真实程度的折射率设置。

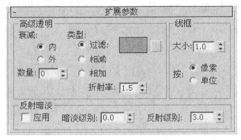

图 6-19

【参数详解】

- ● 高级透明：该选项组用于控制透明材质的透明衰减设置，主要包含以下 4 个选项。
- ▄ 衰减：有两种方式供用户选择。内，由边缘向中心增加透明的程度，像玻璃瓶的效果；外，由中心向边缘增加透明的程度，类似云雾、烟雾的效果。
- ▄ 数量：指定衰减的程度大小。
- ▄ 类型：确定以哪种方式来产生透明效果。过滤，计算经过透明对象背面颜色倍增的过滤色。单击后面的色块可以改变过滤色，单击灰色方块用于指定贴图；相减：根据背景色做递减色彩处理，用得很少；相加，根据背景色做递增色彩的处理，常用于发光体。
- ▄ 折射率：设置带有折射贴图的透明材质折射率，用来控制折射材质被传播光线的程度。当设置为 1（空气的折射率）时，透明对象之后看到的对象像在空气中（空气也有折射率，例如热空气对景象产生的气流变形）一样不发生变形；当设置为 1.5（玻璃折射率）时，看到的对象会产生很大的变化；当折射率小于 1 时，对象会沿着它的边界反射，像在水中的气泡。在真实世界中很少有对象的折射率超过 2，默认值为 1.5。

【提示】

在真实的物理世界中，折射率是因为光线穿过透明材质和眼睛（或者摄影机）时速度不同而产生的，和对象的密度相关，折射率越高，对象的密度也越大，也可以使用一张贴图去控制折射率，这时折射率会按照从 1 到折射率的设定值之间的插值进行运算。例如折射率设为 2.5，用一个完全黑白的噪波贴图来指定为折射贴图，这时折射率为 1 ~ 2.5，对象表现为比空气密度更大；如果折射率设为 0.6，贴图的折射计算将在 0.6 ~ 1，好像使用水下摄像机在拍摄。

- ● 线框：该选项组用于设置线框特性，主要包含以下选项。
- ▄ 大小：设置线框的粗细大小值，单位有"像素"和"单位"两种选择，如果选择"像素"，对像运动时镜头距离的变化不会影响网格线的尺寸，否则会发生改变。

- 反射暗淡：该选项组用于设置对像阴影区中反射贴图的暗淡效果。当一个对象表面有其他对象投影时，这个区域将会变得暗淡，但是一个标准的反射材质却不会考虑这一点，它会在对象表面进行全方位反射计算，失去投影的影响，对象变得通体光亮，场景也变得不真实。这时可以打开反射暗淡设置，它的两个参数分别控制对象的被投影区和未被投影区域的反射强度，这样可以将被投影区的反射强度值降低，使投影效果表现出来，同时增加未被投影区域的反射强度，以补偿损失的反射效果。主要包含以下 3 个选项。

  - 应用：勾选此选项，反射暗淡将发生作用，通过右侧的两个值对反射效果产生影响。
  - 暗淡级别：设置对象被投影区域的反射强度，值为 0 时，反射贴图在阴影中为全黑。该值为 0.5 时，反射贴图为半暗淡。该值为 1 时，反射贴图没有经过暗淡处理，材质看起来好像禁用"应用"一样，默认设置为 0。
  - 反射级别：设置对象未被投影区域的反射强度，它可以使反射强度倍增，远远超过反射贴图强度为 100 时的效果，一般用它来补偿反射暗淡给对象表面带来的影响，当值为 3 时（默认），可以近似达到不打开反射暗淡时不被投影区的反射效果。

10. "超级采样"卷展栏

超级采样是 3ds Max 中几种抗锯齿技术之一。在 3ds Max 中，纹理、阴影、高光，以及光线跟踪的反射和折射都具有自身设置抗锯齿的功能，与之相比，超级采样则是一种外部附加的抗锯齿方式，作用于标准材质和光线跟踪材质。

超级采样共有 4 种方式，选择不同的方式，其对应的参数面板会有所差别，如图 6-20 所示。

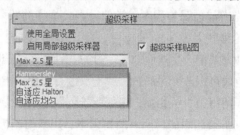

图 6-20

【参数详解】

- 自适应 Halton：按离散分布的"准随机"方式方法沿 *x* 轴与 *y* 轴分隔采样。依据所需品质不同，采样的数量从 4 ~ 40 自由设置。可以向低版本兼容。
- 自适应均匀：从最小值 4 ~ 最大值 36，分隔均匀采样。采样图案并不是标准的矩形，而是在垂直与水平轴向上稍微歪斜以提高精确性。可以向低版本兼容。
- Hammersley：在 *x* 轴上均匀分隔采样，在 *y* 轴上则按离散分布的"准随机"方式分隔采样。依据所需品质的不同，采样的数量为 4 ~ 40。不能与低版本兼容。
- Max 2.5 星：采样的排布类似于骰子中的 5 的图案，在一个采样点的周围平均环绕着 4 个采样点。这是 3ds Max 2.5 中所使用的超级采样方式。

【提示】

通常均匀分隔采样方式（自适应均匀和 Max 2.5 星）比非均匀分隔采样方式（自适应 Halton 和 Hammersley）的抗锯齿效果要好。

下面来介绍一下其他的相关参数。

- 使用全局设置：勾选此项，对材质使用"默认扫描线渲染器"卷展栏中设置的超级采样选项。

- 启用局部超级采样器：勾选此项，可以将超级采样结果指定给材质，默认设置为禁用状态。

- 超级采样贴图：勾选此项，可以对应用于材质的贴图进行超级采样。禁用此选项后，超级采样器将以平均像素表示贴图。默认设置为启用，这个选项对于凹凸贴图的品质非常重要，如果是特定的凹凸贴图，打开超级采样可以带来非常优秀的品质。

- 质量：自适应 Halton、自适应均匀和 Hammersley 这 3 种方式可以调节采样的品质。数值范围为 0 ~ 1，0 为最小，分配在每个像素上的采样约为 4 个；1 为最大，分配在每个像素上的采样为 36 ~ 40 个。

- 自适应：对于自适应 Halton 和自适应均匀方式有效，如果勾选，当颜色变化小于阈值的范围时，将自动使用低于"质量"所设定的采样值进行采样。这样可以节省一些运算时间，推荐勾选。

- 阈值：自适应 Halton 和自适应均匀方式还可以调节"阈值"。当颜色变化超过了"阈值"设置的范围，则依照"质量"的设置情况进行全部的采样计算；当颜色变化在"阈值"范围内时，则会适当减少采样计算，从而节省时间。

11. "贴图"卷展栏

"贴图"卷展栏如图 6-21 所示，该参数面板提供了很多贴图通道，如环境光颜色、漫反射颜色、高光颜色、光泽度等通道，通过给这些通道添加不同的程序贴图可以在对象的不同区域产生不同的贴图效果。

图 6-21

在每个通道的右侧有一个很长的按钮，单击它们可以调出"材质/贴图浏览器"对话框，并可以从中选择不同的贴图。当选择了一个贴图类型后，系统会自动进入其贴图设置层级中，以便进行相应的参数设置。单击按钮可以返回贴图方式设置层级，这时该按钮上会显示出贴图类型的名称。

"数量"参数用于控制贴图的程度（通过设置不同的数值来控制），例如对漫反射贴图，值为 100 时表示完全覆盖，值为 50 时表示以 50%的透明度进行覆盖，一般最大值都为 100，表示百分比值。只有凹凸、高光级别和置换等除外，最大可以设为 999。

6.2.2 混合材质

"混合"材质可以在模型的单个面上将两种材质通过一定的百分比进行混合，其效果如图 6-22 所示，展开"混合基本参数"卷展栏，其参数设置面板如图 6-23 所示。

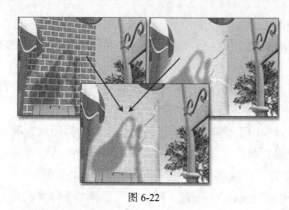

图 6-22　　　　　　　　　　　图 6-23

【参数详解】

● 材质 1/材质 2：可在其后面的材质通道中对两种材质分别进行设置。

● 遮罩：可以选择一张贴图作为遮罩。利用贴图的灰度值可以决定"材质 1"和"材质 2"的混合情况。

● 混合量：控制两种材质混合百分比。如果使用遮罩，则"混合量"选项将不起作用。

● 交互式：用来选择哪种材质在视图中以实体着色方式显示在物体的表面。

● 混合曲线：该选项组用于对遮罩贴图中的黑白色过渡区的调节，主要包含以下 3 个选项。

◢ 使用曲线：控制是否使用"混合曲线"来调节混合效果。

◢ 上部：用于调节"混合曲线"的上部。

◢ 下部：用于调节"混合曲线"的下部。

6.2.3　多维/子对象材质

使用"多维/子对象"材质可以采用几何体的子对象级别分配不同的材质，如图 6-24 所示，展开"多维/子对象基本参数"卷展栏，其参数设置面板如图 6-25 所示。

图 6-24

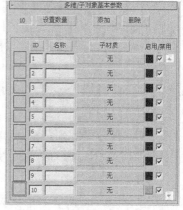

图 6-25

【参数详解】

● 数量：显示包含在"多维/子对象"材质中的子材质的数量。

● 设置数量：单击该按钮可以打开"设置材质数量"对话框，如图 6-26 所示。在该对话框中可以设置材质的数量。

图 6-26

- 添加：单击该按钮可以添加子材质。
- 删除：单击该按钮可以删除子材质。
- ID：单击该按钮将对列表进行排序，其顺序开始于最低材质ID的子材质，结束于最高材质ID。
- 名称：单击该按钮可以用名称进行排序。
- 子材质：单击该按钮可以通过显示于"子材质"按钮上的子材质名称进行排序。
- 启用/禁用：启用或禁用子材质。
- 子材质列表：单击子材质后面的"无"按钮，可以创建或编辑一个子材质。

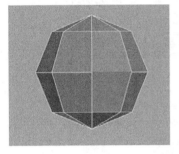

图 6-27

下面讲解"多维/子对象"材质的用法及原理解析。

很多初学者都无法理解"多维/子对象"材质的原理及用法，下面就以图6-27中的一个多边形球体来详细介绍一下该材质的原理及用法。

第1步：设置多边形的材质ID号。每个多边形都具有自己的ID号，进入"多边形"级别，然后选择两个多边形，接着在"多边形:材质ID"卷展栏下将这两个多边形的材质ID设置为1，如图6-28所示。同理，用相同的方法设置其他多边形的材质ID，如图6-29和图6-30所示。

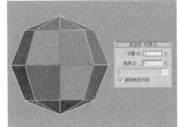

图 6-28

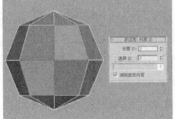

图 6-29

图 6-30

第2步：设置"多维/子对象"材质。由于这里只有3个材质ID号。因此将"多维/子对象"材质的数量设置为3，并分别在各个子材质通道加载一个VRayMtl材质，然后分别设置VRayMtl材质的"漫反射"颜色为蓝、绿、红，如图6-31所示，接着将设置好的"多维/子对象"材质指定给多边形球体，效果如图6-32所示。

图 6-31

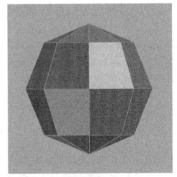

图 6-32

由此可以得出一个结论："多维/子对象"材质的子材质的ID号对应模型的材质ID号。也就是说，ID 1子材质指定给了材质ID号为1的多边形，ID 2子材质指定给了材质ID号为2的多边形，ID 3 子材质指定给了材质 ID 号为 3 的多边形。

6.2.4 虫漆材质

虫漆材质是将一种材质叠加到另一种材质上的混合材质，其中叠加的材质称为"虫漆材质"，被叠加的材质称为"基础材质"。"虫漆材质"的颜色增加到"基础材质"的颜色上，通过参数控制颜色混合的程度，效果如图 6-33 所示，其参数设置面板如图 6-34 所示。

基础材质　　　　　　　　虫漆材质　　　　　　与 50%的虫漆颜色混合值组合的材质

图 6-33

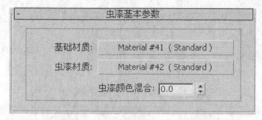

图 6-34

【参数详解】

- 基础材质：单击可选择或编辑基础材质。默认情况下，基础材质是带有 Blinn 明暗处理的标准材质。
- 虫漆材质：单击可选择或编辑虫漆材质。默认情况下，虫漆材质是带有 Blinn 明暗处理的标准材质
- 虫漆颜色混合：控制颜色混合的量。值为 0 时，虫漆材质不起作用，随着该参数值的提高，虫漆材质混合到基础材质中的程度越高。该参数没有上限，默认设置为 0。

6.2.5 顶/底材质

"顶/底"材质可以给对象指定两个不同的材质，一个位于顶部，一个位于底部，中间交界处可以产生浸润效果，它们所占据的比例可以调节，效果如图 6-35 所示，其参数设置面板如图 6-36 所示。

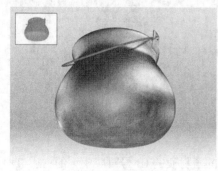

图 6-35

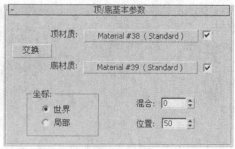

图 6-36

【参数详解】

- 顶材质：选择一种材质作为顶材质。
- 底材质：选择一种材质作为底材质。
- 交换：单击此按钮可以把两种材质的位置进行交换。
- 坐标：该选项组用于确定上下边界的坐标依据，主要包含以下两个选项。
- 世界：是按照场景的世界坐标让各个面朝上或朝下，旋转对象时，顶面和底面之间的边界仍保持不变。
- 局部：是按照场景的局部坐标让各个面朝上或朝下，旋转对象时，材质随着对象旋转。
- 混合：混合顶材质和底材质之间的边缘。这是一个范围为 0~100 的百分比值。值为 0 时，顶材质和底材质之间存在明显的界线；值为 100 时，顶材质和底材质彼此混合。默认设置为 0。
- 位置：确定两种材质在对象上划分的位置。这是一个范围为 0~100 的百分比值。值为 0 时表示划分位置在对象底部，只显示顶材质。值为 100 时表示划分位置在对象顶部，只显示底材质。默认设置为 50。

【提示】

对象的顶面是法线向上的面，底面是法线向下的面。根据场景的世界坐标系或对象自身的坐标系来确定顶与底。

6.2.6　合成材质

"合成"材质最多可以合成 10 种材质。按照在卷展栏中列出的顺序，从上到下叠加材质。使用相加不透明度、相减不透明度来组合材质，或使用数量值来混合材质，其参数面板如图 6-37 所示。

图 6-37

【参数详解】

- 基础材质：指定基础材质，默认为标准材质。
- 材质 1~材质 9：在此选择要进行复合的材质，默认情况下，不指定材质。前面的复选框控制是否使用该材质，默认为勾选。
- A（增加不透明度）：各个材质的颜色依据其不透明度进行相加，总计作为最终的材质颜色。

- S（减少不透明度）：各个材质的颜色依据其不透明度进行相减，总计作为最终的材质颜色。

- M（基于数量混合）：各个材质依据其数量进行混合。

- <u>100.0 ▲</u>（数量）：控制混合的数量，默认设置为 100。

  - ◢ 对于 A 和 S 合成，数量值的范围为 0～200。数量为 0 时，不进行合成，并且下面的材质不可见。如果数量为 100，将完成合成。如果数量大于 100，则合成将"超载"，材质的透明部分将变得更不透明，直至下面的材质不再可见。

  - ◢ 对于 M 合成，数量范围为 0～100。当数量为 0 时，不进行合成，下面的材质将不可见。当数量为 100 时，将完成合成，并且只有下面的材质可见。

课堂案例——制作绒布材质

学习目标：掌握绒布材质的制作方法与表现方式。

知识要点："标准"材质，Oren-Nayar-Blinn 明暗器类型，"噪波"程序贴图的运用。

本例使用标准材质制作绒布材质，其效果如图 6-38 所示。

【操作步骤】

（1）打开本书配套光盘中的"第 6 章/素材文件/课堂案例——制作绒布材质.max"文件，如图 6-39 所示。

图 6-38

图 6-39

（2）按 M 键打开"材质编辑器"对话框，选择一个空白材质球，并将其命名为"绒布 1"，然后新建一个"标准"材质，具体参数设置如图 6-40 所示。

① 展开"明暗器基本参数"卷展栏，然后设置明暗器类型为（O）Oren-Nayar-Blinn。

② 展开"Oren-Nayar-Blinn 基本参数"卷展栏，然后在"漫反射"贴图通道中加载一张"绒布 1 贴图.jpg"文件，接着在"坐标"卷展栏下设置"瓷砖"的 U 为 3、V 为 1；在"颜色"通道中加载一张"遮罩"程序贴图，然后在"贴图"通道中加载一张"衰减"程序贴图，并设置"衰减类型"为 Fresnel，接着在"遮罩"贴图通道中加载一张"衰减"程序贴图，并设置"衰减类型"为"阴影/灯光"；返回到"Oren-Nayar-Blinn 基本参数"卷展栏下，然后设置"高光级别"为 5。

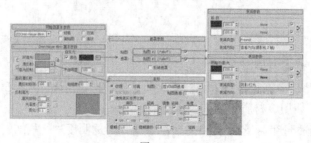

图 6-40

（3）展开"贴图"卷展栏，然后在"凹凸"贴图通道中加载一张"噪波"程序贴图，接着在"噪波参数"卷展栏下设置"噪波预置"的"高"数值为1，再设置"大小"为0.5，最后设置凹凸的强度为50，具体参数设置如图6-41所示，制作好的材质球效果如图6-42所示。

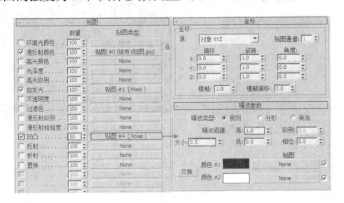
图 6-41

图 6-42

（4）选择一个空白材质球，并将其命名为"绒布2"，然后在"漫反射"贴图通道中加载一张"绒布2贴图.jpg"文件，接着按照设置"绒布1"材质的步骤设置好其他参数，如图6-43所示，制作好的材质球效果如图6-44所示。

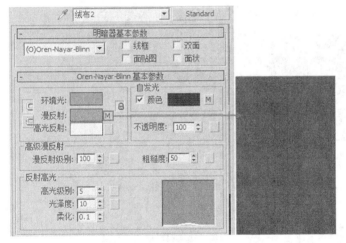

图 6-43

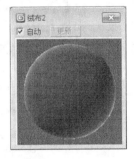
图 6-44

（5）将设置好的材质指定给场景中想对应的模型，完成后的效果如图6-45所示，然后按F9键渲染当前场景，最终效果如图6-46所示。

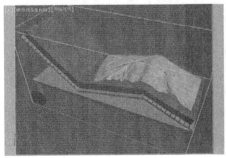
图 6-45

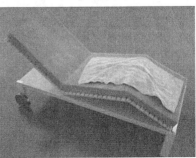
图 6-46

课堂练习——制作发光装饰品

本练习是一个装饰品的发光效果,主要利用"标准"材质的"自发光"选项以及"衰减"程序贴图进行制作,效果如图 6-47 所示。

【提示】

本例除了可以使用标准材质的"自发光"选项外,还可以使用"VR 灯光材质"和"VR 材质包裹器"材质来进行制作。VRay 的材质将在后面讲解。

图 6-47

6.3　VRay 材质

安装 VRay 渲染器后,"材质/贴图浏览器"对话框中的"材质"卷展栏下会增加 13 种 VRay 材质,如图 6-48 所示。

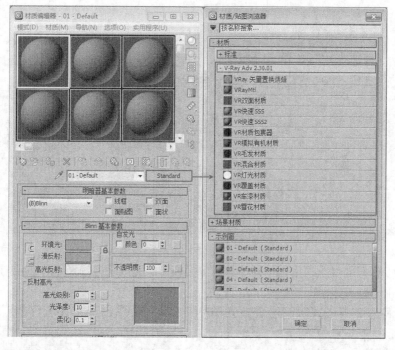

图 6-48

VRay 材质是 VRay 渲染器的专用材质,只有将 VRay 渲染器设为当前渲染器后才能使用这些材质,下面对这些材质功能进行详细介绍。

【材质详解】

● VR 材质包裹器:包裹材质是用来控制 VRay 材质的接收照明和产生照明。

● VR 灯光材质:用来模拟自发光效果。

● VR 覆盖材质:该材质类似于标准材质下的覆盖材质,可以制作覆盖材质效果。

- VR 混合材质：该材质类似于标准材质下的混合材质，可以制作良好的混合效果。
- VR 快速 3S：可模拟 3S 半透明效果，多用于制作皮肤、玉石和蜡烛等材质效果。
- VR 快速 3S-2：与 "VR-快速 3S" 材质相似，可模拟 3S 半透明效果，多用于制作皮肤、玉石和蜡烛等材质效果。
- VR 矢量置换烘焙：通过拾取目标物体，可以调整贴图通道及置换等参数。
- VR 双面材质：该材质类似于标准材质下的双面材质，可以制作双面材质效果。
- VRayMtl：该材质为 VRay 渲染器的默认材质，非常常用。
- 以上是 VRay 各个材质大致的功能介绍，但由于在实际运用中某些材质很少用到，所以大家只需要掌握其中重要的、常用的材质即可，下面将对部分常用材质的设置方法与参数进行详细讲解。

6.3.1 VRayMtl 材质

VRayMtl 材质是使用频率最高，也是使用范围最广的一种材质，常用于制作室内外效果图。VRayMtl 材质除了能完成一些反射和折射效果外，还能出色地表现出 SSS 以及 BRDF 等效果，其参数设置面板如图 6-49 所示。

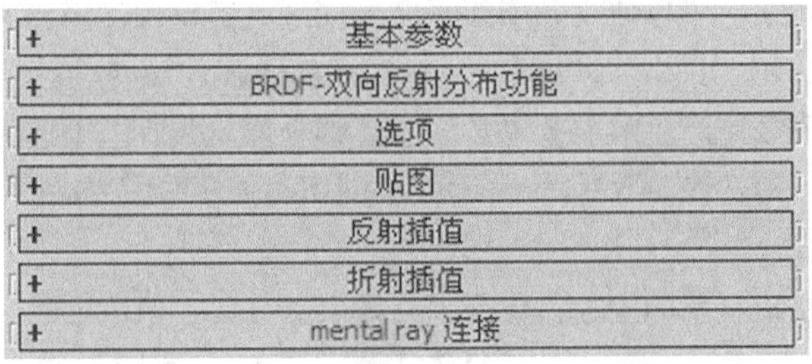

图 6-49

下面对相应卷展栏下的参数进行详细介绍。

【参数详解】

（1）展开 "基本参数" 卷展栏，如图 6-50 所示。

- 漫反射：该选项组主要用来设置材质的漫反射属性，主要包含以下两个选项。
- 漫反射：物体的漫反射用来决定物体的表面颜色。通过单击它的色块，可以调整自身的颜色。单击右边的 按钮可以选择不同的贴图类型。
- 粗糙度：数值越大，粗糙效果越明显，可以用该选项来模拟绒布的效果。
- 反射：该选项组主要用来设置材质的反射属性，主要包含以下 8 个选项。
- 反射：这里的反射是靠颜色的灰度来控制，颜色越白反射越强，越黑反射越弱；而这里选择的颜色则是反射出来的颜色，和反射的强度是分开来计算的。单击旁边的 按钮，可以使用贴图的灰度来控制反射的强弱。

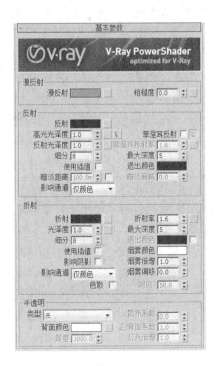

图 6-50

> 菲涅耳反射：勾选该选项后，反射强度会与物体的入射角度有关系，入射角度越小，反射越强烈。当垂直入射的时候，反射强度最弱。同时，菲涅耳反射的效果也和下面的"菲涅耳折射率"有关。当"菲涅耳折射率"为 0 或 100 时，将产生完全反射；而当"菲涅耳折射率"从 1 变化到 0 时，反射越强烈；同样，当菲涅耳折射率从 1 变化到 100 时，反射也越强烈。

【提示】

"菲涅耳反射"是模拟真实世界中的一种反射现象，反射的强度与摄影机的视点和具有反射功能的物体的角度有关。角度值接近 0 时，反射最强；当光线垂直于表面时，反射功能最弱，这也是物理世界中的现象。

> 菲涅耳折射率：在"菲涅耳反射"中，菲涅耳现象的强弱衰减率可以用该选项来调节。
> 高光光泽度：控制材质的高光大小，默认情况下和"反射光泽度"一起关联控制，可以通过单击旁边的"锁"按钮⌐来解除锁定，从而可以单独调整高光的大小。
> 反射光泽度：通常也被称为"反射模糊"。物理世界中所有的物体都有反射光泽度，只是有多有少而已。默认值 1 表示没有模糊效果，而越小的值表示模糊效果越强烈。单击右边的█按钮，可以通过贴图的灰度来控制反射模糊的强弱。
> 细分：用来控制"反射光泽度"的品质，较高的值可以取得较平滑的效果，而较低的值可以让模糊区域产生颗粒效果。注意，细分值越大，渲染速度越慢。
> 使用插值：当勾选该参数时，VRay 能够使用类似于"发光贴图"的缓存方式来加快反射模糊的计算。
> 最大深度：是指反射的次数，数值越高效果越真实，但渲染时间也更长。

【提示】

渲染室内的玻璃或金属物体时，反射次数需要设置得大一些，渲染地面和墙面时，反射次数可以设置得小一些，这样可以提高渲染速度。

> 退出颜色：当物体的反射次数达到最大次数时就会停止计算反射，这时由于反射次数不够而造成的反射区域的颜色就用退出色来代替。
- 折射：该选项组主要用来设置材质的折射属性，主要包含以下 11 个选项。
> 折射：和反射的原理一样，颜色越白，物体越透明，进入物体内部产生折射的光线也就越多；颜色越黑，物体越不透明，产生折射的光线也就越少。单击右边的█按钮，可以通过贴图的灰度来控制折射的强弱。
> 折射率：设置透明物体的折射率。

【提示】

真空的折射率是 1，水的折射率是 1.33，玻璃的折射率是 1.5，水晶的折射率是 2，钻石的折射率是 2.4，这些都是制作效果图时常用的折射率。

> 光泽度：用来控制物体的折射模糊程度。值越小，模糊程度越明显；默认值 1 不产生折射模糊。单击右边的按钮█，可以通过贴图的灰度来控制折射模糊的强弱。
> 最大深度：和反射中的最大深度原理一样，用来控制折射的最大次数。
> 细分：用来控制折射模糊的品质，较高的值可以得到比较光滑的效果，但是渲染速度会变慢；而较低的值可以使模糊区域产生杂点，但是渲染速度会变快。
> 退出颜色：当物体的折射次数达到最大次数时就会停止计算折射，这时由于折射次数

不够而造成的折射区域的颜色就用退出色来代替。

⌐ 使用插值：当勾选该选项时，VRay 能够使用类似于"发光贴图"的缓存方式来加快"光泽度"的计算。

⌐ 影响阴影：这个选项用来控制透明物体产生的阴影。勾选该选项时，透明物体将产生真实的阴影。注意，这个选项仅对"VRay 光源"和"VRay 阴影"有效。

⌐ 烟雾颜色：这个选项可以让光线通过透明物体后变少，就好像物理世界中的半透明物体一样。这个颜色值和物体的尺寸有关，厚的物体颜色需要设置得淡一点才有效果。

【提示】

默认情况下的"烟雾颜色"为白色，是不起任何作用的，也就是说白色的雾对不同厚度的透明物体的效果是一样的。在图 6-51 中，"烟雾颜色"为淡绿色，"烟雾倍增"为 0.08，由于玻璃的侧面比正面尺寸厚，所以侧面的颜色就会深一些，这样的效果与现实中的玻璃效果是一样的。

图 6-51

⌐ 烟雾倍增：可以理解为烟雾的浓度。值越大，雾越浓，光线穿透物体的能力越差。不推荐使用大于 1 的值。

⌐ 烟雾偏移：控制烟雾的偏移，较低的值会使烟雾向摄影机的方向偏移。

● 半透明：该选项组主要用来设置材质的透明度，包含以下 6 个选项。

⌐ 类型：半透明效果（也叫 3S 效果）的类型有 3 种，一种是"硬（蜡）模型"，如蜡烛；一种是"软（水）模型"，如海水；还有一种是"混合模型"。

⌐ 背面颜色：用来控制半透明效果的颜色。

⌐ 厚度：用来控制光线在物体内部被追踪的深度，也可以理解为光线的最大穿透能力。较大的值，会让整个物体都被光线穿透；较小的值，可以让物体比较薄的地方产生半透明现象。

⌐ 散射系数：物体内部的散射总量。0 表示光线在所有方向被物体内部散射；1 表示光线在一个方向被物体内部散射，而不考虑物体内部的曲面。

⌐ 前/后分配比：控制光线在物体内部的散射方向。0 表示光线沿着灯光发射的方向向前散射；1 表示光线沿着灯光发射的方向向后散射；0.5 表示这两种情况各占一半。

⌐ 灯光倍增：设置光线穿透能力的倍增值。值越大，散射效果越强。

【提示】

半透明参数所产生的效果通常也叫作 3S 效果。半透明参数产生的效果与雾参数所产生的效果有一些相似，很多用户分不太清楚。其实半透明参数所得到的效果包括了雾参数所产生的效果，更重要的是它还能得到光线的次表面散射效果，也就是说当光线直射到半透明物体时，光线会在半透明物体内部进行分散，然后会从物体的四周发散出来。也可以理解为半透明物体为二次光源，能模拟现实世界中的效果，如图 6-52 所示。

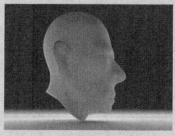

图 6-52

（2）展开"BRDF-双向反射分布功能"卷展栏，如图 6-53 所示。

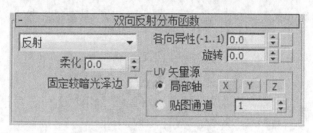

图 6-53

- 明暗器列表：包含 3 种明暗器类型，分别是 Blinn 、Phong 和 Ward。Phong 适合硬度很高的物体，高光区很小；Blinn 适合大多数物体，高光区适中；Ward 适合表面柔软或粗糙的物体，高光区最大。
- 各向异性：控制高光区域的形状，可以用该参数来设置拉丝效果。
- 旋转：控制高光区的旋转方向。
- UV 矢量源：该选项组用来控制高光形状的轴向，也可以通过贴图通道来设置，主要包含以下两个选项。
  - 局部轴：有 x、y、z 3 个轴可供选择。
  - 贴图通道：可以使用不同的贴图通道与 UVW 贴图进行关联，从而实现一个物体在多个贴图通道中使用不同的 UVW 贴图，这样可以得到各自相对应的贴图坐标。

【提示】

关于 BRDF 现象，在物理世界中随处可见。例如在图 6-54 中，我们可以看到不锈钢锅底的高光形状是由两个锥形构成的，这就是 BRDF 现象。这是因为不锈钢表面是一个有规律的均匀的凹槽（如常见的拉丝不锈钢效果），当光反射到这样的表面上就会产生 BRDF 现象。

图 6-54

（3）展开"选项"卷展栏，如图 6-55 所示。

图 6-55

- 跟踪反射：控制光线是否追踪反射。如果不勾选该选项，VRay 将不渲染反射效果。
- 跟踪折射：控制光线是否追踪折射。如果不勾选该选项，VRay 将不渲染折射效果。
- 中止阈值：中止选定材质的反射和折射的最小阈值。
- 环境优先：控制"环境优先"的数值。
- 双面：控制 VRay 渲染的面是否为双面。
- 背面反射：勾选该选项时，将强制 VRay 计算反射物体的背面产生反射效果。
- 使用发光贴图：控制选定的材质是否使用"发光贴图"。
- 视有光泽光线为全局照明光线：该选项在效果图制作中一般都默认设置为"仅全局照明光线"。
- 能量保存模式：该选项在效果图制作中一般都默认设置为 RGB 模型，因为这样可以得到彩色效果。

（4）展开"贴图"卷展栏，如图 6-56 所示。

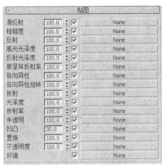

- 凹凸：主要用于制作物体的凹凸效果，在后面的通道中可以加载一张凹凸贴图。
- 置换：主要用于制作物体的置换效果，在后面的通道中可以加载一张置换贴图。
- 透明：主要用于制作透明物体，例如窗帘、灯罩等。
- 环境：主要是针对上面的一些贴图而设定的，如反射、折射等，只是在其贴图的效果上加入了环境贴图效果。

图 6-56

【提示】

如果制作场景中的某个物体不存在环境效果，就可以用"环境"贴图通道来完成。例如在图 6-57 中，如果在"环境"贴图通道中加载一张位图贴图，那么就需要将"坐标"类型设置为"环境"才能正确使用，如图 6-58 所示。

图 6-57

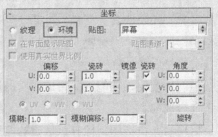

图 6-58

（5）展开"反射插值"卷展栏，如图 6-59 所示。该卷展栏下的参数只有在"基本参数"卷展栏中的"反射"选项组下勾选"使用插值"选项时才起作用。

图 6-59

- 最小比率：在反射对象不丰富（颜色单一）的区域使用该参数所设置的数值进行插补。数值越高，精度就越高，反之精度就越低。
- 最大比率：在反射对象比较丰富（图像复杂）的区域使用该参数所设置的数值进行插补。数值越高，精度就越高，反之精度就越低。
- 颜色阈值：指的是插值算法的颜色敏感度。值越大，敏感度就越低。
- 法线阈值：指的是物体的交接面或细小的表面的敏感度。值越大，敏感度就越低。
- 插值采样：用于设置反射插值时所用的样本数量。值越大，效果越平滑模糊。

【提示】

由于"折射插值"卷展栏中的参数与"反射插值"卷展栏中的参数几乎完全一致，因此这里不再进行讲解。"折射插值"卷展栏中的参数只有在"基本参数"卷展栏中的"折射"选项组下勾选"使用插值"选项时才起作用。

6.3.2 VRay 灯光材质

"VR 灯光材质"可以指定给物体，并把物体当光源使用，效果和 3ds Max 里的自发光效果类似，用户可以把它作为材质光源，如图 6-60 所示，其参数设置面板如图 6-61 所示。

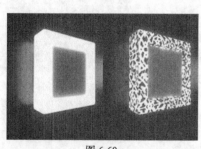

图 6-60

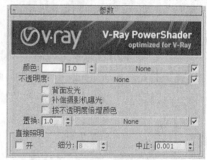

图 6-61

【参数详解】

- 颜色：设置对象自发光的颜色，后面的输入框用来设置自发光的"强度"。
- 不透明度：用贴图来指定发光体的透明度。
- 背面发光：当勾选该选项时，它可以让材质光源双面发光。
- 补偿摄影机曝光：当设置发光强度时，将从 VR 物理相机曝光补偿校正亮度。
- 置换：给材质增加置换功能。
- 直接照明：使用该功能后，将该材质的模型产生直接照明的效果。该选项组主要包含以下 3 个选项。
- 开：启用时，将作用到拥有该材质的模型物体上。需要注意的是，如果该模型是多种子材质时，该功能将失效。

⊿ 细分：控制直接光照的光线样本采样值。

⊿ 中止：设置中止值。

6.3.3 VRay 混合材质

"VR 混合材质"可以让多个材质以层的方式混合来模拟物理世界中的复杂材质。"VRay 混合材质"和 3ds Max 里的"混合"材质的效果比较类似，但是其渲染速度比 3ds Max 的快很多，图 6-62 所示的场景是用"VR 混合材质"制作的车漆效果，其参数面板如图 6-63 所示。

图 6-62　　　　　　　　　　图 6-63

【参数详解】

● 基本材质：可以理解为最基层的材质。

● 镀膜材质：表面材质，可以理解为基本材质上面的材质。

● 混合数量：这个混合数量是表示"镀膜材质"混合多少到"基本材质"上面，如果颜色给白色，那么这个"镀膜材质"将全部混合上去，而下面的"基本材质"将不起作用；如果颜色给黑色，那么这个"镀膜材质"自身就没什么效果。混合数量也可以由后面的贴图通道来代替。

● 相加（虫漆）模式：选择这个选项，"VRay 混合材质"将和 3ds Max 里的"虫漆"材质效果类似，一般情况下不勾选它。

6.3.4 VRay 快速 SSS

"VR 快速 SSS"是用来计算次表面散射效果的材质，这是一个内部计算简化了的材质，它比使用 VRayMtl 材质里的半透明参数的渲染速度更快，其表现效果如图 6-64 所示。但它不包括漫反射和模糊效果，如果要创建这些效果可以使用"VRay 混合材质"，其参数面板如图 6-65 所示。

图 6-64　　　　　　　　　　图 6-65

【参数详解】

- 预处理比率：值为 0 时就相当于不用插补里的效果，为-1 时效果相差 1/2，为-2 时效果相差 1/4，以此类推。
- 插补采样：用补插的算法来提高精度，可以理解为模糊过度的一种算法。
- 漫射粗糙度：可以得到类似于绒布的效果，受光面能吸光。
- 浅层半径：依照场景尺寸来衡量物体浅层的次表面散射半径。
- 浅层颜色：控制次表面散射的浅层颜色。
- 深层半径：依照场景尺寸来衡量物体深层的次表面散射半径。
- 深层颜色：次表面散射的深层颜色。
- 背面散射深度：调整材质背面次表面散射的深度。
- 背面半径：调整材质背面次表面散射的半径。
- 背面颜色：调整材质背面次表面散射的颜色。
- 浅层贴图：是指用浅层半径来附着的纹理贴图。
- 深层贴图：是指用深层半径来附着的纹理贴图。
- 背面贴图：是指用背面散射深度来附着的纹理贴图。

6.3.5　VRay 材质包裹器

"VR 材质包裹器"主要控制材质的全局光照、焦散和物体的不可见等特殊属性。通过相应的设定，可以控制所有赋有该材质物体的全局光照、焦散和不可见等属性，其参数面板如图 6-66 所示。

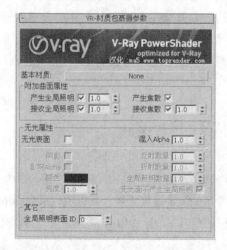

图 6-66

【参数详解】

- 基本材质：用于设置"VRay 材质包裹器"中使用的基本材质参数，此材质必须是 VRay 渲染器支持的材质类型。
- 附加曲面属性：该选项组主要包括以下 4 个选项。
- 产生全局照明：控制当前赋予材质包裹器的物体是否计算 GI 光照的产生，后面的参数控制 GI 的倍增数量。
- 接受全局照明：控制当前赋予材质包裹器的物体是否计算 GI 光照的接受，后面的参数控制 GI 的倍增数量。

- ◢ 产生焦散：控制当前赋予材质包裹器的物体是否产生焦散。
- ◢ 接收焦散：控制当前赋予材质包裹器的物体是否接受焦散，后面的数值框用于控制当前赋予材质包裹器的物体的焦散倍增值。
- ● 无光属性：该选项组主要包含以下 8 个选项。
- ◢ 无光表面：控制当前赋予材质包裹器的物体是否可见，勾选后，物体将不可见。
- ◢ 混入 Alpha：控制当前赋予材质包裹器的物体在 Alpha 通道的状态。1 表示物体产生 Alpha 通道；0 表示物体不产生 Alpha 通道；-1 将表示会影响其他物体的 Alpha 通道。
- ◢ 阴影：控制当前赋予材质包裹器的物体是否产生阴影效果。勾选后，物体将产生阴影。
- ◢ 影响 Alpha：勾选该选项后，渲染出来的阴影将带 Alpha 通道。
- ◢ 颜色：用来设置赋予材质包裹器的物体产生的阴影颜色。
- ◢ 亮度：控制阴影的亮度。
- ◢ 反射数量：控制当前赋予材质包裹器的物体的反射数量。
- ◢ 折射数量：控制当前赋予材质包裹器的物体的折射数量。
- ● 其他：该选项组包含以下选项。
- ◢ 全局照明数量：控制当前赋予材质包裹器的物体的间接照明总量。

6.3.6　VRay 双面材质

　　"VR 双面材质"可以设置物体前、后两面不同的材质，常用来制做纸张、窗帘、树叶等效果，图 6-67 所示是应用"VRay 双面材质"渲染的叶子效果，效果还是非常不错的，其参数设置面板如图 6-68 所示。

图 6-67　　　　　　　　　　　　　　　　　　　图 6-68

【参数详解】
- ● 正面材质：用来设置物体外表面的材质。
- ● 背面材质：用来设置物体内表面的材质。
- ● 半透明度：用来设置"正面材质"和"背面材质"的混合程度，可以直接设置混合值，可以用贴图来代替。值为 0 时，"正面材质"在外表面，"背面材质"在内表面；值为 0～100 时，两面材质可以相互混合；值为 100 时，"背面材质"在外表面，"正面材质"在内表面。

课堂案例——制作不锈钢金属材质

学习目标：掌握不锈钢材质的不同表现方式。

知识要点：VRayMtl 材质和"渐变坡度"程序贴图的运用、"双向反射分布函数"的设置。

本例主要使用 VRay 材质来表现金属材质，其核心就是通过贴图制作拉丝金属效果，以及使用 BRDF 功能来表现不锈钢金属的各向异性，案例效果如图 6-69 所示。

图 6-69

【操作步骤】

（1）打开本书配套光盘中的"第 6 章/素材文件/课堂案例——制作不锈钢金属材质.max"文件，如图 6-70 所示。

图 6-70

（2）按 M 键打开"材质编辑器"对话框，选择一个空白材质球，并将其命名为"把手"，接着将材质类型设置为 VRayMtl 材质，具体参数设置如图 6-71 所示，制作好的的材质球效果如图 6-72 所示。

① 设置"漫反射"颜色（红:47，绿:47，蓝:47）。

② 设置"反射"颜色（红:170，绿:170，蓝:170），然后按 └ 按钮激活"高光光泽度"选项，并设置"高光光泽度"为 0.8

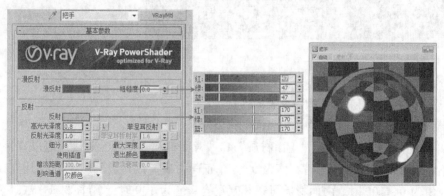

图 6-71　　　　　　　　　　　　　　　　　图 6-72

【提示】

金属材质的漫反射颜色越深渲染出来的金属效果对比越强，本例制作的就是一个较深对比的不锈钢材质，读者可以根据自己想要的材质效果来控制漫反射颜色。

（3）设置杯体拉丝不锈钢材质。首先选择一个空白材质球，并将其命名为"杯体"，接着将材质类型设置为 VRayMtl 材质，具体参数设置如图 6-73 所示。

① 设置材质的"漫反射"颜色（红:58，绿:58，蓝:58）。

② 设置"反射"颜色（红:152，绿:252，蓝:252），然后设置"高光光泽度"为 0.9、"光泽度"为 0.9，接着在"高光光泽度"与"反射光泽度"贴图通道中分别加载一张带有拉丝效果的"HT_Brush.png"贴图文件，并在"坐标"卷展栏下设置贴图的"瓷砖"的 V 为 2、"模糊"为 0.5，最后返回上一级并设置"细分"为 24。

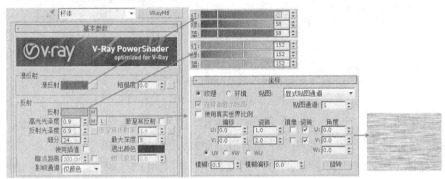

图 6-73

（4）展开"双向反射分布函数"卷展栏，并设置其类型为"沃德"；然后在"贴图"卷展栏中设置"反射"强度为 14、"高光光泽度"强度为 2.4、"凹凸"强度为 2.6，并将"高光光泽度"贴图通道中的贴图拖曳到"凹凸"贴图通道中，具体参数设置如图 6-74 所示，制作好的材质球效果如图 6-75 所示。

图 6-74

图 6-75

（5）设置杯子底部的金属材质。选择一个空白材质球，并将其命名为"杯底"，接着将材质类型设置为 VRayMtl 材质，具体参数设置如图 6-76 所示。

① 设置"漫反射"颜色（红:14，绿:14，蓝:14）。

② 设置"反射"颜色（红:199，绿:201，蓝:205），然后设置"高光光泽度"为 0.9、"反射光泽度"为 0.92，最后设置"细分"为 32。

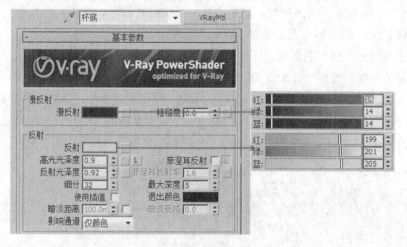

图 6-76

（6）展开"双向反射分布函数"卷展栏，接着将其类型设置为"沃德"，并设置"各向异性（-1..1）"为 0.95，然后在"旋转"贴图通道中加载一张"渐变坡度"程序贴图，并在"渐变坡度参数"卷展栏下设置"渐变类型"为"螺旋"，具体参数设置如图 6-77 所示，制作好的材质球效果如图 6-78 所示。

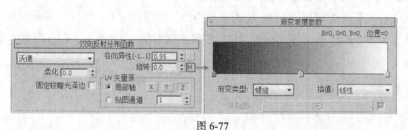

图 6-77

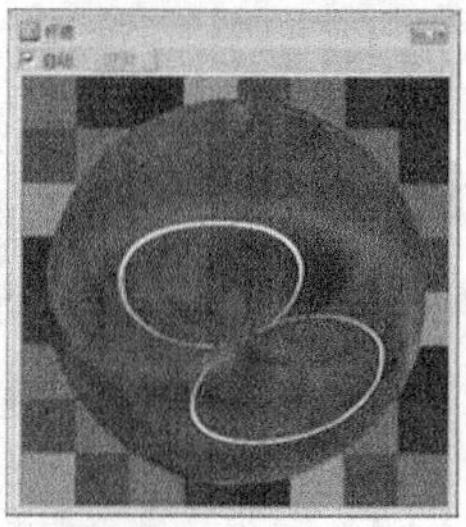

图 6-78

（7）按 F9 键进行渲染，最终效果如图 6-79 所示。

图 6-79

课堂练习——制作真实花瓣

本练习主要练习 VRayMtl 材质和 VRay 双面材质的运用，另外花瓣的材质制作中还将运用到"衰减"程序贴图，读者应注意多种材质和贴图的综合运用，其效果如图 6-80 所示。

图 6-80

6.4 3ds Max 程序贴图

程序贴图是 3ds Max 材质功能的重要组成部分，它可以在不增加对象模型的复杂程度的基础上增加对象的细节程度，例如可以创建反射、折射、凹凸和镂空等多种效果，其最大的用途就是提高材质的真实程度，此外程序贴图还可以用于创建环境或灯光投影效果。

展开标准材质的"贴图"卷展栏，在该卷展栏下有很多贴图通道，在这些贴图通道中可以加载程序贴图来表现物体的相应属性，如图 6-81 所示。

随意单击一个贴图通道的按钮，在弹出的"材质/贴图浏览器"对话框中可以观察到很多程序贴图，主要包括"标准"程序贴图（也就是 3ds Max 自带的程序贴图）和 VRay 程序贴图，如图 6-82 所示。本节将重点介绍"标准"程序贴图，VRay 程序贴图将在下一小节进行讲解。

图 6-81

图 6-82

"标准"程序贴图的种类非常多，其中最主要的两类是 2D 贴图和 3D 贴图，除此之外还有合成贴图、颜色修改以及其他。2D 贴图将图像文件直接投射到对象的表现或是指定给环境贴图作为场景的背景；3D 贴图可以自动产生各种纹理，如木纹、水波、大理石等，使用时也不需要指定贴图坐标，对对象的内外全部进行了指定。

贴图与材质的层级结构很像，一个贴图既可以使用单一的贴图，也可以由很多贴图层级构成。使用贴图时必须要了解两个重要的概念：贴图类型与贴图坐标。

1. 贴图类型

下面来分别介绍 3ds Max 的各种贴图类型。

- 2D 贴图：在二维平面上进行贴图，常用于环境背景和图案商标，最简单也是最重要的 2D 贴图是"位图"，除此之外的其他二维贴图都属于程序贴图。
- 位图：通常在这里加载磁盘中的位图贴图，这是一种最常用的贴图，如图 6-83 所示。
- 平铺：可以用来制作平铺图像，如地砖，如图 6-84 所示。
- 棋盘格：可以产生黑白交错的棋盘格图案，如图 6-85 所示。

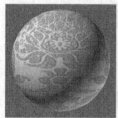  

图 6-83 图 6-84 图 6-85

- cmbustion：可以同时使用 Autodesk Combustion 软件和 3ds Max 以交互方式创建贴图。使用 Combustion 在位图上进行绘制时，材质将在"材质编辑器"对话框和明暗处理视口中自动更新，如图 6-86 所示。
- 渐变：使用 3 种颜色创建渐变图像，如图 6-87 所示。
- 渐变坡度：可以产生多色渐变效果，如图 6-88 所示。

图 6-86 图 6-87 图 6-88

- 漩涡：可以创建两种颜色的漩涡形效果，如图 6-89 所示。
- 3D 贴图：属于程序类贴图，它们依靠程序参数产生图案效果，能给对象从里到外进行贴图，有自己特定的贴图坐标系统，大多由 3D Studio 的 SXP 程序演化而来。
- 细胞：可模拟细胞形状的图案，如图 6-90 所示。
- 凹痕：可作为凹凸贴图，产生一种风化和腐蚀的效果，如图 6-91 所示。

 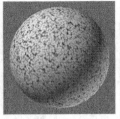 

图 6-89   图 6-90   图 6-91

- 衰减：产生两色过度效果，如图 6-92 所示。
- 大理石：产生岩石断层效果，如图 6-93 所示。
- Perlin 大理石：通过两种颜色混合，产生类似于珍珠岩的纹理，如图 6-94 所示。

图 6-92   图 6-93   图 6-94

- 噪波：通过两种颜色或贴图的随机混合，产生一种无序的杂点效果，如图 6-95 所示。
- 粒子年龄：专用于粒子系统，通常用来制作彩色粒子流动的效果，如图 6-96 所示。
- 粒子运动模糊：根据粒子速度产生模糊效果，如图 6-97 所示。

图 6-95   图 6-96   图 6-97

- 烟雾：产生丝状、雾状或絮状等无序的纹理效果，如图 6-98 所示。
- 斑点：产生两色杂斑纹理效果，如图 6-99 所示。
- 泼溅：产生类似油彩飞溅的效果，如图 6-100 所示。

  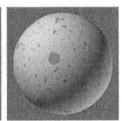

图 6-98   图 6-99   图 6-100

- 泥灰：用于制作腐蚀生锈的金属和物体破败的效果，如图 6-101 所示。
- 波浪：可创建波状的，类似水纹的贴图，如图 6-102 所示。

◢ 木材：用于制作木头效果，如图 6-103 所示。

图 6-101　　　　　　　图 6-102　　　　　　　图 6-103

● 合成贴图：提供混合方式，将不同的贴图和颜色进行混合处理。在进行图像处理时，
合成贴图能够将两种或者更多的图像按指定方式结合在一起，合成贴图包括合成、混
合、遮罩、RGB 倍增。

◢ RGB 相乘：主要配合凹凸贴图一起使用，允许将两种颜色或贴图的颜色进行相乘处理，
从而提高图像的对比度。

◢ 合成：可以将两个或两个以上的子材质合成在一起。

◢ 混合：将两种贴图混合在一起，通常用来制作一些多个材质渐变融合或覆盖的效果。

◢ 遮罩：使用一张贴图作为遮罩。

● 颜色修改：这种程序贴图可以通过图像的各种通道来更改纹理的颜色、亮度、饱和度
和对比度，调整的方式包括 RGB 颜色、单色、反转或自定义，可以调整的通道包括各
个颜色通道和 Alpha 通道。

◢ RGB 染色：通过 3 种颜色通道来调整贴图的色调。

◢ 顶点颜色：根据材质或原始顶点的颜色来调整 RGB 或 RGBA 纹理，效果如图 6-104
所示。

◢ 输出：专门用来弥补某些无输出设置的贴图。

◢ 颜色修正：用来调节材质的色调、饱和度、亮度和对比度。

● 其他：用于创建反射和折射效果的贴图。

◢ 薄壁折射：配合"折"射贴图一起使用，能产生透镜变形的
折射效果。

◢ 法线凹凸：可以改变曲面上的细节和外观。

图 6-104

◢ 反射/折射：可以产生反射与折射效果。

◢ 光线追踪：可以模拟真实的完全反射与折射效果。

◢ 每像素的摄影机贴图：将渲染后的图像作为物体的纹理贴图，以当前摄影机的方向贴
在物体上，可以进行快速渲染。

◢ 平面镜：使物体表面产生类似于镜面反射的效果。

2．贴图坐标

对于附有贴图材质的对象，必须依据对象自身的 UVW 轴向进行贴图坐标指定，即告诉系统
怎样将贴图覆盖在对象表面，3ds Max 中绝大多数的标准几何体都有"生成贴图坐标"复选项，
开启它就可以作用对象默认的贴图坐标。在使用"在视口中显示贴图"或渲染时，拥有"生成
贴图坐标"的对象会自动开启这个选项。

对于没有自动指定贴图坐标设置的对象，比如"可编辑网络"对象，需要对其使用"UVW贴图"修改器进行贴图坐标的指定，"UVW贴图"修改器也可以用来改变对象默认的贴图坐标。贴图的坐标参数在"坐标"卷展栏中进行调节，根据贴图类型的不同，"坐标"卷展栏的内容也有所不同。

当材质包含多种贴图且使用多个贴图通道时，必须在通道 1 之外为每个通道分别指定"UVW 贴图"修改器。对于 NURBS 表面子对象，无须为其指定"UVW 贴图"修改器，因为可以通过表面子对象的"材质属性"参数栏设置贴图通道。如果对象指定了使用贴图通道 1 以外的贴图（贴图通道 1 例外是因为给对象指定贴图材质时，通道 1 贴图坐标会自动开启），却没有通过指定"UVW 贴图"修改器为对象指定匹配的贴图通道，渲染时就会出现丢失贴图坐标的情况。

6.4.1 位图贴图

"位图"贴图就是使用一张位图图像作为贴图。这是一种最基本的贴图类型，也是最常用的贴图类型，如图 6-105 所示。位图贴图支持很多种格式，包括 FLC、AVI、BMP、GIF、JPEG、PNG、PSD 和 TIFF 等主流图像格式，如图 6-106 所示。

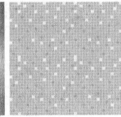

图 6-105

图 6-106

"位图"贴图的参数面板主要包含 5 个卷展栏，分别是"坐标"卷展栏、"噪波"卷展栏、"位图参数"卷展栏、"时间"卷展栏和"输出"卷展栏，如图 6-107 所示。其中"坐标"和"噪波"卷展栏基本上算是"2D 贴图"类型的程序贴图的公用参数面板，而"输出"卷展栏也是很多贴图（包括 3D 贴图）都会有的参数面板，"位图参数"卷展栏则是"位图"贴图所独有的参数面板。

图 6-107

【提示】

在本节的参数介绍中，笔者将详细介绍这几个参数卷展栏中的相关参数，而在后续的贴图类型讲解中，就只针对每个贴图类型的独有参数进行介绍，请读者注意。

【参数详解】

（1）展开"坐标"卷展栏，其参数面板如图 6-108 所示。

- 纹理：将位图作为纹理贴图指定到表面，有 4 种坐标方式供用户使用，可以在右侧的"贴图"下拉菜单中进行选择，如图 6-109 所示。
- 显示贴图通道：使用任何贴图通道，通道从 1～99 任选。
- 顶点颜色通道：使用指定的顶点颜色作为通道。
- 对象 XYZ 平面：使用源于对象自身坐标系的平面贴图方式，必须打开"在背面显示贴图"选项才能在背面显示贴图。
- 世界 XYZ 平面：使用源于场景世界坐标系的平面贴图方式，必须打开"在背面显示贴图"选项才能在背面显示贴图。
- 环境：将位图作为环境贴图使用时就如同将它指定到场景中的某个不可见对象上一样，在右侧的"贴图"下拉菜单中可以选择 4 种坐标方式，具体包括"球形环境"、"柱形环境"、"收缩包裹环境"和"屏幕"，如图 6-110 所示。

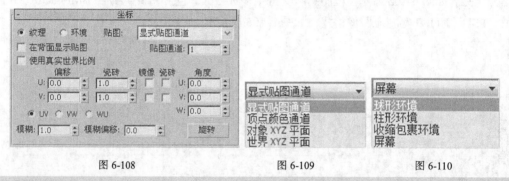

图 6-108　　　　　　　　　　图 6-109　　　　　　　　　图 6-110

【提示】

前 3 种环境坐标与"UVW 贴图"修改器中相同，"球形环境"会在两端产生撕裂现象；"收缩包裹环境"只有一端有少许撕裂现象，如果要进行摄影机移动，它是最好的选择；"柱形环境"则像一个巨大的柱体围绕在场景周围；"屏幕"方式可以将图像不变形地直接指向视角，类似于一面悬挂在背景上的巨大幕布，由于"屏幕"方式总是与视角锁定，所以只适用于静帧或没有摄影机移动的渲染。除了"屏幕"方式之外，其他 3 种方式都应当使用高精度的贴图来制作环境背景。

- 在背面显示贴图：勾选此项，平面贴图能够在渲染时投射到对象背面，默认为开启。只有 U、V 轴都取消勾选"瓷砖"的情况下它才有效。
- 使用真实世界比例：勾选此项后，使用真实"宽度"和"高度"值将贴图应用于对象，而不是 U、V 值。
- 贴图通道：当上面一项选择为"显示贴图通道"时，该输入框可用，允许用户选择 1～99 的任意通道。
- 偏移：用于改变对象的 U、V 坐标，以此调节贴图在对象表面的位置。贴图的移动与其自身的大小有关，例如要将某贴图向左移动其完整宽度的距离，向下移动其一半宽度的距离，则在"U 轴偏移"栏内输入-1，在"V 轴偏移"栏内输入 0.5。
- 瓷砖（也有翻译为"平铺"）：设置水平和垂直方向上贴图重复的次数，当然右侧"瓷砖"复选项要打开才起作用，它可以将纹理连续不断地贴在对象表面，经常用于砖墙、地板的制作，值为 1 时，贴图在表面贴一次；值为 2 时，贴图会在表面各个方向上重复贴两次，贴图尺寸会相应都缩小一倍；值小于 1 时，贴图会进行放大。

- 镜像：将贴图在对象表面进行镜像复制，形成该方向上两个镜像的贴图效果。与"瓷砖"一样，镜像可以在 U 轴、V 轴或两轴向同时进行，轴向上的"瓷砖"参数是指它显示的贴图数量，每个拷贝都是相对于自身相邻的贴图进行重复的。
- UV/UW/WU：改变贴图所使用的贴图坐标系统。默认的 UV 坐标系统将贴图像放映幻灯片一样投射到对象表现；VW 与 WU 坐标系统对贴图进行旋转，使其垂直于表面。
- 角度：控制在相应的坐标方向上产生贴图的旋转效果，既可以输入数据，也可以单击"旋转"钮进行实时调节。
- 模糊：影响图像的尖锐程度，影响力较低，主要用于位图的抗锯齿处理。
- 模糊偏移：使用图像的偏移产生大幅度的模糊处理，常用于产生柔和散焦效果。它的值很灵敏，一般用于反射贴图的模糊处理。
- 旋转：单击激活旋转贴图坐标示意框，可以直接在框中拖动鼠标对贴图进行旋转。

（2）展开"噪波"卷展栏，其参数如图 6-111 所示。

通过指定不规则噪波函数使 UV 轴向上的贴图像素产生扭曲，为材质添加噪波效果，产生的噪波图案可以非常复杂，非常适合创建随机图案，还适于模拟不规则的自然地表。噪波参数间的相互影响非常紧密，细微的参数变化就可能带来明显的差别。

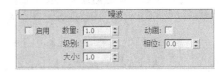

图 6-111

- 启用：控制噪波效果的开关。
- 数量：控制分形计算的强度，值为 0 时不产生噪波效果，值为 100 时位图将被完全噪化，默认设置为 1。
- 级别：设置函数被指定的次数，与"数量"值紧密联系，"数量"值越大，"级别"值的影响也越强烈，它的值由 1 ~ 10 可调，默认设置为 1。
- 大小：设置噪波函数相对于几何造型的比例。值越大，波形越缓；值越小，波形越碎，值由 0.001 ~ 100 可调，默认设置为 1。
- 动画：确定是否要进行动画噪波处理，只有打开它才允许产生动画效果。
- 相位：控制噪波函数产生动画的速度。将相位值的变化记录为动画，就可以产生动画的噪波材质。

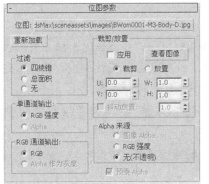

图 6-112

（3）展开"位图参数"卷展栏，其参数如图 6-112 所示。

- 位图：单击右侧的按钮，可以在文件框中选择一个位图文件。
- 重新加载：按照相同的路径和名称重新将上面的位图调入，这主要是因为在其他软件中对该图做了改动，重加载它才能使修改后的效果生效。
- 过滤：该选项组主要是用来确定对位图进行抗锯齿处理的方式。对于一般要求，"四棱框"过滤方式已经足够了。"总面积"过滤方式提供更加优秀的过滤效果,只是会占用更多的内存,如果对"凹凸"贴图的效果不满意,可以选择这种过滤方式,效果非常好,这是提高 3ds Max 凹凸贴图渲染品质的一个关键参数,不过渲染时间也会大幅增长。如果选择"无"选项,将不对贴图进行过滤。

- 单通道输出:该选项组主要用于根据贴图方式的不同,确定图像的哪个通道将被使用。对于某些贴图方式(如凹凸),只要求位图的黑白效果产生影响,这时一张彩色的位图就会以一种方式转换为黑白效果,通常以 RGB 明暗度方式转换,根据红绿蓝的明暗强度转化为灰度图像。就好像在 Photoshop 中将彩色图像转化为灰度图像一样;如果位图是一个具有 Alpha 通道的 32 位图像,也可以将它的 Alpha 通道图像作为贴图影响,例如使用它的 Alpha 通道制作标签贴图时。主要包含以下两个选项。
  - ◢ RGB 强度:使用红、绿、蓝通道的强度作用于贴图。像素点的颜色将被忽略,只使用它的明亮度值,彩色将在 0(黑)~ 255(白)级的灰度值之间进行计算。
  - ◢ Alpha:使用贴图自带的 Alpha 通道的强度进行作用。
- RGB 通道输出:该选项组主要用于要求彩色贴图的贴图方式,如漫反射、高光、过滤色、反射、折射等,确定位图显示色彩的方式。包含以下两个选项
  - ◢ RG 蓝:以位图全部彩色进行贴图。
  - ◢ Alpha 作为灰度:以 Alpha 通道图像的灰度级别来显示色调。
- 剪切/放置:该选项组主要用于控制贴图参数,它允许在位图上任意剪切一部分图像作为贴图进行使用,或者将原位图比例进行缩小使用,它并不会改变原位图文件,只是在材质编辑器中实施控制。这种方法非常灵活,尤其是在进行反射贴图处理时可以随意调节反射贴图的大小和内容,以便取得最佳的质感。主要包含以下 5 个选项。
  - ◢ 应用:勾选此选项,全部的剪切和定位设置才能发生作用。
  - ◢ 剪裁:允许在位图内剪切局部图像用于贴图,其下的 U、V 值控制局部图像的相对位置,W、H 值控制局部图像的宽度和高度。
  - ◢ 放置:这时的"瓷砖"贴图设置将会失效,贴图以"不重复"的方式贴在物体表面,U、V 值控制缩小后的位图在原位图上的位置,这同时影响贴图在物体表面的位置,W、H 值控制位图缩小的长宽比例。
  - ◢ 抖动放置:针对"放置"方式起作用,这时缩小位图的比例和尺寸由系统提供的随机值来控制。
  - ◢ 查看图像:单击此按钮,系统会弹出一个虚拟图像设置框,可以直观地进行剪切和放置操作。拖动位图周围的控制柄,可以剪切和缩小位图;在方框内拖动,可以移动被剪切和缩小的图像;在"放置"方式下,配合 Ctrl 键可以保持比例进行放缩;在"剪裁"方式下,配合 Ctrl 键按左、右键,可以对图像显示进行放缩。
- Alpha 来源:该选项组用于确定贴图位图透明信息的来源。主要包含以下 3 个选项。
  - ◢ 图像 Alpha:如果该图像具有 Alpha 通道,将使用它的 Alpha 通道。
  - ◢ RGB 强度:将彩色图像转化的灰度图像作为透明通道来源。
  - ◢ 无(不透明):不使用透明信息。
- 预乘 Alpha:确定以何种方式来处理位图的 Alpha 通道,默认为开启状态,如果将它关闭,RGB 值将被忽略,只有发现不重复贴图不正确时再将它关闭。

（4）展开"输出"卷展栏，其参数如图 6-113 所示，这些参数主要用于调节贴图输出时的最终效果，相当于二维软件中的图片校色工具。

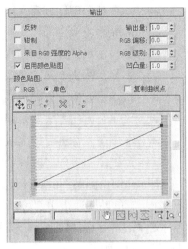

图 6-113

- 反转：将位图的色调反转，如同照片的负片效果，对于凹凸贴图，将它打开可以使凹凸纹理反转。

- 钳制：勾选此项，限制颜色值的参数将不会超过 1。如果将它打开，增加"RGB 级别"值会产生强烈的自发光效果，因为大于 1 后会变白。

- 来自 RGB 强度的 Alpha：勾选此项后，将为基于位图 RGB 通道的明度产生一个 Alpha 通道，黑色透明而白色不透明，中间色根据其明度显示出不同程度的半透明效果，默认为关闭状态。

- 启用颜色贴图：勾选此项后，可以使用色彩贴图曲线。

- 输出量：控制位图融入一个合成材质中的数量（程度），影响贴图的饱和度与通道值，默认设置为 1。

- RGB 偏移：设置位图 RGB 的强度偏移。值为 0 时不发生强度偏移；大于 0 时，位图 RGB 强度增大，趋向于纯白色；小于 0 时，位图 RGB 强度减小，趋向于黑色。默认设置为 0。

- RGB 级别：设置位图 RGB 色彩值的倍增量，它影响的是图像饱和度，值的增大使图像趋向于饱和与发光，低的值会使图像饱和度降低而变灰，默认设置为 1。

- 凹凸量：只针对凹凸贴图起作用，它调节凹凸的强度，默认值为 1。

- 颜色贴图：该选项组用来调节图像的色调范围。坐标（1，1）位置控制高亮部分，（0.5，0.5）位置控制中间影调，（0，0）位置控制阴影部分。通过在曲线上添加、移动、放缩点（拐点、贝兹-光滑和贝兹-拐点 3 种类型）来改变曲线的形状。主要包含以下选项。

- RGB/单色：指定贴图曲线分类单独过滤 RGB 通道（RGB 方式）或联合过滤 RGB 通道（单色方式）。

- 复制曲线点：开启它，在 RGB 方式（或单色方式）下添加的点，转换方式后还会保留在原位。这些点的变化可以指定动画，但贝兹点把手的变化不能指定。在 RGB 方式下指定动画后，转换为单色方式动画可以延续下来，但反之不可。

- 可以向任意方向移动选择的点。

- 只能在水平方向上移动选择的点。

- 只能在垂直方向上移动选择的点。

- 改变控制点的输出量，但维持相关的点。对于贝兹-拐点，它的作用等同于垂直移动的作用；对于贝兹-光滑的点，它可以同时放缩贝兹点和把手。

- 在曲线上任意添加贝兹拐点。

- 在曲线上任意添加贝兹光滑点。选择一种添加方式后，可以直接按住 Ctrl 键在曲线上添加另一种方式的点。

- 移动选择点。

- 回复到曲线的默认状态，视图的变化不受影响。

- 在视图中任意拖曳曲线位置。
- 显示曲线全部。
- 显示水平方向上曲线全部。
- 显示垂直方向上曲线全部。
- 水平方向上放缩观察曲线。
- 垂直方向上放缩观察曲线。
- 围绕光标进行放大或缩小。
- 围绕图上任何区域绘制长方形区域，然后缩放到该视图。

下面介绍位图贴图的具体使用方法。

在所有的贴图通道中都可以加载位图贴图。在"漫反射"贴图通道中加载一张"木质.jpg"位图文件，如图 6-114 所示，然后将材质指定给一个球体模型，接着按 F9 键渲染当前场景，效果如图 6-115 所示。

图 6-114　　　　　　　　　　　　　　　　　图 6-115

加载位图后，3ds Max 会自动弹出位图的参数设置面板，如图 6-116 所示。这里的参数主要用来设置位图的"偏移"值、"瓷砖"（即位图的平铺数量）值和"角度"值，图 6-117 所示是"瓷砖"的 V 和 U 为 6 时材质球的效果。

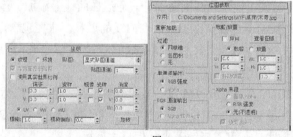

图 6-116　　　　　　　　　　　　　　　　　图 6-117

勾选"镜像"选项后，贴图就会变成镜像方式，当贴图不是无缝贴图时，建议勾选"镜像"选项，图 6-118 所示是勾选该选项时材质球的效果。

图 6-118

当设置"模糊"为 0.01 时，可以在渲染时得到最精细的贴图效果，如图 6-119 所示；如果设置为 1，则可以得到最模糊的贴图效果，如图 6-120 所示。

图 6-119　　　　　　　　　　　　　　图 6-120

在"位图参数"卷展栏下勾选"应用"选项，然后单击后面的"查看图像"按钮，在弹出的对话框中可以对位图的应用区域进行调整，如图 6-121 所示。

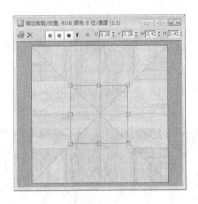

图 6-121

6.4.2　衰减程序贴图

"衰减"程序贴图可以用来控制材质由强烈到柔和的过渡效果，使用频率比较高，其参数设置面板如图 6-122 所示。

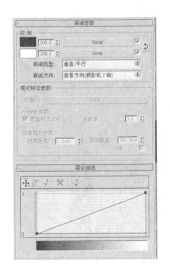

图 6-122

【参数详解】

● 衰减类型：设置衰减的方式，共有以下 5 种方式。

◢ 垂直/平行：在与衰减方向相垂直的面法线和与衰减方向相平行的法线之间设置角度衰减范围。

◢ 朝向/背离：在面向衰减方向的面法线和背离衰减方向的法线之间设置角度衰减范围。

◢ Fresnel（菲涅耳）：基于 IOR（折射率）在面向视图的曲面上产生暗淡反射，而在有角的面上产生较明亮的反射。

◢ 阴影/灯光：基于落在对象上的灯光，在两个子纹理之间进行调节。

◢ 距离混合：基于"近端距离"值和"远端距离"值，在两个子纹理之间进行调节。

● 衰减方向：设置衰减的方向。

● 混合曲线：设置曲线的形状，可以精确地控制由任何衰减类型所产生的渐变。

6.4.3　噪波程序贴图

使用"噪波"程序贴图可以将噪波效果添加到物体的表面，以突出材质的质感。"噪波"程序贴图通过应用分形噪波函数来扰动像素的 UV 贴图，从而表现出非常复杂的物体材质，其参数设置面板如图 6-123 所示。

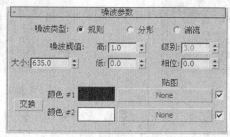

图 6-123

【参数详解】

● 噪波类型：共有 3 种类型，分别是"规则"、"分形"和"湍流"。

⊿ 规则：生成普通噪波，如图 6-124 所示。

⊿ 分形：使用分形算法生成噪波，如图 6-125 所示。

⊿ 湍流：生成应用绝对值函数来制作故障线条的分形噪波，如图 6-126 所示。

图 6-124　　　　　　　图 6-125　　　　　　　图 6-126

● 大小：以 3ds Max 为单位设置噪波函数的比例。

● 噪波阈值：控制噪波的效果，取值范围为 0~1。

● 级别：决定有多少分形能量用于分形和湍流噪波函数。

● 相位：控制噪波函数的动画速度。

● 交换：交换两个颜色或贴图的位置。

● 颜色#1/2：可以从两个主要噪波颜色中进行选择，将通过所选的两种颜色来生成中间颜色值。

课堂案例——制作水墨效果

学习目标：掌握模拟水墨画效果的方法。

知识要点："标准"材质，"衰减"程序贴图的运用。

本例的水墨效果如图 6-127 所示。

图 6-127

【操作步骤】

（1）打开本书配套光盘中的"第 6 章/素材文件/课堂案例——制作水墨效果.max"文件，如图 6-128 所示。

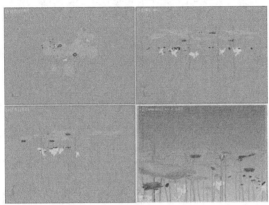

图 6-128

（2）选择一个空白材质球，将其命名为"水墨 1"，然后新建一个"标准"材质，在"Blinn基本参数"卷展栏下的"漫反射"贴图通道中加载一张"衰减"程序贴图，然后展开"衰减参数"卷展栏，具体参数设置如图 6-129 所示。

① 设置"侧"颜色为绿色（红:172，绿:214，蓝:181）。

② 设置"衰减类型"为"垂直/平行"。

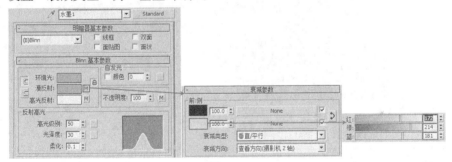

图 6-129

（3）返回到"Blinn 基本参数"卷展栏，具体参数设置如图 6-130 所示。

① 在"高光反射"贴图通道中加载一张"衰减"程序贴图，接着在"衰减参数"卷展栏下设置"衰减类型"为"垂直/平行"。

② 设置"高光级别"为 50、"光泽度"为 30。

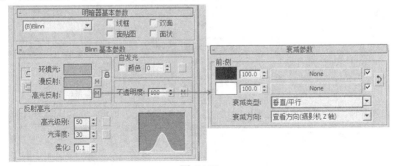

图 6-130

（4）返回到"Blinn 基本参数"卷展栏，在"不透明度"贴图通道中加载一张"衰减"程序贴图，接着展开"衰减参数"卷展栏，然后单击"交换颜色/贴图"按钮，并设置"衰减类型"为"垂直/平行"，如图 6-131 所示，制作好的材质球效果如图 6-132 所示。

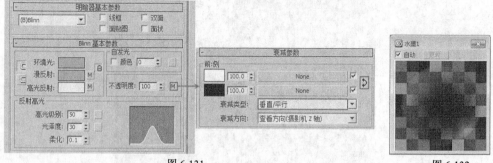

图 6-131   图 6-132

（5）将制作好的材质球指定给场景中相对应的模型，按 F9 键渲染当前场景，最终效果如图 6-133 所示。

课堂练习——制作瓷砖

本练习主要表现室内的地砖平铺效果，使用 VRayMtl 材质，"平铺"程序贴图、"衰减"程序贴图进行制作，其效果如图 6-134 所示。

图 6-134

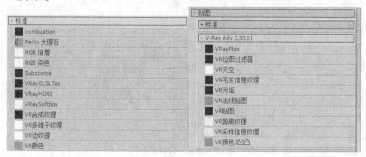

图 6-133

6.5 VRay 程序贴图

与 VRay 材质相同，安装 VRay 渲染器后，随意单击一个贴图通道的按钮，在弹出的"材质/贴图浏览器"对话框中就可以观察到"标准"卷展栏和 V-Ray 卷展栏下共 17 种 VRay 程序贴图，如图 6-135 所示。

图 6-135

下面简单介绍一下 VRay 中重要且常用的程序贴图。

- VRayHDRI：VRayHDRI 可以翻译为高动态范围贴图，主要用来设置场景的环境贴图，即把 HDRI 当作光源来使用。
- VR 合成纹理：可以通过两个通道里贴图色度、灰度的不同来进行减、乘、除等操作。
- VR 边纹理：是一个非常简单的程序贴图，效果和 3ds Max 里的线框材质类似。
- VR 颜色：可以用来设置任何颜色。
- VR 位图过滤器：是一个非常简单的程序贴图，它可以编辑贴图纹理的 *x*、*y* 轴向。
- VR 天空：是一种环境贴图，用来模拟天空效果。
- VR 污垢：可以用来模拟真实物理世界中的物体上的污垢效果，比如墙角上的污垢、铁板上的铁锈等效果。
- VR 法线贴图：可以用来制作真实的凹凸纹理效果。
- VR 贴图：因为 VRay 不支持 3ds Max 里的光线追踪贴图类型，所以在使用 3ds Max "标准" 材质时的反射和折射就用 "VR 贴图" 来代替。

VRay 程序贴图是 VRay 渲染器提供的一些贴图方式，功能强大，使用方便，在使用 VRay 渲染器进行工作时，这些程序贴图都是经常用到的。VRay 的程序贴图也比较多，这里选择一些比较常用贴图的参数进行详细讲解。

6.5.1　VRayHDRI

VRayHDRI 可以翻译为高动态范围贴图，主要用来设置场景的环境贴图，即把 HDRI 当作光源来使用，其参数设置面板如图 6-136 所示。

图 6-136

【参数详解】

- 位图：单击后面的"浏览"按钮可以指定一张 HDRI。
- 贴图：该选项组主要包含以下 5 个选项。
- 贴图类型：用于控制 HDRI 的贴图方式，包含 5 个选项。"角式"选项用于使用了对角拉伸坐标方式的 HDRI；"立方体"选项用于使用了立方体坐标方式的 HDRI；"球体"选项用于使用了球形坐标方式的 HDRI；"反射球"选项用于使用了镜像球体坐标方式的 HDRI；"3ds Max 标准的"选项用于对单个物体指定环境贴图。
- 水平旋转：控制 HDRI 在水平方向的旋转角度。
- 水平翻转：让 HDRI 在水平方向上翻转。
- 垂直旋转：控制 HDRI 在垂直方向的旋转角度。
- 垂直翻转：让 HDRI 在垂直方向上翻转。
- 处理：该选项组主要包含以下 3 个选项。
- 整体倍增器：控制 HDRI 的亮度。
- 渲染倍增：设置渲染时的光强度倍增。
- 伽马：设置贴图的伽马值。

【提示】

HDRI 拥有比普通 RGB 格式图像（仅 8bit 的亮度范围）更大的亮度范围，标准的 RGB 图像最大亮度值是（255，255，255），如果用这样的图像结合光能传递照明一个场景的话，即使是最亮的白色也不足以提供足够的照明来模拟真实世界中的情况，渲染结果看上去会很平淡，并且缺乏对比，原因是这种图像文件将现实中的大范围的照明信息仅用一个 8bit 的 RGB 图像描述。而使用 HDRI 的话，相当于将太阳光的亮度值（如 6000%）加到光能传递计算以及反射的渲染中，得到的渲染结果将会非常真实、漂亮。

6.5.2　VRay 边纹理

"VR 边纹理（也叫 VRay 线框）"是一个非常简单的程序贴图，一般用来制作 3D 对象的线框效果，操作也非常简单，其参数面板如图 6-137 所示。

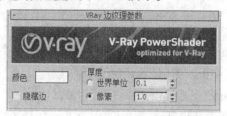

图 6-137

【参数详解】

● 颜色：设置边线的颜色。

● 隐藏边：当勾选它时，物体背面的边线也将渲染出来。

● 厚度：该选项组用于决定边线的厚度，主要分为 2 个单位，具体如下。

◢ 世界单位：厚度单位为场景尺寸单位。

◢ 像素：厚度单位为像素。

图 6-138 所示是 "VR 边纹理" 的渲染效果。

图 6-138

6.5.3　VRay 污垢

"VR 污垢" 贴图用来模拟真实物理世界中物体上的污垢效果，比如墙角上的污垢、铁板上的铁锈等，其参数面板如图 6-139 所示。

【参数详解】

● 半径：以场景单位为标准控制污垢区域的半径。同时也可以使用贴图的灰度来控制半径，白色表示将

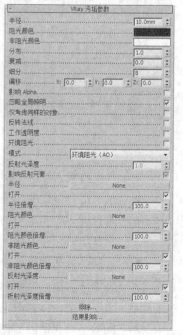

图 6-139

产生污垢效果，黑色表示将不产生污垢效果，灰色就按照它的灰度百分比来显示污垢效果。

- 阻光颜色（也有翻译为"污垢区颜色"）：设置污垢区域的颜色。
- 非阻光颜色（也有翻译为"非污垢区颜色"）：设置非污垢区域的颜色。
- 分布：控制污垢的分布，0 表示均匀分布。
- 衰减：控制污垢区域到非污垢区域的过渡效果。
- 细分：控制污垢区域的细分，小的值会产生杂点，但是渲染速度快；大的值不会有杂点，但是渲染速度慢。
- 偏移（X，Y，Z）：污垢在 x、y、z 轴向上的偏移。
- 忽略全局照明：这个选项决定是否让污垢效果参加全局照明计算。
- 仅考虑同样的对象：当勾选时，污垢效果只影响它们自身；不勾选时，整个场景的物体都会受到影响。
- 反转法线：反转污垢效果的法线。

图 6-140 所示为"VRay 污垢"程序贴图的渲染效果。

图 6-140

6.5.4　VRay 贴图

因为 VRay 不支持 3ds Max 里的光线追踪贴图类型，所以在使用 3ds Max 标准材质时，"反射"和"折射"就用"VR 贴图"来代替，其参数面板如图 6-141 所示。

图 6-141

【参数详解】

- 反射：当"VR 贴图"放在反射通道里时，需要选择这个选项。
- 折射：当放在折射通道里时，需要选择这个选项。
- 环境贴图：为反射和折射材质选择一个环境贴图。
- 反射参数：该选项组主要包含以下 8 个选项。
  - 过滤色：控制反射的程度，白色将完全反射周围的环境，而黑色将不发生反射效果。也可以用后面贴图通道里的贴图的灰度来控制反射程度。
  - 背面反射：当选择这个选项时，将计算物体背面的反射效果。
  - 光泽度：控制反射模糊效果的开和关。
  - 光泽度：后面的数值框用来控制物体的反射模糊程

度。0 表示最大程度的模糊；100000 表示最小程度的模糊（基本上没模糊产生）。

- ◢ 细分：用来控制反射模糊的质量，较小的值将得到很多杂点，但是渲染速度快；较大的值将得到比较光滑的效果，但是渲染速度慢。
- ◢ 最大深度：计算物体的最大反射次数。
- ◢ 中止阈值：用来控制反射追踪的最小值，较小的值反射效果好，但是渲染速度慢；较大的值反射效果不理想，但是渲染速度快。
- ◢ 退出颜色：指当反射已经达到最大次数后，未被反射追踪到的区域的颜色。
- ● 折射参数：该选项组主要包含以下 9 个选项。
- ◢ 过滤色：控制折射的程度，白色将完全折射，而黑色将不发生折射效果。同样也可以用后面贴图通道里的贴图灰度来控制折射程度。
- ◢ 光泽度：控制模糊效果的开和关。
- ◢ 光泽度：后面的数值框用来控制物体的折射模糊程度。0 表示最大程度的模糊；100000 表示最小程度的模糊（基本上没模糊产生）。
- ◢ 细分：用来控制折射模糊的质量，较小的值将得到很多杂点，但是渲染速度快；较大的值将得到比较光滑的效果，但是渲染速度慢。
- ◢ 烟雾颜色：也可以理解为光线的穿透能力，白色将没有烟雾效果，黑色物体将不透明，颜色越深，光线穿透能力越差，烟雾效果越浓。
- ◢ 烟雾倍增：用来控制烟雾效果的倍增，较小的值，烟雾效果越谈，较大的值烟雾效果越浓。
- ◢ 最大深度：计算物体的最大折射次数。
- ◢ 中止阈值：用来控制折射追踪的最小值，较小的值折射效果好，但是渲染速度慢；较大的值折射效果不理想，但是渲染速度快。
- ◢ 退出颜色：指当折射已经达到最大次数后，未被折射追踪到的区域的颜色。

到此为止，材质部分的参数讲解就告一段落，这部分内容比较枯燥，希望广大读者能多观察和分析真实物理世界中的质感，再通过自己的练习，牢牢掌握参数的内在含义，这样才能熟练运用到自己的作品中去。

6.6　VRay 毛发与置换

VRay 毛发与置换与前面讲到的材质内容不同，VRay 毛发在 3ds Max 中的位置并不在"材质编辑器"中，而是存在于"创建"面板中，将几何体类型设置为 VRay，便可以找到"VR 毛皮"；而 VRay 置换模式的位置在"修改"面板中的"修改器列表"中。虽然他们的操作途径与方法不同，但都是为了能够表现更出色的表面材质效果。

下面将为大家介绍这两个功能，虽然看起来比较复杂，参数也很多，但是结合后面的案例来理解便不难了。

6.6.1　VRay 毛发

VRay 毛发是一个非常智能的毛发插件，能模拟真实物理世界中简单毛发效果的功能，虽然效果简单，但是用途很广泛，对制作效果图来说是绰绰有余，经常用来制作地毯、草地和毛制品等，如图 6-142 所示。

图 6-142

加载 VRay 渲染器后，随意创建一个物体，然后在"创建"面板中切换到 VRay，这样就可以使用"VR 毛皮"功能，如图 6-143 所示。

下面讲解它的相关参数，其参数面板共包含 3 个卷展栏，如图 6-144 所示。

图 6-145

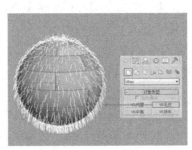

图 6-143　　　　　　　图 6-144

【参数详解】

（1）展开"参数"卷展栏，如图 6-145 所示。

● 源对象：该选项组用于设置源对象的参数，主要包含以下 6 个选项。

◢ 源对象：指定需要添加毛发的物体。

◢ 长度：设置毛发的长度。

◢ 厚度：设置毛发的厚度。

◢ 重力:控制毛发在 z 轴方向被下拉的力度,也就是通常所说的"重量"。

◢ 弯曲度：设置毛发的弯曲程度。

◢ 锥度：用来控制毛发锥化的程度。

● 几何体细节：该选项组用于设置几何体的细节，主要包含以下 3 个选项。

◢ 边数：目前这个参数还不可用，在以后的版本中将开发多边形的毛发。

◢ 节数：用来控制毛发弯曲时的光滑程度。值越大，表示段数越多，弯曲的毛发越光滑。

◢ 平面法线：这个选项用来控制毛发的呈现方式。当勾选该选项时，毛发将以平面方式呈现；当关闭该选项时，毛发将以圆柱体方式呈现。

● 变量：该选项组主要用来设置毛发的变量，主要包含以下 4 个选项。

◢ 方向变化：控制毛发在方向上的随机变化。值越大，表示变化强烈；0 表示不变化。

⬿ 长度变化：控制毛发长度的随机变化。1 表示变化强烈；0 表示不变化。

⬿ 厚度变化：控制毛发粗细的随机变化。1 表示变化强烈；0 表示不变化。

⬿ 重力变化：控制毛发受重力影响的随机变化。1 表示变化强烈；0 表示不变化。

● 分配：该选项组主要用来分配毛发的数量，主要包含以下 3 个选项。

⬿ 每个面：用来控制每个面产生的毛发数量，因为物体的每个面不都是均匀的，所以渲染出来的毛发也不均匀。

⬿ 每区域：用来控制每单位面积中的毛发数量，这种方式下渲染出来的毛发比较均匀。

⬿ 参照帧：指定源物体获取到计算面大小的帧，获取的数据将贯穿整个动画过程。

● 布局：该选项组主要用来控制毛发的布局，主要包含以下 3 个选项。

⬿ 整个对象：启用该选项后，全部的面都将产生毛发。

⬿ 被选择的面：启用该选项后，只有被选择的面才能产生毛发。

⬿ 材质 ID：启用该选项后，只有指定了材质 ID 的面才能产生毛发。

● 贴图：该选项组主要用于设置贴图的参数，主要包含以下两个选项。

⬿ 产生世界坐标：所有的 UVW 贴图坐标都是从基础物体中获取的，但该选项的 W 坐标可以修改毛发的偏移量。

⬿ 通道：指定在 W 坐标上将被修改的通道。

（2）展开"贴图"卷展栏，如图 6-146 所示。

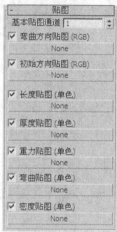

图 6-146

● 基本贴图通道：选择贴图的通道。

● 弯曲方向贴图（RGB）：用彩色贴图来控制毛发的弯曲方向。

● 初始方向贴图（RGB）：用彩色贴图来控制毛发根部的生长方向。

● 长度贴图（单色）：用灰度贴图来控制毛发的长度。

● 厚度贴图（单色）：用灰度贴图来控制毛发的粗细。

● 重力贴图（单色）：用灰度贴图来控制毛发受重力的影响。

● 弯曲贴图（单色）：用灰度贴图来控制毛发的弯曲程度。

● 密度贴图（单色）：用灰度贴图来控制毛发的生长密度。

（3）展开"视口显示"卷展栏，如图 6-147 所示。

● 视口预览：当勾选该选项时，可以在视图中预览毛发的生长情况。

● 最大毛发数：数值越大，就可以越清楚地观察毛发的生长情况。

● 显示图标及文字：勾选该选项后，可以在视图中显示 VRay 毛皮的图标和文字，如图 6-148 所示。

图 6-147

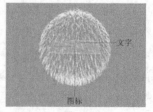

图 6-148

● 自动更新：勾选该选项后，当改变毛发参数时，3ds Max 会在视图中自动更新毛发的显示情况。

● 手动更新：单击该按钮可以手动更新毛发在视图中的显示情况。

图 6-149 所示是利用 VRay 毛发功能渲染的毛巾效果。

图 6-150 所示为测试场景中材质的参数设置，这些参数都是根据场景尺寸来设定单位大小的，如"长度"这里设置为 7mm，那么渲染出来的毛发的实际长度就是 7mm。

图 6-149

6.6.2   VRay 置换

"VRay 置换模式"修改器是一个可以在不需要修改模型的情况下，为场景中的模型添加细节的一个强大的修改器。它的效果很像凹凸贴图，但是凹凸贴图仅仅是材质作用于物体表面的一个效果，而 VRay 的置换修改器是作用于物体模型上的一个效果，它的效果比凹凸贴图带来的效果更丰富更强烈。

在图 6-151 中，使用的是同样的灰度贴图，可以看出，凹凸只是在物体表示上起作用，而置换却可以改变物体表面的形状，效果更强烈。

图 6-150

图 6-151

图 6-152

"VRay 置换模式"修改器的参数设置面板如图 6-152 所示。

【参数详解】

● 类型：该选项组主要包含以下 3 个选项。

◢ 2D 贴图（景观）：这种类型是根据置换贴图来产生凹凸效果。凹或凸的地方是根据置换贴图的明暗来产生的，暗的地方凹，亮的地方凸。实际上，VRay 在分析置换贴图的时候，已经得出凹凸结果，最后渲染的时候只是把结果映射到 3D 空间上。这种方式要求指定正确的贴图坐标。

◢ 3D 贴图：这种方式是根据置换贴图来细分物体的三角面。它的渲染效果比"2D 映射（景观）"好，但是速度要慢一些。

◢ 细分：这种方式和三维贴图方式比较相似，它在三维置换的基础上对置换产生的三角面进行光滑，使置换产生的效果更加细腻，渲染速度比三维贴图的渲染速度慢。

● 公用参数：该选项组主要包含以下 8 个选项。

◢ 纹理贴图：单击下面的 ▢ None ▢ 按钮，可以选择一个贴图来当作置换所用的贴图。

◢ 纹理通道：这里的贴图通道和给置换物体添加的 UVW map 里的贴图通道相对应。

◢ 过滤纹理贴图：当勾选它时，将使用渲染面板里的"抗锯齿过滤器"来为纹理进行过滤。

⊿ 过滤模糊：控制置换物体渲染出来的纹理清晰度，值越小，纹理越清晰。

⊿ 数量：用来控制置换效果的强度，值越高效果越强烈，而负值将产生凹陷的效果。

⊿ 移动：用来控制置换物体的收缩膨胀效果。正值是膨胀效果，负值是收缩效果。

⊿ 水平面：用来定义置换效果的最低界限，在这个值以下的三角面将全部删除。

⊿ 相对于边界框：置换的数量将以长方体的边界为基础，这样置换出来的效果非常强烈。

● 2D 贴图：该选项组主要包含以下 3 个选项。

⊿ 分辨率：用来控制置换物体表面分辨率的程度，最大值为 16384，值越高表面被分辨得越清晰，当然也需要置换贴图的分辨率也比较高才可以。

⊿ 精确度：控制物体表面置换效果的精度，值越高置换效果越好。

⊿ 紧密边界：当勾选这个选项时，VRay 会对置换贴图进行预先分析。如果置换贴图色阶比较平淡，那么会加快渲染速度；如果置换贴图色阶比较丰富，那么渲染速度会减慢。

● 3D 贴图/细分：该选项组主要包含以下 7 个选项。

⊿ 边长：定义三维置换产生的三角面的边线长度。值越小，产生的三角面越多，置换品质越高。

⊿ 依赖于视图：勾选这个选项时，边界长度以像素为单位；不勾选，则以世界单位来定义边界的长度。

⊿ 最大细分：用来控制置换产生的一个三角面里最多能包含多少个小三角面。

⊿ 紧密界限：当勾选这个选项时，VRay 会对置换贴图进行预先分析。如果置换贴图色阶比较平淡，那么会加快渲染速度。如果置换贴图色阶比较丰富，那么渲染速度会减慢。

⊿ 使用对象材质：使用物体自身材质来作为置换贴图。这时"通用"参数栏中的前 3 项参数将不可用。

⊿ 保持连续性：在不勾选这个选项时，具有不同材质 ID 和不同光滑组的面之间将会产生破裂现象，而勾选后，将防止它们破裂。

⊿ 边阈值：当"保持连续性"被勾选以后，这个选项将被激活，它控制不同材质 ID 和不同光滑组的面之间进行缝合的范围。

图 6-153 所示为使用 VRay 置换修改器制作的草地效果。

课堂案例——制作床盖

学习目标：掌握带有毛发材质的物体的表现方法，如地毯、床盖、毛巾等。

知识要点：VRay 毛发的运用。

本例使用 VRay 毛皮制作的床盖效果如图 6-154 所示。

图 6-153   图 6-154

【操作步骤】

（1）打开本书配套光盘中的"第 6 章/素材文件/课堂案例——制作床盖.max"文件，如图
6-155 所示。

（2）选择床盖边缘部分模型，然后在"创建"面板中切换到 VRay，接着单击"VR 毛皮"
按钮，如图 6-156 所示。

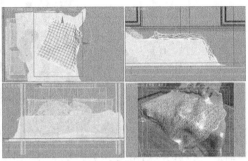

图 6-155   图 6-156

（3）单击并在顶视图中创建，此时发现床盖边缘出现了毛发效果，如图 6-157 所示。

（4）选择 VRay 毛皮，然后展开"参数"卷展栏，设置"长度"为 50mm、"厚度"为 1mm、
"重力"为-2mm、"弯曲度"为 1、"节数"为 5，具体参数设置如图 6-158 所示。

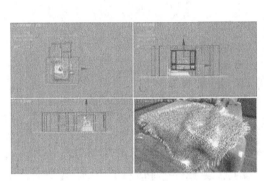

图 6-157   图 6-158

（5）使用"VR 毛皮"为另一床盖边缘创建毛发，其毛发参数与上面的参数保持一致，此
时效果如图 6-159 所示。

（6）按 F9 键渲染当前场景，最终渲染效果如图 6-160 所示。

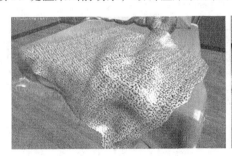

图 6-159   图 6-160

课堂练习——制作毛巾

本练习的场景是一个浴室空间，需使用"VRay 置换模式"修改器制作毛巾，这与之前的 VRay 毛发有所区别，希望大家认真领悟，其效果如图 6-161 所示。

图 6-161

【提示】

在打开案例文件时有时候会出现"缺少外部文件"的提示框，如图 6-162 所示，此时我们需要重新链接缺失贴图。

按快捷键 Shift+T 会弹出一个"资源追踪"对话框，如图 6-163 所示，此时可以看到对话框中的某些文件的"状态"显示为"文件丢失"，那么可能是因为文件的路径已被改变。

图 6-162

图 6-163

选择丢失的文件，并单击"路径/设置路径"打开"指定资源路径"对话框，如图 6-164 所示。

此时，将这些贴图在计算机中所在的路径直接复制到此对话框中，或者单击 … 按钮，在"选择新的资源路径"对话框中找到文件所在位置，单击"使用路径"即可，如图 6-165 所示。

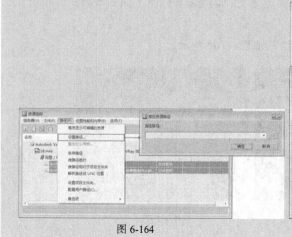

图 6-164

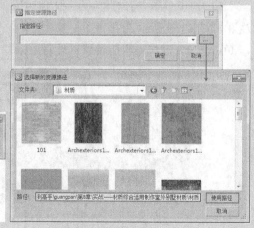

图 6-165

此时可看到刚才显示丢失的两个文件"状态"已变成"确定"，说明丢失文件已找回，如图6-166所示。

图 6-166

若文件"状态"依然显示"文件丢失"，那么该文件已完全丢失，建议更换贴图。

6.7 本章小结

3ds Max 与 VRay 的材质和贴图功能十分庞杂，类型非常多，但在实际工作中，常用的材质和贴图类型只有十多种，也就是本章重点介绍的这些类型，如标准材质、VRayMtl 材质、位图贴图、衰减程序贴图等。读者在学习材质功能的时候，首先要把重点放在这些常用的材质上面，掌握了这些方法就足以应对一般的效果图制作需求了，至于更多的功能可以在实践中慢慢摸索。

课后习题——制作沙发材质

本习题是一个沙发场景，这里要表现的是沙发材质，需要结合 VRayMtl 材质、"混合"材质、位图贴图、"衰减"程序贴图的综合运用来制作，其效果如图 6-167 所示。

课后习题——制作银器

本习题是综合运用"多维/子对象"材质、"VR 混合材质"、"VR 污垢"程序贴图、"法线凹凸"程序贴图、"噪波"程序贴图制作的银质刀器，其效果如图 6-168 所示。

图 6-167   图 6-168

第 7 章

3ds Max/VRay 灯光设置

灯光是沟通作品与观众之间的桥梁,通过为场景打灯可以增强场景的真实感,增加场景的清晰程度和三维纵深度。可以说,灯光就是 3D 作品的灵魂,没有灯光来照明,作品就失去了灵魂。本章首先介绍灯光的基本概念,然后结合案例分别讲解 3ds Max 灯光和 VRay 灯光的创建及设置方法。

课堂学习目标

1. 了解灯光在三维制作中的重要作用。
2. 掌握"光度学"灯光原理及使用方法。
3. 掌握"标准"灯光原理及使用方法。
4. 掌握 VRay 灯光的使用方法。
5. 掌握 VRay 太阳与 VRay 天空的使用方法。
6. 了解 VRayIES 和 VRay 环境灯光的原理及用途。

7.1 认识灯光

没有灯光的世界将是一片黑暗,在三维场景中也是一样,即使有精致的模型和真实的材质,如果没有灯光照明也毫无意义。

"灯火辉煌"、"光焰万丈"、"五光十色"这些词语都是用来形容物理世界中的"光",有了"光"才能使进入眼睛的物体呈现出三维立体感,才会表达出美丽的色彩。不同的灯光效果将会得到不一样的视觉感受,例如春天的温馨、秋天的凄美,这都是不同的光感和色感引起的视觉和触觉感受。

7.1.1 灯光的作用

有光才有影,才能让物体呈现出三维立体感,不同的灯光效果营造的视觉感受也不一样。灯光是视觉画面的一部分,其功能主要有以下 3 点。

第 1 点:表达完整的场景气氛,展现影像实体。

第 2 点:为画面着色并塑造空间和形式。

第 3 点:吸引观察者的注意力,让其注意力集中。

7.1.2 3ds Max 灯光的基本属性

3ds Max 中的照明原则是模拟自然光照效果,当光线接触到对象表面后,表面会反射或至少部分反射这些光线，这样该表面就可以被眼睛看到。对象表面所呈现的效果取决于接触到表面上的光线和表面自身材质的属性（如颜色、平滑度、不透明度等）相结合的结果。

1. 强度

灯光光源的亮度影响灯光照亮对象的程度。暗淡的光源即使照射在很鲜艳的颜色上，也只能产生暗淡的颜色效果。在 3ds Max 中，灯光的亮度就是它的 HSV 值（色度、饱和度、亮度），取最大值（225）时，灯光最亮，取值为 0 时，完全没有照明效果。如图 7-1 所示，左图为低强度光源的蜡烛照亮房间，右图为高强度灯光灯泡照亮同一个房间。

图 7-1

2. 入射角

表面法线相对于光源之间的角度称为灯光的入射角。表面偏离光源的程度越大，它所接收到的光线越少，表现越暗。当入射角为 0（光线垂直接触表面）时，表面受到完全亮度的光源照射。随着入射角增大，照明亮度不断降低，如图 7-2 所示。

3. 衰减

在现实生活中，灯光的亮度会随着到光源距离的增加逐渐变暗，离光源远的对象比离光源近的对象暗，这种效果就是衰减效果。自然界中灯光按照平方反比进行衰减，也就是说灯光的亮度按距光源距离的平方削弱。通常在受大气粒子的遮挡后衰减效果会更加明显，尤其在阴天和雾天的情况下。

如图 7-3 所示，这是灯光衰减示意图，左图为反向衰减，右图为平方反比衰减。

图 7-2

图 7-3

3ds Max 中默认的灯光没有衰减设置，因此灯光与对象间的距离是没有意义的，用户在设置时，只需考虑灯光与表面间的入射角度。除了可以手动调节泛光灯和聚光灯的衰减外，还可以通过光线跟踪贴图调节衰减效果。如果使用光线跟踪方式计算反射和折射，应该对场景中的每一盏灯都进行衰减设置，因为一方面它可以提供更为精确和真实的照明效果，另一方面由于不必计算衰减以外的范围，还可以大大缩短渲染的时间。

【提示】

在没有衰减设置的情况下，有可能会出现对象远离灯光，却变得更亮的情况，这是由于对象表面的入射角度接近 0° 造成的。

对于 3ds Max 中的标准灯光对象，用户可以自由设置衰减开始和结束的位置，无需严格遵循真实场景中灯光与被照射对象间的距离。更为重要的是，可以通过此功能对衰减效果进行优化。对于室外场景，衰减设置可以提高景深效果；对于室内场景，衰减设置有助于模拟蜡烛等低亮度光源的效果。

4. 反射光与环境光

对象反射后的光能够照亮其他的对象，反射的光越多，照亮环境中其他对象的光越多。反射光产生环境光，环境光没有明确的光源和方向，不会产生清晰的阴影。

如图 7-4 所示，其中 A（黄色光线）是平行光，也就是发光源发射的光线；B（绿色光线）是反射光，也就是对象反射的光线；C 是环境光，看不出明确的光源和方向。

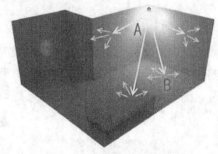

在 3ds Max 中使用默认的渲染方式和灯光设置无法计算出对象的反射光，因此采用标准灯光照明时往往要设置比实际多得多的灯光对象。如果使用具有计算光能传递效果的渲染引擎（如 mental ray、VRay 等），就可以获得真实的反射光的效果。如果不使用光能传递方式的话，用户可以在"环境"面板中调节环境光的颜色和高度来模拟环境光的影响。

图 7-4

环境光的亮度影响场景的对比度，亮度越高，场景的对比度就越低；环境光的颜色影响场景整体的颜色，有时环境光表现为对象的反射光线，颜色为场景中其他对象的颜色，但大数情况下，环境光应该是场景中主光源颜色的补色。

5. 颜色和灯光

灯光的颜色部分依赖于生成该灯光的过程。例如钨灯投影橘黄色的灯光，水银蒸汽灯投影冷色的浅蓝色灯光，太阳光为浅黄色。灯光颜色也依赖于灯光通过的介质。

灯光的颜色也具备加色混合性，灯光的主要颜色为红色、绿色和蓝色（RGB）。当多种颜色混合在一起时，场景中总的灯光将变得更亮且逐渐变为白色，如图 7-5 所示。

在 3ds Max 中，用户可以通过调节灯光颜色的 RGB 值作为场景主要照明设置的色温标准，但要明确的是，人们总倾向于将场

图 7-5

景看作是白色光源照射的结果（这是一种称为色感一致性的人体感知现象），精确地再现光源颜色可能会适得其反，渲染出古怪的场景效果，所以在调节灯光颜色时，应当重视主观的视觉感受，而物理意义上的灯光颜色仅仅是作为一项参考。

6. 色温

色温是一种按照绝对温标来描述颜色的方式，有助于描述光源颜色及其他接近白色的颜色值。表 7-1 中罗列了一些常见灯光类型的色温值（Kelvin）以及相应的色调值（HSV）。

表 7-1　常见光源的色温值、色调值

光源	色温	色调
阴天的日光	6000 K	130
中午的太阳光	5000 K	58
白色荧光	4000 K	27
钨/卤元素灯	3300 K	20
白炽灯（100 ~ 200 W）	2900 K	16
白炽灯（25 W）	2500 K	12
日落或日出时的太阳光	2000 K	7
蜡烛火焰	1750 K	5

7.1.3　3ds Max 灯光的照明原则

说到照明原则，多参考摄影、摄像以及舞台设计方面的照明指导书籍对于提高 3ds Max 场景的布灯技巧有很大的帮助，这里只笼统地介绍一下标准灯光设置的基础知识。

设置灯光时，首先应该明确场景要模拟的是自然照明效果还是人工照明效果。对自然照明场景，无论是日光照明还是月光照明，最主要的光源只有一个，而人工照明场景通常应包含多个类似的光源。在 3ds Max 中，无论是哪种照明场景，都需要设置若干个次级光源来辅助照明，无论是室内场景还是室外场景，都会受到材质颜色的影响。

1. 自然光

自然照明（阳光）是来自单一光源的平行光线，它的方向和角度会随着时间、纬度、季节的变化而变化。晴天时，阳光的颜色为淡黄色，多云时偏蓝色，阴雨天时偏暗灰色，大气中的颗粒会使阳光呈橙色或褐色，日出日落时阳光则更为发红或橙色。天空越晴朗，产生的阴影越清晰，日照场景中的立体效果越突出。

3ds Max 提供了多种模拟阳光的方式，标准的灯光方式就是平行光，无论是目标平行光还是自由平行光，一盏就足以作为日照场景的光源了，如图 7-6 所示。将平行光源的颜色设置为白色，亮度降低，还可以用来模拟月光效果。

图 7-6

2. 人工光

人工照明，无论是室内还是室外夜景，都会使用多盏灯光对象。人工照明首先要明确场景中的主题，然后单独为这个主题打一盏明亮的灯光，称为"主灯光"，将其置于主题的前方稍稍偏上。除了"主灯光"以外，还需要设置一盏或多盏灯光用来照亮背景和主题的侧面，称为"辅助灯光"，亮度要低于"主灯光"。这些"主灯光"和"辅助灯光"不仅能够强调场景的主题，同时还加强了场景的立体效果。用户还可以为场景的次要主题添加照明灯光，舞台术语称之为"附加灯"，亮度通常高于"辅助灯光"，低于"主灯光"。

在 3ds Max 中，聚光灯通常是最好的"主灯光"，无论是聚光灯还是泛光灯都很适合作为"辅助灯光"，环境光则是另一种补充照明光源。

通过光度学灯光，可以基于灯光的色温、能量值以及分布状况设置照明效果。设置这种灯光，只要严格遵循实际的场景尺寸、灯光属性和分布位置，就能够产生良好的照明效果，如图 7-7 所示。

图 7-7

3. 环境光

3ds Max 中，环境光用于模拟漫反射表面反射光产生的照明效果，它的设置决定了处于阴影中和直接照明以外的表面的照明级别。用户可以在"环境"对话框中设置环境光的级别，场景会在考虑任何灯光照明之前就先根据它的设置，确立整个场景的照明级别，也是场景所能达到的最暗程度。环境光常常应用于室外场景，帮助日光照明在那些无法直射到的表面上产生均匀分布的反射光，如图 7-8 所示。一种常用的加深阴影的方法就是将环境光的颜色调节为近似"主灯光"颜色的补充色。

与室外场景不同，室内场景有很多灯光对象，普通环境光设置用来模拟局部光源的漫反射并不理想，最常用的方法就是将环境光颜色设为黑色，并使用只影响环境光的灯光来模拟环境照明。

图 7-8

7.1.4 3ds Max 灯光的分类

在 3ds Max 中的灯光用来模拟现实生活中不同类型光源的对象，从居家办公用的普通灯具到舞台、电影布景中使用的照明设备，甚至是太阳光都可以模拟。

首先来看看 3ds Max 为用户提供的各种不同的灯光类型。

在 3ds Max 的创建面板中单击"灯光"按钮 ，在其下拉列表中可以选择灯光的类型，其中主要有 3 种灯光类型，分别是"光度学"灯光、"标准"灯光和 VRay 灯光，在这 3 种灯光类型下分别又有多种灯光，供有不同需要的场景选择，如图 7-9 所示。

图 7-9

【提示】
只有安装 VRay 渲染器之后，灯光面板的下拉列表中才会出现 VRay 选项。

7.2 3ds Max 灯光

在 3ds Max 中默认的灯光有两种，分别是"光度学"灯光和"标准"灯光，下面分别对这两种灯光进行讲解。

7.2.1 光度学灯光

"光度学"灯光是基于物理的对象，就像真实世界中的灯光一样，可以精确地进行定义。用户可以设置它们的分布情况、灯光强度、色温和其他真实世界灯光的属性；还可以导入灯具制造商的光域网文件，来设计真实的灯光照射效果。将光度学灯光与光能传递解决方案结合起来使用，可以使三维作品更具有真实感。

"光度学"灯光是 3ds Max 默认的首选灯光，共有 3 种类型，分别是"目标灯光"、"自由灯光"和"mr 天空门户"，如图 7-10 所示。

其中最常用的是"目标灯光"和"自由灯光"两种类型，接下来便只针对这两种类型的灯光进行讲解。

1. 目标灯光

"目标灯光"像"标准"灯光中的"泛光灯"一样，从几何体点发射光线，指向被照明物体（也就是目标点），如图 7-11 所示。

图 7-10

此灯光有 4 种类型的灯光分布方式，并对以相应的图标，如图 7-12 所示。"目标灯光"经常用来模拟现实中的筒灯、射灯和壁灯等。

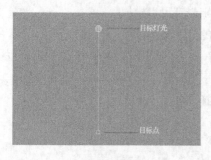

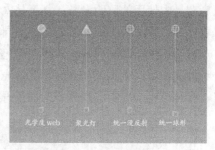

图 7-11　　　　　　　　　　　　　　　　图 7-12

"目标灯光"的参数面板比较复杂，总计有 7 个参数卷展栏，这里着重介绍一下第 2~7 个卷展栏中的参数，如图 7-13 所示。

【参数详解】

（1）展开"常规参数"卷展栏，如图 7-14 所示。

图 7-13　　　　　　　　　　　图 7-14

- 灯光属性：该选项组主要包含以下 3 个选项。
- 启用：控制是否开启灯光。
- 目标：启用该选项后，目标灯光才有目标点；如果禁用该选项，目标灯光将变成自由灯光，如图 7-15 所示。

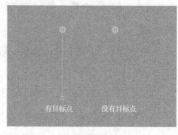

图 7-15

- 目标距离：用来显示目标的距离。
- 阴影：该选项组主要包含以下 3 个选项。
- 启用：控制是否开启灯光的阴影效果。
- 使用全局设置：如果启用该选项后，该灯光投射的阴影将影响整个场景的阴影效果；

如果关闭该选项，则必须选择渲染器使用哪种方式来生成特定的灯光阴影。

- ◢ 阴影类型：设置渲染器渲染场景时使用的阴影类型，包括"高级光线跟踪"、"mental ray 阴影贴图"、"区域阴影"、"阴影贴图"、"光线跟踪阴影"、"VRay 阴影"和"VRay 阴影贴图"7 种类型。

- ◢ 排除：将选定的对象排除于灯光效果之外。

- ● 灯光分布（类型）：设置灯光的分布类型，包含"光度学 Web"、"聚光灯"、"统一漫反射"和"统一球形"4 种类型。

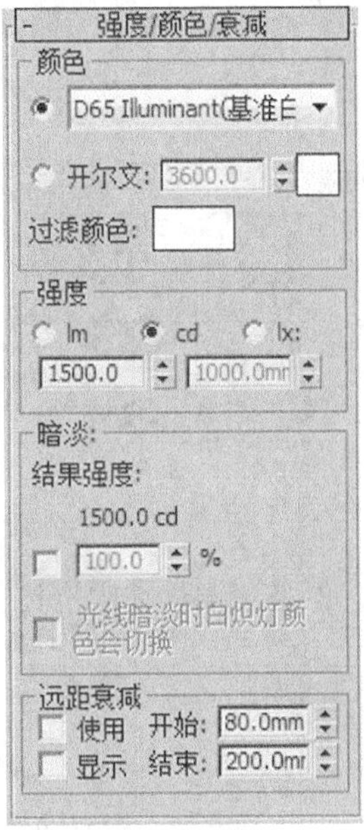

（2）展开"强度/颜色/衰减"卷展栏，如图 7-16 所示。

- ● 颜色：该选项组主要包含以下 3 个选项。
- ◢ 灯光：挑选公用灯光，以模拟灯光的光谱特征。
- ◢ 开尔文：通过调整色温微调器来设置灯光的颜色。
- ◢ 过滤颜色：使用颜色过滤器来模拟置于光源上的过滤色效果。
- ● 强度：该选项组用于控制灯光的强弱程度，主要包含以下 3 个选项。
- ◢ lm（流明）：测量整个灯光（光通量）的输出功率。100W 的通用灯炮约有 1750 lm 的光通量。
- ◢ cd（坎德拉）：用于测量灯光的最大发光强度，通常沿着瞄准发射。100W 通用灯泡的发光强度约为 139 cd。
- ◢ lx（lux）：测量由灯光引起的照度，该灯光以一定距离照射在曲面上，并面向光源的方向。
- ● 暗淡：该选项组主要包含以下 3 个选项。

图 7-16

- ◢ 结果强度：用于显示暗淡所产生的强度。
- ◢ 暗淡百分比：启用该选项后，该值会指定用于降低灯光强度的"倍增"。
- ◢ 光线暗淡时白炽灯颜色会切换：启用该选项之后，灯光可以在暗淡时通过产生更多的黄色来模拟白炽灯。
- ● 远距衰减：该选项组主要包含以下 4 个选项。
- ◢ 使用：启用灯光的远距衰减。
- ◢ 显示：在视口中显示远距衰减的范围设置。
- ◢ 开始：设置灯光开始淡出的距离。
- ◢ 结束：设置灯光减为 0 时的距离。

（3）展开"图形/区域阴影"卷展栏，如图 7-17 所示。

- ● 从（图形）发射光线：选择阴影生成的图形类型，如图 7-18 所示，其下拉表共包括"点光源"、"线"、"矩形"、"圆形"、"球体"和"圆柱体"6 种类型。
- ● 灯光图形在渲染中可见：启用该选项后，如果灯光对象位于视野之内，那么灯光图形在渲染中会显示为自供照明（发光）的图形。

图 7-17

图 7-18

（4）展开"阴影参数"卷展栏，如图 7-19
所示。

图 7-19

- 对象阴影：该选项组主要包含以下 5 个选项。
  - 颜色：设置灯光阴影的颜色，默认为黑色。
  - 密度：调整阴影的密度。
  - 贴图：启用该选项，可以使用贴图来作为灯光的阴影。
  - None：单击该按钮可以选择贴图作为灯光的阴影。
  - 灯光影响阴影颜色：启用该选项后，可以将灯光颜色与阴影颜色（如果阴影已设置贴图）混合起来。
- 大气阴影：该选项组主要包含以下 3 个选项。
  - 启用：启用该选项后，大气效果如灯光穿过它们一样投影阴影。
  - 不透明度：调整阴影的不透明度百分比。
  - 颜色量：调整大气颜色与阴影颜色混合的量。

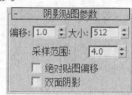

图 7-20

（5）展开"阴影贴图参数"卷展栏，如图 7-20 所示。

- 偏移：将阴影移向或移离投射阴影的对象。
- 大小：设置用于计算灯光的阴影贴图的大小。
- 采样范围：决定阴影内平均有多少个区域。
- 绝对贴图偏移：启用该选项后，阴影贴图的偏移未标准化，但是该偏移在固定比例的基础上以 3ds Max 为单位表示。
- 双面阴影：启用该选项后，计算阴影时物体的背面也将产生阴影。

（6）展开"高级效果"卷展栏，如图 7-21 所示。

图 7-21

- 影响曲面：该选项组主要包含以下 5 个选项。
  - 对比度：调整漫反射区域和环境光区域的对比度。
  - 柔化漫反射边：增加该选项的数值可以柔化曲面的漫反射区域和环境光区域的边缘。
  - 漫反射：开启该选项后，灯光将影响曲面的漫反射属性。
  - 高光参数：开启该选项后，灯光将影响曲面的高光属性。
  - 仅环境光：开启该选项后，灯光仅仅影响照明的环境光。
- 投影贴图：该选项组主要包含以下两个选项。
  - 贴图：为阴影添加贴图。
  - 无：单击该按钮可以为投影加载贴图。

2. 自由灯光

"自由灯光"类似于"目标灯光"，但"自由灯光"没有目标对象，常用来模拟发光球、台灯等。"自由灯光"也有 4 种类型的灯光分布方式，并对以相应的图标，如图 7-22 所示。

图 7-22

默认创建的"自由灯光"没有照明方向，但是可以指定照明方向，其操作方法就是在修改面板的"常用参数"卷展栏下勾选"目标"选项，开启照明方向后，可以通过目标点来调节灯光的照明方向，如图 7-23 所示。

如果"自由灯光"没有目标点，可以使用"选择并移动"工具和"选择并旋转"工具将其进行任意的移动与旋转，如图 7-24 所示。

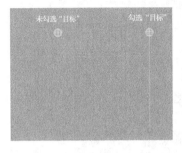

图 7-23

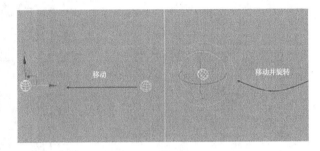

图 7-24

7.2.2 标准灯光

"标准"灯光是基于计算机的对象，常用来模拟居家、办公室、舞台和电影工作室使用的灯光设备，以及太阳光本身。不同种类的灯光对象可用不同的方式投射灯光，用于模拟真实世界中不同种类的光源。与"光度学"灯光不同，"标准"灯光不具有基于物理的强度值。

将灯光类型切换为"标准"时，可以看到"标准"灯光包括 8 种类型，分别是"目标聚光灯"、"Free Spot（自由聚光灯）"、"目标平行光"、"自由平行光"、"泛光"、"天光"、"mr Area Omni"和"mr Area Spot"，如图 7-25 所示。

下面着重介绍前面五种类型的灯光。

1. 目标聚光灯

"目标聚光灯"可以产生一个锥形的照射区域，区域以外的对象不会受到灯光的影响。目标聚光灯由透射点和目标点组成，其方向性非常好，对阴影的塑造能力也很强，如图 7-26 所示。

图 7-25

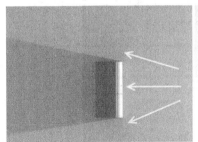

图 7-26

【参数详解】

（1）展开"常规参数"卷展栏的参数，如图 7-27 所示。

● 灯光类型：该选项组主要包含以下 3 个选项。

◢ 启用：是否开启灯光。

◢ 灯光类型："聚光灯"共有 3 种类型可供选择，分别是"聚光灯"、"平行光"和"泛光"，如图 7-28 所示。

图 7-27

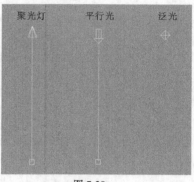

图 7-28

【提示】

切换不同的灯光类型可以很直接地观察到灯光外观的变化，但是切换灯光类型后，场景中的灯光就会变成当前选择的灯光。

◢ 目标：启用该选项后，灯光将成为目标灯光，关闭则成为自由灯光。

【提示】

当启用"目标"选项后，灯光为"目标聚光灯"，而关闭该选项后，原来创建的"目标聚光灯"会变成"自由聚光灯"。

● 阴影：该选项组主要包含以下 4 个选项。

◢ 阴影：是否开启灯光阴影。

◢ 使用全局设置：启用该选项后可使用灯光投射阴影的全局设置。如果未使用全局设置，则必须选择渲染器使用哪种方式来生成特定灯光的阴影。

◢ 阴影贴图：通过切换阴影的方式来得到不同的阴影效果。

◢ 排除：该按钮用于将选定的对象排除于灯光效果之外。

（2）展开"强度/颜色/衰减"卷展栏，如图 7-29 所示。

● 倍增：控制灯光的强弱程度。

● 颜色：用来设置灯光的颜色，如图 7-30 所示。

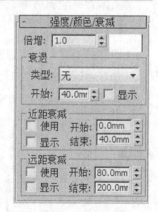

图 7-29

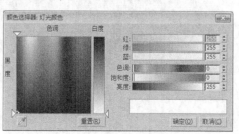

图 7-30

- 衰退：该选项组中的参数用来设置灯光衰退的类型和起始距离，主要包含以下 3 个选项。

  ⌐ 衰退类型：指定灯光的衰退方式，"无"为不衰退，"倒数"为反向衰退，"平方反比"为以平方反比的方式进行衰退。

  ⌐ 开始：设置灯光开始衰减的距离。

  ⌐ 显示：在视口中显示灯光衰减的效果。

- 近距衰减：该选项组用来设置灯光近距离衰退的参数，主要包含以下 4 个选项。

  ⌐ 使用：启用灯光近距离衰减。

  ⌐ 显示：在视口中显示近距离衰减的范围。

  ⌐ 开始：设置灯光开始淡出的距离。

  ⌐ 结束：设置灯光达到衰减最远处的距离。

- 远距衰减：该选项组用来设置灯光远距离衰退的参数，主要包含以下 4 个选项。

  ⌐ 使用：启用灯光的远距离衰减。

  ⌐ 显示：在视口中显示远距离衰减的范围。

  ⌐ 开始：设置灯光开始淡出的距离。

  ⌐ 结束：设置灯光衰减为 0 的距离。

（3）展开"聚光灯参数"卷展栏，如图 7-31 所示。

- 显示光锥：是否开启圆锥体显示效果。

- 泛光化：开启该选项时，灯光将在各个方向投射光线。

- 聚光区/光束：用来调整灯光圆锥体的角度。

- 衰减区/区域：设置灯光衰减区的角度。如图 7-32 所示为调节"聚光区/光束"和"衰减区/区域"的参数后灯光的变化。

图 7-31

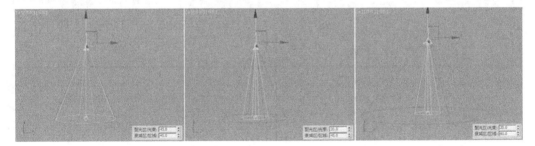

图 7-32

- 圆/矩形：指定聚光区和衰减区的形状。

- 纵横比：设置矩形光束的纵横比。

● 位图拟合：在灯光"纵横比"为"矩形"的方式下可用，如图 7-33 所示。

图 7-33

【提示】
关于"标准"灯光的其他卷展栏相关参数的介绍可参阅"光度学"灯光的内容。

2. Free Spot（自由聚光灯）

"自由聚光灯"与"目标聚光灯"的效果基本一样，只是"自由聚光灯"缺少目标点，如图 7-34 所示。自由聚光灯特别适合于模仿一些动画灯光，如舞台上的射灯等。

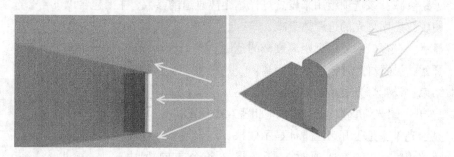

图 7-34

"自由聚光灯"的参数和"目标聚光灯"的参数差不多，区别是"自由聚光灯"没有目标点，如图 7-35 所示。

可以使用"选择并移动"工具和"选择并旋转"工具对"自由聚光灯"进行移动和旋转操作，如图 7-36 所示。

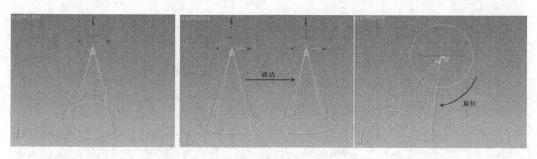

图 7-35   图 7-36

3. 目标平行光

"目标平行光"可以产生一个照射区域，主要用来模拟自然光线的照射效果，如图 7-37 所示，如果作为体积光可以用来模拟激光束等效果。

　　虽然"目标平行光"可以用来模拟太阳光，但是它与"目标聚光灯"的灯光类型却不相同。"目标聚光灯"的灯光类型是"聚光灯"，而"目标平行光"的灯光类型是"平行光"，从外形上看，"目标聚光灯"更像锥形，"目标平行光"更像筒形，如图 7-38 所示。

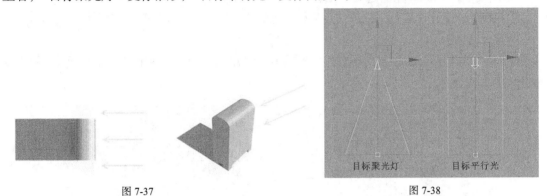

图 7-37　　　　　　　　　　　　　图 7-38

4. 自由平行光

　　"自由平行光"能产生一个平行的照射区域，如图 7-39 所示，常用来模拟太阳光。

　　"自由平行光"和"自由聚光灯"一样，没有目标点，如图 7-40 所示。

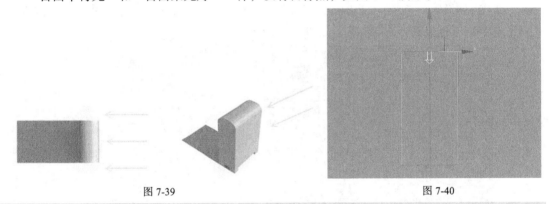

图 7-39　　　　　　　　　　　　　图 7-40

【提示】

　　当勾选"目标点"选项时，"自由平行光"会自动由"自由平行光"类型切换为"目标平行光"类型，因此这两种灯光之间是相通的。

5. 泛光灯

　　"泛光"可以向周围发散光线，它的光线可以到达场景中无限远的地方，如图 7-41 所示。泛光灯比较容易创建和调节，能够均匀地照射场景，但是在一个场景中如果使用太多泛光灯可能会导致场景明暗层次变暗，缺乏对比。

图 7-41

课堂案例——制作客厅射灯效果

学习目标：掌握制作客厅射灯效果的方法。

知识要点：目标灯光的运用方法。

本例的场景是一个客厅，主要使用目标灯光制作客厅射灯，案例效果如图 7-42 所示。

【操作步骤】

（1）打开本书配套光盘中的"第 7 章/素材文件/课堂案例——制作客厅射灯效果.max"文件，如图 7-43 所示。

 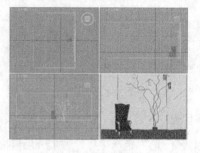

图 7-42   图 7-43

（2）首先设置灯光类型为 VRay，接着单击 VR灯光 按钮，并在前视图中创建一盏 VRay 灯光，然后将其拖曳到合适的位置，如图 7-44 所示。

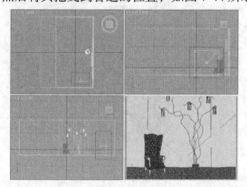 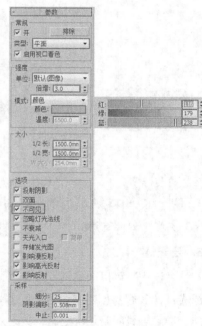

图 7-44

（3）选择上一步创建的 VRay 灯光，然后进入"修改"面板，接着展开"参数"卷展栏，具体参数设置如图 7-45 所示。

① 在"常规"选项组下设置"类型"为"平面"。

② 在"强度"选项组下设置"倍增"为 3，然后设置颜色（红:116，绿:179，蓝:238）。

③ 在"大小"选项组下设置"1/2 长"为 1500mm、"1/2 宽"为 1500mm。

④ 在"选项"选项组下勾选"不可见"选项。

⑤ 在"采样"选项组下设置"细分"为 25。

图 7-45

（4）按 F9 键渲染当前场景，效果如图 7-46 所示。

（5）在前视图中创建一盏 VRay 灯光，然后将其拖曳到合适的位置，如图 7-47 所示。

图 7-46

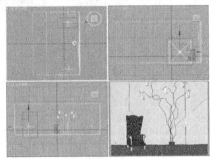

图 7-47

（6）选择上一步创建的 VRay 灯光，然后进入"修改"面板，接着展开"参数"卷展栏，并修改颜色（红:247，绿:221，蓝:174），如图 7-48 所示。

（7）按 F9 键渲染当前场景，效果如图 7-49 所示。

图 7-48

图 7-49

（8）将灯光类型设置为"光度学"，然后在场景中创建两盏目标灯光，并将其拖曳到合适的位置，如图 7-50 所示。

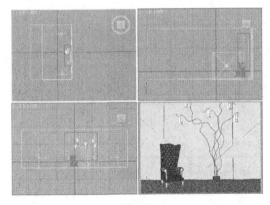

图 7-50

（9）选择上一步创建的目标灯光，然后进入"修改"面板，具体参数设置如图 7-51 所示。

① 展开"常规参数"卷展栏，然后在"阴影"选项组下勾选"启用"选项，接着设置阴影类型为"VRay 阴影"，最后设置"灯光分布（类型）"为"光度学 Web"。

② 展开"分布（光度学 Web）"卷展栏，然后在通道中加载一张"1.ies"光域网文件。

③ 展开"强度/颜色/衰减"卷展栏，设置"过滤颜色"（红:255，绿:233，蓝:196），接着设置"强度"为 50000。

④ 展开 "VRay 阴影参数" 卷展栏, 勾选 "球体" 选项, 接着设置 "U/V/W 大小" 为 254.0mm。

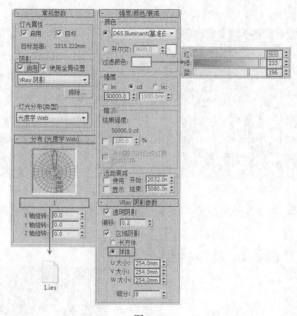

图 7-51

【提示】

光域网是灯光的一种物理性质, 用来确定光在空气中的发散方式。

不同的灯光在空气中的发散方式也不一样, 如手电筒会发出一个光束, 而壁灯或台灯发出的光又是另外一种形状, 这些不同的形状就是由灯光自身的特性来决定的, 也就是说这些形状是由光域网造成的。之所以会产生不同的图案, 是因为每种灯在出厂时, 厂家都要对其都指定不同的光域网。在 3ds Max 中, 如果为灯光指定一个特殊的文件, 就可以产生与现实生活中相同的发散效果, 这种特殊文件的标准格式是 ".IES"。图 7-52 所示为 "光域网" 不同形状的显示形态。

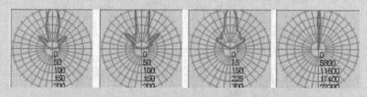

图 7-52

图 7-53 所示为不同的 "光域网" 的渲染效果。

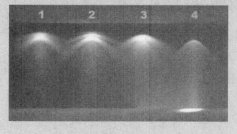

图 7-53

（10）按 F9 键渲染当前场景，效果如图 7-54 所示。

（11）在场景中创建 5 盏 VRay 灯光作为吊灯的光源，其位置如图 7-55 所示。

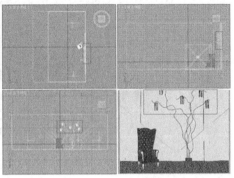

图 7-54   图 7-55

（12）选择上一步创建的 VRay 灯光，然后进入"修改"面板，接着展开"参数"卷展栏，具体参数设置如图 7-56 所示。

① 在"常规"选项组下设置"类型"为"球体"。

② 在"强度"选项组下设置"倍增"为 12，然后设置颜色（红:254，绿:214，蓝:179）。

③ 在"大小"选项组下设置"半径"为 80mm。

④ 在"采样"选项组下设置"细分"为 8。

图 7-56

（13）按 F9 键渲染当前场景，最终效果如图 7-57 所示。

图 7-57

课堂练习——制作台灯

本练习是一个书房的局部场景，主要使用自由灯光来模拟台灯的照明效果，效果如图 7-58 所示，灯光布置如图 7-59 所示。

图 7-58

图 7-59

7.3 VRay 灯光

安装好 VRay 渲染器后，在灯光面板中就可以选择 VRay 灯光了，VRay 灯光包含 4 种类型，分别是"VR 灯光"、"VRayIES"、"VR 环境灯光"和"VR 太阳"，如图 7-60 所示。

图 7-60

7.3.1 VRay 灯光

"VR 灯光"可以从矩形或圆形区域发射光线，产生柔和的照明和阴影效果，是 VRay 渲染器中使用频率最高的照明光源。

1. "平面"灯光

"平面"灯光是一种较为常用的光源类型，该光源以一个平面区域的方式显示，以该区域来照亮场景，由于该光源能够均匀柔和地照亮场景，因此常用于模拟自然光源或大面积的反光，例如天光或者墙壁的反光等。如图 7-61 所示，这就是"平面"灯光的实际形态，主要有正方形和长方形两种，灯光上面的箭头表示灯光照射方向。

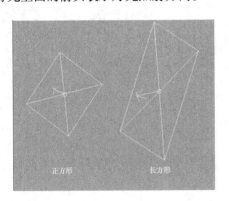

图 7-61

图 7-62

当在 VRay 灯光面板中单击 [VR灯光] 按钮之后，下面将显示 VRay 灯光的参数面板，如图 7-62 所示，系统默认选择"平面"灯光类型，这些参数也用于设置"平面"灯光。

【参数详解】

● 常规：该选项组主要包含以下 3 个选项。

◢ 开：控制是否开启 VRay 灯光。

◢ 排除：该按钮用来排除灯光对物体的影响。

◢ 类型：指定"VRay 灯光"的类型，共有"平面"、"穹顶"、"球体"和"网格" 4 种类型。"平面"选项是将 VRay 灯光设置成长方形形状；"穹顶"是将 VRay 灯光设置成边界盒形状；"球体"是将 VRay 光源设置成穹顶状，类似于 3ds Max 的天光，光线来自于位于光源 z 轴的半球体状圆顶；"网格"这种灯光是一种以网格为基础的灯光。如图 7-63 所示。

● 强度：该选项组主要包含以下 5 个选项。

◢ 单位：指定 VRay 灯光发光的单位，包含以下 5 种灯光亮度单位，如图 7-64 所示。"默认（图像）"选项是 VRay 的默认单位，依靠灯光的颜色和亮度来控制灯光的强弱，如果忽略曝光类型的因素，灯光色彩将是物体表面受光的最终色彩；"发光率（lm）"选项是当这个单位被选择的时候，灯光的亮度将和灯光的大小无关（100W 的亮度大约等于 1500lm）；"亮度（lm/ m^2/sr）"选项是当这个单位被选择的时候，灯光的亮度和它的大小有关系；"辐射率（W）"选项是当这个单位被选择的时候，灯光的亮度将和灯光的大小无关；"辐射（W/m^2/sr）"选项是当这个单位被选择的时候，灯光的亮度和它的大小有关系。

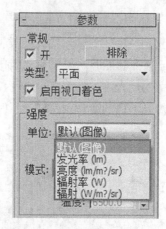

图 7-63　　　　　　　　　　　　图 7-64

- ◢ 倍增：设置 VRay 光源的强度。
- ◢ 模式：设置 VRay 光源的颜色模式，共有"颜色"和"色温"两种。
- ◢ 颜色：指定灯光的颜色。
- ◢ 色温：以色温模式来设置 VRay 光源的颜色。
- ● 大小：该选项组主要包含以下 3 个选项。
- ◢ 1/2 长：设置灯光的长度，是"平面"光长度的一半。（如果选择"球体"光，该参数将变成"半径"。）
- ◢ 1/2 宽：设置灯光的宽度，是"平面"光宽度的一半。（如果选择"穹顶"光或者"球体"光，该参数不可用。）
- ◢ W 大小：当前这个参数还没有被激活（即不能使用）。另外，这 3 个参数会随着 VRay 光源类型的改变而发生变化。
- ● 选项：该选项组主要包含以下 10 个选项。
- ◢ 投射阴影：控制是否对物体的光照产生阴影。
- ◢ 双面：启用该选项后，物体将双面发光，但侧面不起作用。
- ◢ 不可见：如果启用该选项，渲染的最终效果中将显示 VRay 光源的形状；如果不启用，光源将会被使用当前灯光颜色来渲染，否则是不可见的。
- ◢ 忽略灯光法线：控制是否在面光源的侧面也发光，一般情况下不启用该选项。
- ◢ 不衰减：启用该选项后，灯光的亮度将不会因为距离而衰减。

【提示】

在真实的世界中，光线亮度会随着距离的增大而不断变暗，也就是说远离光源的物体表面会比靠近光源的表现显得更暗。

- ◢ 天光入口：启用该项后，前面设置的颜色和倍增值都将被 VRay 渲染器忽略，同时会被环境的相关参数设置所代替。
- ◢ 储存发光图：启用该选项后，如果计算 GI 的方式使用的是发光贴图的方式，那么 VRay 将计算 VRay 灯光的光照效果，并将计算结果保存在发光贴图中，当然，这将使计算发光贴图的过程变慢，但是可节省渲染时间，因为可以保存贴图，稍后调用它。
- ◢ 影响漫反射：这个选项决定灯光是否影响物体材质属性的漫反射。
- ◢ 影响高光反射：这个选项决定灯光是否影响物体材质属性的高光。

- ⊿ 影响反射：勾选该选项时，灯光将对物体的反射区进行光照，物体可以将光源进行反射。
- ● 采样：该选项组主要包含以下 3 个选项。
- ⊿ 细分：设置灯光在光照时的样本数量，数值越大，得到的阴影效果就越平滑，但是会耗费更多的渲染时间。
- ⊿ 阴影偏移值：设置阴影与物体的偏移距离。
- ⊿ 中止：设置采样的最小阈值。
- ● 纹理：该选项组主要包含以下 4 个选项。
- ⊿ 使用纹理：控制是否用纹理贴图作为半球光源。
- ⊿ None：选择纹理贴图。
- ⊿ 分辨率：设置纹理贴图的分辨率，最高为 2048。
- ⊿ 自适应：设置数值后，系统会自动调节纹理贴图的分辨率。

下面通过实际应用来对 VRay 灯光的一些重要参数进行说明，首先创建如图 7-65 所示的灯光测试场景。

图 7-65

勾选与禁用"双面"选项的对比效果如图 7-66 所示。

图 7-66

勾选与禁用"不可见"选项的对比效果如图 7-67 所示。

图 7-67

勾选与禁用"忽略灯光法线"选项的对比效果如图 7-68 所示。

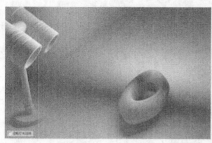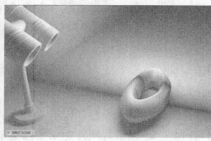

图 7-68

勾选与禁用"不衰减"选项的对比效果如图 7-69 所示，可以看到勾选后整个场景比较亮，但却不怎么真实。

图 7-69

对于"影响漫射"和"影响高光反射"选项，从图 7-70 中可以看到勾选不同选项的对比效果。

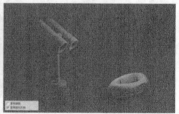

图 7-70

从图 7-71 中可以看出，"细分"值越大，模糊区域的阴影越光滑。

图 7-71

【提示】

其他选项大家可以自己做测试，通过测试就会更深刻理解它们的用途。测试是学习 VRay 最有效的方法，通过不断的测试，避免死记硬背，从原理层次去理解参数，这样才能真正掌握每个参数的含义，做出真实的效果图。

2.　"球体"灯光

"球体"灯光以光源为中心向四周发射光线，其效果类似于 3ds Max 的泛光灯，该光源常被用于模拟人造灯光，例如室内设计中的壁灯、台灯和吊灯光源等。如图 7-72 所示，这就是"平面"灯光的实际形态，中间的圆表示发光中心。

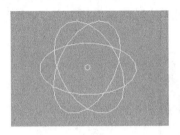

图 7-72

图 7-73

当选择"球体"灯光后，其参数面板如图 7-73 所示，与"平面"灯光的参数面板相比，"球体"灯光的控制参数仅仅是少了一部分，其余参数保持一致。

3.　"穹顶"灯光

"穹顶"灯光能够提供穹顶状的光源类型（也就是半球形），该光源更够均匀照射整个场景，光源位置和尺寸对照射效果几乎没有影响，其效果类似于 3ds Max 中的"天光"。该光源常被用来设置空间较为宽广的室内场景（如教堂、大厅等）或在室外场景中模拟环境光。如图 7-74 所示，这就是"穹顶"灯光的实际形态。

当选择"穹顶"灯光后，前面的一些基本参数依然保持不变，但属于"穹顶"灯光的专用参数被激活，如图 7-75 所示。

图 7-74

图 7-75

【参数详解】

⊿ 球形（完整穹顶）：当勾选后，穹顶灯会转成圆形的灯光，覆盖整个场景，默认没有勾选。

⊿ 目标半径：当使用"光子贴图"引擎计算时，这个选项定义光子从什么地方开始发射。

⊿ 发射半径：当使用"光子贴图"引擎计算时，这个选项定义光子从什么地方结束发射。

4."网格"灯光

使用"网格"灯光，可以将三维实体对象指定为光源，然后将其作为普通的光源进行编辑，这一特点特别适合于建筑行业，例如可以直接将灯的模型转化为光源，而不必另外创建光源，这样既准确又方便。如图 7-76 所示，这就是"网格"灯光的实际形态。

当选择"网格"灯光后，前面的一些基本参数依然保持不变，但属于"网格"灯光的专用参数被激活，如图 7-77 所示。

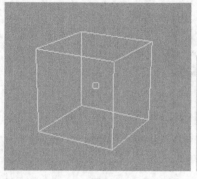 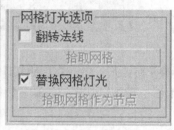

图 7-76   图 7-77

【参数详解】

⊿ 翻转法线：设置网格灯发散光线的方向。

⊿ 拾取网格：拾取需要转成灯光的网格物体。

⊿ 拾取网格作为节点：单击该按钮，可以提取之前的网格灯光，产生一个相同的网格物体。

7.3.2 VRay 太阳与 VRay 天空

VRay 太阳（VRaySun）主要用来模拟物理世界中的真实阳光效果，VRay 天空（VRaySky）主要用来模拟物理世界中的天光效果，VRay 太阳和 VRay 天空可以分别单独使用，也可以联动使用，它们的变化主要是随着 VRay 太阳的位置变化而变化。

VRay 太阳和 VRay 天空及其联动功能使得 3D 场景受光的光线位置和强度的影响而产生的效果更为准确，用户完全可以通过控制 VRay 太阳的位置及时段差异，来了解不同时区不同时间的光线对空间的影响，这对设计师设计空间照明具有很重要的参考意义。

下面通过一个简单的测试来说明 VRay 太阳可以根据不同位置表现出一天中不同的时间段。

首先在 VRay 灯光面板中单击 VR太阳 按钮，然后在场景中拖曳鼠标创建一盏"VR 太阳"，此时系统会弹出一个"VRay 太阳"对话框，该对话框提示用户是否自动添加一张 VRay 天空环境贴图，单击其中的 是⑦ 按钮即可，如图 7-78 所示。

图 7-78

接着按数字键 8 进入"环境和效果"对话框，可以发现系统采用了"VR 天空"作为环境贴图，并且此时的"VR 太阳"和"VR 天空"是相互关联的（也就是可以联动了），如图 7-79 所示。

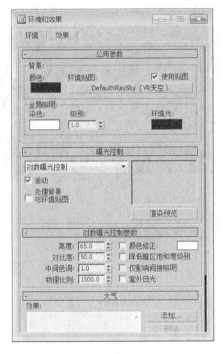

图 7-79

然后执行"创建/灯光/日光系统"菜单命令，将 VRay 太阳的地理环境定位在中国成都的位置，时间是 6 月 22 日的早晨 6 点 30 分（这时太阳和地平面的夹角大约是 15°），如图 7-80 所示是渲染的效果。

将时间调整到下午 3 点 30 分，这时候太阳和地平面的夹角大约为 45°，渲染效果如图 7-81 所示。

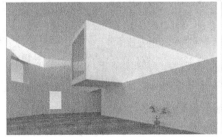

图 7-80

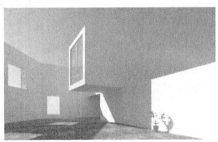

图 7-81

将时间调整为下午 6 点，这时候太阳和地平面的夹角大约为 30°，渲染效果如图 7-82 所示。

将时间调整到下午 7 点，这时候太阳刚好在地平面上，渲染效果如图 7-83 所示。

 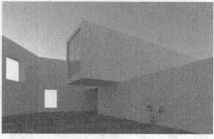

图 7-82   图 7-83

将时间调整到晚上 8 点 30 分，此时太阳已经位于地平面以下，渲染效果如图 7-84 所示。

图 7-84

【提示】

通过上面的测试，大家可以看出太阳的位置会影响天光的变化，从而能模拟物理世界中的阳光和天光效果。

1. VRay 太阳参数

VRay 太阳的参数比较简单，只有一个 "VRay 太阳参数" 卷展栏，如图 7-85 所示。

【参数详解】

- 启用：阳光开关。
- 不可见：开启该选项后，在渲染的图像中将不会出现太阳的形状。
- 影响漫反射：这个选项决定灯光是否影响物体材质属性的漫反射。
- 影响高光：这个选项决定灯光是否影响物体材质属性的高光。
- 投射大气阴影：开启该选项以后，可以投射大气的阴影，以得到更加真实的阳光效果。
- 浊度：这个参数控制空气的混浊度，它影响 VRay 太阳和 VRay 天空的颜色。比较小的值表示晴朗干净的空气，此时 VRay 太阳和 VRay 天空的颜色比较蓝；较大的值表示灰尘含量重的空气（如沙尘暴），

图 7-85

此时 VRay 太阳和 VRay 天空的颜色呈现为黄色甚至橘黄色，图 7-86、图 7-87、图 7-88 和图 7-89 所示分别是"浊度"值为 2、3、5、10 时的效果。

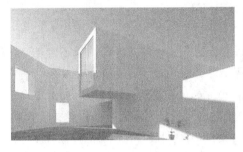

图 7-86

图 7-87

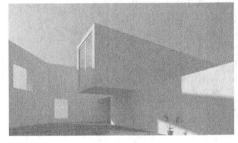

图 7-88

图 7-89

【提示】

当阳光穿过大气层时，一部分冷光被空气中的浮尘吸收，照射到大地上的光就会变暖。早晨的空气混浊度低，黄昏的空气混浊度高。

● 臭氧：这个参数是指空气中臭氧的含量，较小的值的阳光比较黄，较大的值的阳光比较蓝，图 7-90、图 7-91 和图 7-92 所示分别是"臭氧"值为 0、0.5 和 1 时的效果。

图 7-90

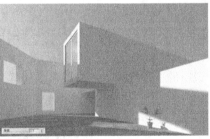

图 7-91

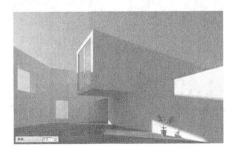

图 7-92

【提示】

冬天的臭氧含量高，夏天的臭氧含量低；平原的臭氧含量高，高原的臭氧含量低。

● 强度倍增：这个参数是指阳光的亮度，默认值为 1。

【提示】

"浊度"和"强度倍增"是相互影响的，因为当空气中的浮尘多的时候，阳光的强度就会降低。"尺寸倍增"和"阴影细分"也是相互影响的，这主要是因为影子虚边越大，所需的细分就越多，也就是说"尺寸倍增"值越大，"阴影细分"的值就要适当地增大，因为当影子为虚边阴影（面阴影）的时候，就会需要一定的细分值来增加阴影的采样，不然就会有很多杂点。

● 大小倍增：这个参数是指太阳的大小，它的作用主要表现在阴影的模糊程度上，较大的值可以使阳光阴影比较模糊，图 7-93 所示是"尺寸倍增"为 0 和 20 时的效果对比。

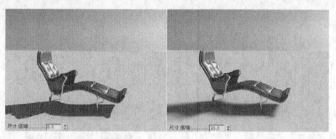

图 7-93

● 阴影细分：这个参数是指阴影的细分，较大的值可以使模糊区域的阴影产生比较光滑的效果，并且没有杂点。

● 阴影偏移：用来控制物体与阴影的偏移距离，较高的值会使阴影向灯光的方向偏移。

● 光子发射半径：这个参数和"光子贴图"计算引擎有关。

● 排除：将物体排除在阳光照射范围之外。

2. VRay 天空参数

VRay 天空是 VRay 灯光系统中的一个非常重要的照明系统，如图 7-94 所示，在"环境贴图"通道中加载了一张"VR 天空"环境贴图，这样就可以得到 VRay 天空，再使用鼠标左键将"VR 天空"环境贴图拖曳到一个空白的材质球上就可以调节 VRay 天空的相关参数。

VRay 天空的参数设置也比较简单，只有一个"VRay 天空参数"卷展栏，如图 7-95 所示。

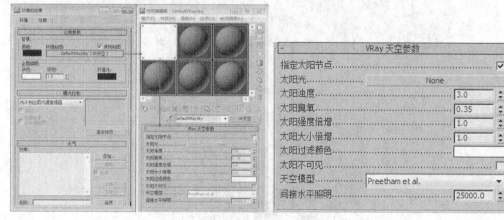

图 7-94   图 7-95

【参数详解】

- 指定太阳节点：当关闭该选项时，VRay 天空的参数将从场景中的 VRay 太阳的参数里自动匹配；当勾选该选项时，用户就可以从场景中选择不同的光源，在这种情况下，VRay 太阳将不再控制 VRay 天空的效果，VRay 天空将用它自身的参数来改变天光的效果。

- 太阳光：单击后面的 None 按钮可以选择太阳光源，这里除了可以选择 VRay 太阳之外，还可以选择其他的光源。

【提示】

　　"VRay 天空参数"卷展栏下的其余参数请参阅"VRay 太阳参数"卷展栏下相对应的参数介绍，例如"VRay 天空参数"中的"太阳浊度"选项与"VRay 太阳参数"卷展栏下的"浊度"选项的含义相同。

7.3.3　VRayIES

　　在制作建筑效果图时，常会使用一些特殊形状的光源，例如射灯、壁灯等，为了准确真实地表现这一类的光源，可以使用 IES 光源导入 IES 格式文件来实现。IES 格式文件包含准确的光域网信息。光域网是光源的灯光强度分布的 3D 表示，平行光分布信息以 IES 格式存储在光度学数据文件中。光度学 Web 分布使用光域网定义分布灯光。可以加载各个制造商所提供的光度学数据文件，将其作为 Web 参数。在视口中，灯光对象会更改为所选光度学 Web 的图形。VRayIES 的参数设置面板如图 7-96 所示。

【参数详解】

图 7-96

- 启用：激活选项，勾上此项该灯光才起作用。
- 目标：控制灯光是否在场景中出现目标调节点。
- 无：该按钮为光域网文件添加通道。
- X/Y/Z 轴旋转：旋转 x/y/z 轴。
- 中止：设置最小阈值。通过该值来控制灯光影响计算的范围，值越大，中止计算的范围也越大，渲染计算速度也可以加快，当值为 0 时，会计算灯光对所有物体表面的影响。
- 阴影偏移：用来控制物体与阴影偏移距离，较高的值会使阴影向灯光的方向偏移。
- 投影阴影：控制是否对物体光照产生阴影。
- 影响漫反射：设置灯光是否产生漫反射照明。
- 影响高光：设置灯光是否产生高光效果。
- 使用灯光图形：控制是否显示灯光的形状。
- 图形细分：数值越高灯光质量越好。
- 颜色模式：该项跟上面 VRayLight 的参数是一样的，这里就不再赘述。
- 色温：范围值为 0 ～ 30000，当"颜色模式"选择为"色温"时，才会起到作用，颜色也跟随色温数值改变。默认状态是不激活的。
- 功率：控制灯光的亮度。

- 区域高光：控制是否产生区域高光效果。
- 排除：VRayIES 的排除面板，含有照明、投射阴影和二者兼有 3 种模式。

7.3.4 VRay 环境灯光

"VRay 环境灯光"的参数设置面板如图 7-97 所示。

图 7-97

【参数详解】

- 启用：勾选该选项开启 VR 环境灯光。
- 模式：指受到 VR 环境灯光的影响，该下拉表中共包含以下 3 种模式。
- 直接光+全局照明：直接光与全局光影响。
- 直接光：直接光影响。
- 全局照明：全局光照明影响。
- GI 最小距离： 全局光最小距离，设置环境灯光的 GI 影响环境。
- 颜色：设置灯光的颜色。
- 强度：设置灯光的影响强度。
- 灯光贴图：勾选后，可以使用一张纹理贴图来照明。
- 灯光贴图倍增：设置灯光贴图的倍增值。
- 补偿曝光：该选项在 VR 环境灯光使用物理相机的时候有效果，当勾选的时候会确保环境灯光不会被物理相机的曝光设置影响。

课堂案例——制作烛光效果

学习目标：掌握制作烛光效果的方法。

知识要点：VRay 灯光的"球体"光的运用。

本案例中是一个烛光场景，主要使用 VRay 灯光模拟烛光，案例效果如图 7-98 所示。

图 7-98

【操作步骤】

（1）打开本书配套光盘中的"第 7 章/素材文件/课堂案例——制作烛光效果.max"文件，如图 7-99 所示。

（2）设置灯光类型为 VRay，然后在场景中创建 3 盏 VRay 灯光（球体），其位置如图 7-100 所示。

図 7-99　　　　　　　　　　　　　　　　図 7-100

（3）选择上一步创建的 VRay 灯光，然后进入"修改"面板，接着展开"参数"卷展栏，具体参数设置如图 7-101 所示。

① 在"常规"选项组下设置"类型"为"球体"。

② 在"强度"选项组下设置"倍增"为 70，然后设置颜色（红:252，绿:166，蓝:17）。

③ 在"选项"选项组下勾选"不可见"选项。

④ 在"采样"选项组下设置"细分"为 20。

（4）在场景中创建一盏 VRay 灯光，其位置如图 7-102 所示。

図 7-101　　　　　　　　　　　　　　　　図 7-102

（5）选择上一步创建的 VRay 灯光，然后进入"修改"面板，接着展开"参数"卷展栏，具体参数设置如图 7-103 所示。

① 在"常规"选项组下设置"类型"为"平面"。

② 在"强度"选项组下设置"倍增"为 1.5，然后设置"颜色"为白色。

③ 在"选项"选项组下勾选"不可见"选项。

④ 在"采样"选项组下设置"细分"为 16。

（6）按 F9 键渲染当前场景，最终效果如图 7-104 所示。

图 7-103

图 7-104

课堂练习——制作客厅正午阳光效果

本练习是一个日景客厅一角场景，主要练习使用 "VR 灯光" 和 "VR 太阳" 模拟正午阳光的效果，案例效果如图 7-105 所示，灯光布置如图 7-106 所示。

图 7-105

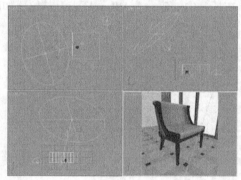

图 7-106

7.4 本章小结

本章简单阐述了 3ds Max 灯光的基本属性、照明原则及其分类，详细介绍了 3ds Max 内置的光度学灯光和标准灯光以及 VRay 灯光。不同的环境和场景需要用到不同的灯光，所以，应该先了解 3ds Max 的各种灯光所产生的视觉效果再进行适当的运用。本章要重点掌握目标灯光、目标聚光灯、VRay 灯光以及 VRay 太阳和 VRay 天空。

课后习题——制作壁灯效果

本习题是一个卧室场景，主要练习使用 "VR 灯光" 的 "球体" 光和 "平面" 光制作壁灯，案例效果如图 7-107 所示，灯光布置如图 7-108 所示。

图 7-107

图 7-108

课后习题——制作日景中式卧室光照

本习题是一个卧室场景，练习通过"目标灯光"、"目标聚光灯"、"VR 灯光"、"VR 太阳"及"VR 天空"的综合运用制作日景中式卧室光照，案例效果如图 7-109 所示，灯光布置如图 7-110 所示。

图 7-109

图 7-110

第 8 章

3ds Max/VRay 渲染输出

渲染输出是 3ds Max 工作流程的最后一步，也是呈现作品最终效果的关键一步。渲染是决定一张 3D 作品能否正确、直观、清晰地展现其魅力的重要因素之一，3ds Max 是一个全面性的三维软件，它的渲染模块能够清晰、完美地帮助制作人员完成作品的最终输出。渲染本身就是一门艺术，要想这门艺术表现好，就需要我们深入掌握 3ds Max 的各种渲染设置，以及相应的渲染器的用法。

课堂学习目标

1. 了解 VRay 的优势与应用。
2. 掌握 VRay 渲染设置的公用选项卡。
3. 掌握 VRay 渲染设置的 V-Ray 选项卡。
4. 掌握 VRay 渲染设置的间接照明选项卡。
5. 掌握 VRay 渲染设置的设置选项卡。
6. 熟悉 VRay 渲染设置的 Render Elements（渲染元素）选项卡。
7. 在实际项目中灵活设置渲染参数进行作品输出。

8.1 VRay 的优势与应用

使用 3ds Max 创作作品时，一般都遵循"建模→灯光→材质→渲染"这个最基本的步骤，渲染是最后一道工序（后期处理除外）。渲染的英文为 Render，翻译为"着色"，也就是对场景进行着色的过程，它是通过复杂的运算，将虚拟的三维场景投射到二维平面上，这个过程需要对渲染器参数进行设置，然后经过一定时间的运算并输出，如图 8-1 所示。

图 8-1

在 CG 领域，渲染器的种类非常多，发展也非常快，此起彼伏，令人眼花缭乱，而 VRay 无疑是里面的强者，也是本书重点介绍的渲染器。

VRay 渲染器的算法是基于 James T.Kajiya 在 1986 年发表的"渲染方程"论文而改进的，这个方程主要描述了灯光是怎样在一个场景中传播和反弹的。在 James T.Kajiya 的论文中也提到了用 Monte Carlo（蒙特卡罗）的计算方式来计算真实光影，这种计算方式仅仅是基于几何光学，近似于电磁学中的 Maxwell（麦克斯维）计算方式，它不能计算出衍射、干涉、偏振等现象。同时，这个渲染方程不是真正描述了物理世界中的光的活动，例如在这个渲染方程中，它假定光线无穷小、光速无穷大，这和物理世界中的真实光线是不一样的。但是，正是因为它基于几何光学，所以它的可控制性好，计算速度快。

VRay 渲染器是保加利亚的 Chaos Group 公司开发的全局光渲染器，Chaos Group 公司是一家以制作 3D 动画、电脑影像和软件为主的公司，有 50 多年的历史，其产品包括电脑动画、数字效果和电影胶片等，同时也提供电影视频切换，著名的火焰插件（Phoenix）和布料插件（SimCloth）就是它的产品。

VRay 渲染器是模拟真实光照的一个全局光渲染器，无论是静止画面还是动态画面，其真实性和可操作性都让用户为之惊讶。它具有对照明的仿真，以帮助绘图者完成犹如照片般的图像；它可以表现出高级的光线追踪，以表现出表面光线的散射效果、动作模糊化；除此之外，VRay 还能带给用户很多让人惊叹的功能，它极快的渲染速度和较高的渲染质量，吸引了全世界很多的用户，所以它是目前效果图制作领域中最为流行的渲染器。如图 8-2 所示，这就是用 VRay 渲染出来的设计作品。

安装好 VRay 渲染器之后，若想使用该渲染器来渲染场景，可以按 F10 键打开"渲染设置"对话框，然后在"公用"选项卡下展开"指定渲染器"卷展栏，接着单击"产品级"选项后面的"选择渲染器"按钮■，最后在弹出的"选择渲染器"对话框中选择 VRay 渲染器即可，如图 8-3 所示。

图 8-2   图 8-3

VRay 渲染器参数主要包括"公用"、"V-Ray"、"间接照明"、"设置"和"Render Elements"（渲染元素）5 大选项卡，如图 8-4 所示。其中的"公用"和"Render Elements"（渲染元素）选项卡对于其他渲染器也基本上是通用的，尤其是"公用"选项卡，它适用于所有的渲染器。

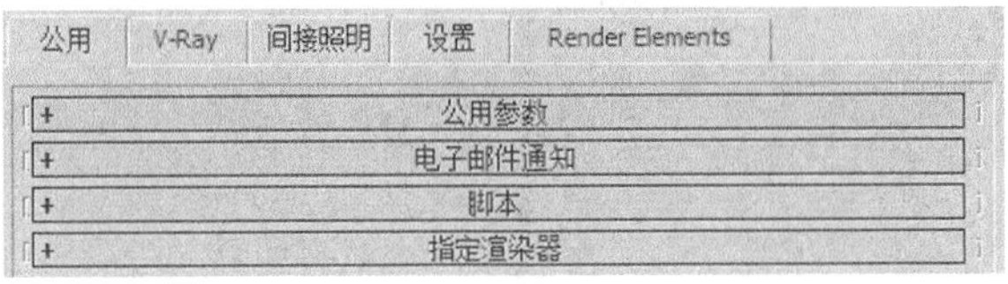

图 8-4

8.2 VRay 渲染参数面板

在介绍"渲染设置"对话框中各选项卡下的参数前，先简单介绍一下该对话框底部的几个参数的含义，如图 8-5 所示。

图 8-5

【参数详解】

● 预设：用于从预设渲染参数集中进行选择，加载或保存渲染参数设置，用户不仅可以调用 3ds Max 自身提供的多种预设方案，还可以使用自己的预设方案。

● 查看：在下拉菜单中选择要渲染的视图。这里只提供了当前屏幕中存在的视图类型，选择后会激活相应的视图。后面的"锁"图标工具用于锁定视图列表中的某个视图，当在别的视图中进行操作（改变当前激活视图）后，系统还会渲染被锁定的视图；如果禁用该锁定工具，则系统总是渲染当前激活的视图。

● 渲染：单击此按钮，系统将按照以上的参数设置开始渲染计算。

单击"渲染设置"对话框中的"渲染"按钮或"工具栏"中的"渲染帧窗口"按钮，3ds Max 会弹出自带的"渲染帧窗口"对话框，如图 8-6 所示。渲染帧窗口是一个用于显示渲染输出的窗口，在渲染输出阶段起着不可替代的作用，是用户在渲染过程中观察渲染进程或渲染效果的窗口。

图 8-6

【提示】

下面将对该对话框中的各工具进行详细介绍。

要渲染的区域：该下拉列表中提供了要渲染的区域选项，包括"视图"、"选定"、"区域"、"裁剪"和"放大"。

编辑区域：可以通过调整控制手柄来重新调整渲染图像的大小。

自动选定对象区域：激活该按钮后，系统会将"区域"、"裁剪"和"放大"自动设置为当前选择。

视口：显示当前渲染的是哪个视图。若渲染的是"透视图"，那么在这里就显示为"透视图"。

锁定到视口🔒：激活该按钮后，系统就只渲染视图列表中的视图。

渲染预设：可以从下拉列表中选择与预设渲染相关的选项。

渲染设置🖾：单击该按钮可以打开"渲染设置"对话框。

环境和效果对话框（曝光控制）◎：单击该按钮可以打开"环境和效果"对话框，在该对话框中可以调整曝光控制的类型。

产品级/迭代："产品级"是使用"渲染帧窗口"对话框、"渲染设置"对话框等所有当前设置进行渲染；"迭代"是忽略网络渲染、多帧渲染、文件输出、导出至 MI 文件以及电子邮件通知，同时使用扫描线渲染器进行渲染。

渲染：单击该按钮可以使用当前设置来渲染场景。

保存图像🖫：单击该按钮可以打开"保存图像"对话框，在该对话框可以保存多种格式的渲染图像。

复制图像🖺：单击该按钮可以将渲染图像复制到剪贴板上。

克隆渲染帧窗口🖵：单击该按钮可以克隆一个"渲染帧窗口"对话框。

打印图像🖶：将渲染图像发送到 Windows 定义的打印机中。

清除✕：清除"渲染帧窗口"对话框中的渲染图像。

启用红色/绿色/蓝色通道●●●：显示渲染图像的红/绿/蓝通道，图 8-7～图 8-9 所示分别是单独开启红色、绿色、蓝色通道的图像效果。

显示 Alpha 通道◑：显示图像的 Aplha 通道。

单色◑：单击该按钮可以将渲染图像以 8 位灰度的模式显示出来，如图 8-10 所示。

图 8-7   图 8-8   图 8-9   图 8-10

切换 UI 叠加🖿：激活该按钮后，如果"区域"、"裁剪"或"放大"区域中有一个选项处于活动状态，则会显示表示相应区域的帧。

切换 UI🖿：激活该按钮后，"渲染帧窗口"对话框中的所有工具与选项均可使用；关闭该按钮后，不会显示对话框顶部的渲染控件以及对话框下部单独面板上的 mental ray 控件，如图 8-11 所示。

图 8-11

下面具体介绍 VRay 渲染参数面板中 5 大选项卡的参数。

8.2.1 公用选项卡

"公用"选项卡，顾名思义，无论指定哪种渲染器，该选项卡都一直存在，且执行相同的功能。"公用"选项卡下共包含 4 个卷展栏，分别是"公用参数"、"电子邮件通知"、"脚本"和"指定渲染器"卷展栏，如图 8-12 所示。

图 8-12

1．"公用参数"卷展栏

"公用参数"卷展栏可以设置渲染的帧数、大小、效果选项和保存文件等参数，这些设置对于各种渲染器都是通用的，其参数面板如图 8-13 所示。

【参数详解】

- 时间输出：该选项组用于设置将要对哪些帧进行渲染，主要包含以下 6 个选项。
- ⌐ 单帧：只对当前帧进行渲染，得到静态图像。
- ⌐ 活动时间段：对当前活动的时间段进行渲染，当前时间段根据屏幕下方时间滑块来设置。
- ⌐ 范围：手动设置渲染的范围，这里还可以指定为负数。
- ⌐ 帧：特殊指定单帧或时间段进行渲染，单帧用"，"号隔开，时间段之间用"-"连接。例如 1,3,5-12 表示对第 1 帧、第 3 帧、第 5～12 帧进行渲染。对时间段输出时，还可以控制间隔渲染的帧数和起始计数的帧号。

图 8-13

- ⌐ 每 N 帧：设置间隔多少帧进行渲染，例如输入 3，表示每隔 3 帧渲染 1 帧，即渲染 1、4、7、10 帧等。对于较长时间的动画，可以使用这种方式来简略观察动作是否完整。
- ⌐ 文件起始编号：设置起始帧保存时文件的编号。对于逐帧保存的图像，它们会按照自身的帧号增加文件序号，例如第 2 帧为 File 0002，因为默认的"文件起始编号"为 0，所以所有的文件号都和当前帧的数字相同。如果更改这个序号，保存的文件序号名将和真正的帧号发生偏移，例如当"文件起始编号"为 5 时，原来的第 1 帧保存后，自动增加的文件名序号会由 File 0001 变为 File 0006。

【提示】

"文件起始编号"参数有一个比较重要的应用，就是通过设置它的数值，对动画片段进行渲染，而将片段的文件名用从 0 开始的名称进行输出，而且他们是负数。例如渲染从第 50～55

帧，原来保存的文件名会是 File 0050 ~ File 0055，如果设置"文件起始编号"为-50，那么输出
结果为 File 0000 ~ File 0005，设置范围为-99 999 ~ 99 999。

- 要渲染的区域：该选项组参数主要用于设置被渲染的区域。其下拉列表提供了 5 种不同的渲染类别，主要用于控制渲染图像的尺寸和内容，分别如下。
- 视图：对当前激活视图的全部内容进行渲染，是默认渲染类型，如图 8-14 所示。
- 选定对象：只对当前激活视图中选择的对象进行渲染，如图 8-15 所示。

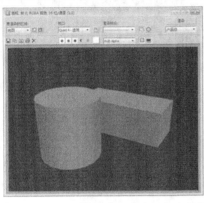 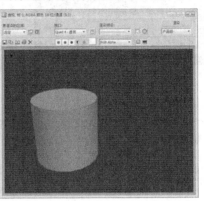

图 8-14   图 8-15

- 区域：只对当前激活视图中被指定的区域进行渲染。进行这种类型的渲染时，会在激活视图中出现一个虚线框，用来调节要渲染的区域，如图 8-16 所示，这种渲染仍保留渲染设置的图像尺寸。

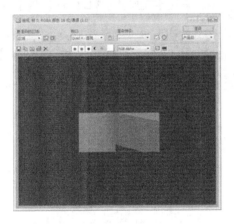

图 8-16

- 放大：选择一个区域放大到当前的渲染尺寸进行渲染，与"区域"渲染方式相同，不同的是渲染后的图像尺寸。"区域"渲染方式相当于在原效果图上切一块进行渲染，尺寸不发生任何变化；"放大"渲染是将切下的一块按当前渲染设置中的尺寸进行渲染，这种放大可以看作是视野上的变化，所以渲染图像的质量不会发生变化，如图 8-17 所示。

【提示】
采用"放大"方式进行渲染时，选择的区域在调节时会保持长宽比不变，符合渲染设置定义的长宽比例。

- 裁剪：只渲染被选择的区域，并按区域面积进行裁剪，产生与框选区域等比例的图像，如图 8-18 所示。

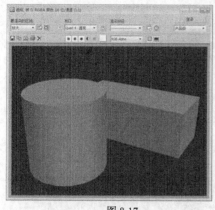
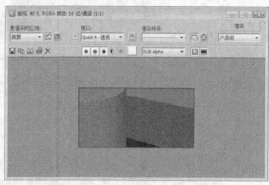

图 8-17   图 8-18

◢ **选择的自动区域**：勾选此项后，如果要渲染的区域设置为"区域"、"裁剪"和"放大"渲染方式，那么渲染的区域会自动定义为选中的对象。如果将要渲染的区域设置为"视图"或"选择对象"渲染方式，则勾选该项后将自动切换为"区域"模式。

● **输出大小**：该选项组用于确定渲染图像的尺寸大小，主要包含以下 6 个选项。

◢ **尺寸类型下拉列表** 自定义 ▾：在这里默认为"自定义"尺寸类型，可以自定义下面的参数来改变渲染尺寸。3ds Max 还提供其他的固定尺寸类型，以方便有特殊要求的用户。

◢ **宽度/高度**：分别设置图像的宽度和高度，单位为像素，可以直接输入数值或调节微调器，也可以从右侧的 4 种固定尺寸中选择。

◢ **固定尺寸** 320x240 720x486 640x480 800x600 ：直接定义尺寸。3ds Max 提供了 4 个固定尺寸按钮，它们也可以进行重新定义，在任意按钮上单击鼠标右键，弹出配置预设对话框，如图 8-19 所示。在该对话框中可以重新设置当前按钮的尺寸， 获取当前设置 按钮可以直接将当前已设定的长宽尺寸和比例读入，作为当前按钮的设置参考。

图 8-19

◢ **图像纵横比**：设置图像长度和宽度的比例，当长宽值指定后，它的值也会自动计算出来。图像纵横=长度/宽度。在自定义尺寸类型下，该参数可以进行调节，它的改变影响高度值的改变；如果按下它右侧的锁定按钮，则会固定图像的纵横比，这时对长度值的调节也会影响宽度值；对于已定义好的尺寸类型，图像纵横比被固化，不可调节。

◢ **像素纵横比**：为其他的显示设备设置像素的形状。有时渲染后的图像在其他显示设备上播放时，可能会发生挤压变形，这时可以通过调整像素纵横比值来修正它。如果选择了已定义好的其他尺寸类型，它将变为固定设置值。如果按下它右侧的锁定按钮，将会固定图像像素的纵横比。

◢ **光圈宽度（毫米）**：针对当前摄影机视图的摄影机设置，确定它渲染输出的光圈宽度，它的变化将改变摄影机的镜头值，同时也定义了镜头与视野参数之间的相对关系，但不会影响摄影机视图中的观看效果。如果选择了已定义的其他尺寸类型，它将变为固定设置。

【提示】

根据选择输出格式的不同，图像的纵横比和分辨率会随之产生变化。

- 选项：该选项组主要包含以下 9 个选项。
- 大气：是否对场景中的大气效果进行渲染处理，如雾、体积光。
- 效果：是否对场景设置的特殊效果进行渲染，如镜头效果。
- 置换：是否对场景中的置换贴图进行渲染计算。
- 视频颜色检查：检查图像中是否有像素的颜色超过了 NTSC 制或 PAL 制电视的阈值，如果有，则将对它们作标记或转化为允许的范围值。
- 渲染为场：当为电视创建动画时，设定渲染到电视的场扫描，而不是帧。如果将来要输出到电视，必须考虑是否要将此项开启，否则画面可能会出现抖动现象。
- 渲染隐藏几何体：如果将它打开，将会对场景中所有对象进行渲染，包括被隐藏的对象。
- 区域光源/阴影视作点光源：将所有的区域光源或阴影都当作是从点对象发出的，以此进行渲染，这样可以加快渲染速度。
- 强制双面：对对象内外表面都进行渲染，这样虽然会减慢渲染速度，但能够避免法线错误造成的不正确表面渲染，如果发现有法线异常的错误（镂空面、闪烁面），最简单的解决方法就是将这个选项打开。
- 超级黑：为视频压缩而对几何体渲染的黑色进行限制，一般情况下不要将它打开。
- 高级照明：该选项组主要包含以下两个选项。
- 使用高级照明：勾选此项，3ds Max 将会调用高级照明系统进行渲染。默认情况下是打开的，因为高级照明系统有启用开关，所以如果系统没有打开，即使这里打开了也没有作用，不会影响正常的渲染速度。这时若需要暂时在渲染时关闭高级照明，只要在这里取消勾选进行关闭即可，不要关闭高级照明系统的有效开关，因为这样不会改变已经调节好的高级照明参数。
- 需要时计算高级照明：勾选此项可以判断是否需要重复进行高级照明的光线分布计算。一般默认是关闭的，表示不进行判断，每帧都进行高级照明的光线分布计算，这样对于静帧无所谓，但对于动画来说就有些浪费，因为如果没有对象和灯光动画（例如仅仅是摄影机的拍摄动画），就不必去进行逐帧的光线分布计算，从而节约大量的渲染时间。但对有对象的相对位置发生了变化的场景，整个场景的光线分布也会随之变化，所以必须要逐帧进行光线分布计算。如果勾选了此项，系统会对场景进行自动判断，在没有对象相对位置发生变化的帧不进行光线分布的重复计算，而在有对象相对位置发生变化的帧进行光线重复计算，这样既保证了渲染效果的正确性，又提高了渲染速度。
- 渲染输出：该选项组主要包含以下 10 个选项。
- 保存文件：设置渲染后文件的保存方式，通过"文件"按钮设置要输出的文件名称和格式。一般包括两种文件类型，一种是静帧图像，另一种是动画文件，对于广播级录像带或电影的制作，一般都要求逐帧地输出静态图像，这时选择了文件格式后，输入文件名，系统会为其自动添加 0001、0002 等序列后缀名称。

- 文件：单击该按钮可以打开"渲染输出文件"面板，用于指定输出文件的名称、格式与保存路径等。
- 将图像文件列表放入输出路径：勾选此项可创建图像序列文件，并将其保存在与渲染相同的目录中。
- 立即创建：单击该按钮，用手动方式创建图像序列文件，首先必须为渲染自身选择一个输出文件。
- Autodesk ME 图像序列文件（.imsq）：选择该项之后，创建图像序列（IMSQ）文件。
- 原有 3ds max 图像文件列表（.ifl）：选择该项之后，生成由 3ds Max 旧版本创建的各种图像文件列表（IFL）文件。
- 使用设备：设置是否使用渲染输出的视频硬件设备。
- 设备：用于选择视频硬件输出设置，以便进行输出操作。
- 渲染帧窗口：设置是否在渲染帧窗口中输出渲染结果。
- 跳过现有图像：如果发现存在与渲染图像名称相同的文件，将保留原来的文件，不进行覆盖。

2. "电子邮件通知"卷展栏

该功能可以使渲染任务像网络渲染一样发送电子邮件通知，这类邮件在执行诸如动画渲染之类的大型渲染任务时非常有用，使用户不必将所有注意力都集中在渲染系统上，其参数面板如图 8-20 所示。

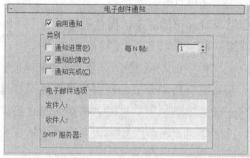

图 8-20

【参数详解】

- 启用通知：勾选此项，渲染器才会在出现情况时发送电子邮件通知，默认为关闭。
- 类别：该选项组主要包含以下 4 个选项。
- 通知进度：发送电子邮件以指示渲染进程。每当"每 N 帧"参数框中所指定的帧数渲染完毕时，就会发送一份电子邮件。
- 通知故障：只有在出现阻碍渲染完成的情况下才发送电子邮件通知，默认为开启。
- 通知完成：当渲染任务完成时发送电子邮件通知，默认为关闭。
- 每 N 帧：设置"通知进度"所间隔的帧数，默认为 1，通常都会将这个值设置得大一些。
- 电子邮件选项：该选项组主要包含以下 3 个选项。
- 发件人：输入开始渲染任务人的地址。
- 收件人：输入要了解渲染情况的人的地址。
- SMTP 服务器：输入作为邮件服务器系统的 IP 地址。

3. "脚本"卷展栏

"脚本"卷展栏的参数面板如图 8-21 所示。

图 8-21

【参数详解】

● 预渲染：该选项组主要包含以下 4 个选项。

⌐ 启用：勾选此项，启用预渲染脚本。

⌐ 立即执行：单击该按钮，立即运行预渲染脚本。

⌐ 文件：单击该按钮，设定要运行的预渲染脚本。单击右侧的 ✕ 按钮可以移除预渲染脚本。

⌐ 局部性地执行（被网络渲染所忽略）：勾选此项，则预渲染脚本只在本机运行，如果使用网络渲染，将忽略该脚本。

● 渲染后期：该选项组主要包含以下 3 个选项。

⌐ 启用：勾选此项，启用渲染后期脚本。

⌐ 立即执行：单击该按钮，立即运行渲染后期脚本。

⌐ 文件：单击该按钮，设定要运行的渲染后期脚本。单击右侧的 ✕ 按钮可以移除渲染后期脚本。

4. "指定渲染器"卷展栏

通过"指定渲染器"卷展栏可以方便地进行渲染器的更换，其参数面板如图 8-22 所示。

【参数详解】

● 产品级：当前使用的渲染器的名称将显示在其中，单击右侧的 按钮可以打开"选择渲染器"对话框，如图 8-23 所示。在该对话框中列出了当前可以指定的渲染器，但不包括当前使用的渲染器（如当前使用的 VRay 渲染器就不在其中）。在渲染器列表中选择一个要使用的渲染器，然后单击"确定"按钮，即可改变当前渲染器。

图 8-22

图 8-23

- 材质编辑器：用于渲染材质编辑器中样本窗的渲染器。当右侧的 ⬜ 按钮处于启用状态时，将锁定材质编辑器和产品级使用相同的渲染器。默认设置为启用。

- ActiveShade（动态着色）：用于动态着色窗口显示使用的渲染器。在 3ds Max 自带的渲染器中，只有默认扫描线渲染器可以用于动态着色视口渲染。

8.2.2　V–Ray 选项卡

　　VRay 选项卡下共包含 9 个卷展栏，分别是"授权"、"关于 V-Ray"、"帧缓冲区"、"全局开关"、"图像采样器（反锯齿）"、"环境"、"颜色贴图"、"摄影机"、"固定图像采样器"卷展栏，如图 8-24 所示。

图 8-24

【提示】

　　在上图中，"固定图像采样器"卷展栏是可变的，也就是说根据选择参数的不同，这个卷展栏的名称会有所变化，当然其中对应的参数也会跟着变化。

　　从图 8-25 中可以看出，最后一个卷展栏是由图像采样器的类型决定的，例如当"图像采样器（反锯齿）"卷展栏下图像采样器的类型设置为"自适应确定性蒙特卡洛"后，此卷展栏就变成"自适应 DMC 图像采样器"。

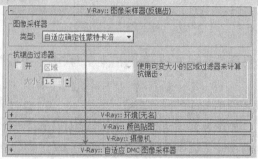

图 8-25

1."授权"卷展栏

　　在"授权"卷展栏中主要呈现了 VRay 的注册信息，注册文件一般都放置在"C:\Program Files\Common Files\ChaosGroup\VRFLClient.xml"路径下，如果以前安装过低版本的 VRay，而在安装 VRay Adv 1.50 SP2 的过程中出现了问题，那么可以把这个文件删除以后再安装，其参数面板如图 8-26 所示。

2."关于 V–Ray"卷展栏

　　在这个展卷栏中，用户可以看到关于 VRay 的当前渲染器的版本号、LOGO 等，如图 8-27 所示。

图 8-26   图 8-27

3. "帧缓冲区"卷展栏

"帧缓冲区"卷展栏中的参数用来设置 VRay 自身的图形帧渲染窗口, 这里可以设置渲染图像的大小, 或者保存渲染图像等, 如图 8-28 所示。

【参数详解】

● 启用内置帧缓存: 当选择这个选项的时候, 用户就可以使用 VRay 自身的渲染窗口。同时需要注意, 应该关闭 3ds Max 默认的"渲染帧窗口"选项, 这样可以节约一些内存资源, 如图 8-29 所示。

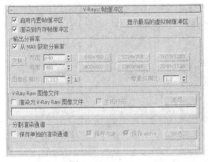 

图 8-28   图 8-29

● 显示上次帧缓存 VFB: 单击此按钮, 就可以看到上次渲染的图形。

● 渲染到内存帧缓存: 当勾选该选项时, 可以将图像渲染到内存中, 然后再由帧缓存窗口显示出来, 这样可以方便用户观察渲染的过程; 当关闭该选项时, 不会出现渲染框, 而直接保存到指定的硬盘文件夹中, 这样的好处是可以节约内存资源。

【提示】

在"帧缓存"卷展栏下勾选"启用内置帧缓存"选项后, 按 F9 键渲染场景, 3ds Max 会弹出"VRay 帧缓存"对话框, 如图 8-30 所示。

图 8-30

切换颜色显示模式 ●●●●● ■：分别为"切换到 RGB 通道"、"查看红色通道"、"查看绿色通道"、"查看蓝色通道"、"切换到 alpha 通道"和"灰度模式"。

保存图像 📄：将渲染好的图像保存到指定的路径中。

载入图像 📂：载入 VRay 图像文件。

清除图像 ✕：清除帧缓存中的图像。

复制到 3ds Max 的帧缓存 📋：单击该按钮可以将 VRay 帧缓存中的图像复制到 3ds Max 中的帧缓存中。

渲染时跟踪鼠标 ⊞：强制渲染鼠标所指定的区域，这样可以快速观察到指定的渲染区域。

区域渲染 ▣：使用该按钮可以在 VRay 帧缓存中拖出一个渲染区域，再次渲染时就只渲染这个区域内的物体。

渲染上次 ◔：执行上一次的渲染。

打开颜色校正控制 ▣：单击该按钮会弹出"颜色校正"对话框，在该对话框中可以校正渲染图像的颜色。

强制颜色钳制 ⧉：单击该按钮可以对渲染图像中超出显示范围的色彩不进行警告。

查看钳制颜色 ❓：单击该按钮可以查看钳制区域中的颜色。

打开像素信息对话框 ⓘ：单击该按钮会弹出一个与像素相关的信息通知对话框。

使用颜色对准校正 ▥：在"颜色校正"对话框中调整明度的阈值后，单击该按钮可以将最后调整的结果显示或不显示在渲染的图像中。

使用颜色曲线校正 ◪：在"颜色校正"对话框中调整好曲线的阈值后，单击该按钮可以将最后调整的结果显示或不显示在渲染的图像中。

使用曝光校正 ⚙：控制是否对曝光进行修正。

显示在 sRGB 色彩空间的颜色 ▨：SRGB 是国际通用的一种 RGB 颜色模式，还有 Adobe RGB 和 ColorMatch RGB 模式，这些 RGB 模式主要的区别就在于 Gamma 值的不同。

▣ % ☰ ☱ ☲ ◻ ◱ F：这里主要是控制水印的对齐方式、字体颜色和大小，以及显示 VRay 渲染的一些参数。

- 输出分辨率：该选项组主要包含以下 6 个选项。

◢ 从 Max 获取分辨率：当勾选该选项时，将从"公用"选项卡的"输出大小"参数组中获取渲染尺寸，如图 8-31 所示；当关闭该选项时，将从 VRay 渲染器的"输出分辨率"参数组中获取渲染尺寸，如图 8-32 所示。

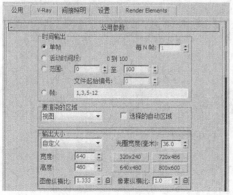

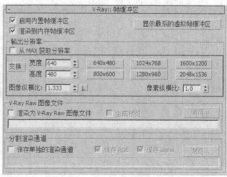

图 8-31　　　　　　　　　　　图 8-32

- 宽度：设置像素的宽度。
- 长度：设置像素的长度。
- 交换：交换"宽度"和"高度"的数值。
- 图像纵横比：设置图像的长宽比例，单击后面的"锁"按钮 <u>L</u> 可以锁定图像的长宽比。
- 像素纵横比：控制渲染图像的像素长宽比。
- V-Ray Raw 图像文件：该选项组主要包含以下两个选项。
- 渲染为 V-Ray Raw 图像文件：控制是否将渲染后的文件保存到所指定的路径中。勾选该选项后渲染的图像将以 raw 格式进行保存。
- 生成预览：当勾选此项后，可以得到一个比较小的预览框来预览渲染的过程，预览框中的图不能缩放，并且看到的渲染图的质量都不高，这是为了节约内存资源。

【提示】

在渲染较大的场景时，计算机会负担很大的渲染压力，而勾选"渲染为 VRay 原态格式图像"选项后（需要设置好渲染图像的保存路径），渲染图像会自动保存到设置的路径中。

- 分割渲染通道：该选项组主要包含以下 4 个选项。
- 保存单独的渲染通道：控制是否单独保存渲染通道。
- 保存 RGB：控制是否保存 RGB 色彩。
- 保存 Alpha：控制是否保存 Alpha 通道。
- 浏览 <u>浏览...</u>：单击该按钮可以保存 RGB 和 Alpha 文件。

4. "全局开关"卷展栏

"全局开关"展卷栏下的参数主要用来对场景中的灯光、材质、置换等进行全局设置，如是否使用默认灯光、是否开启阴影、是否开启模糊等，如图 8-33 所示。

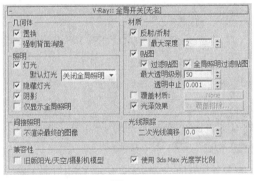

图 8-33

【参数详解】

- 几何体：该选项组主要包含以下两个选项。
- 置换：控制是否开启场景中的置换效果。在 VRay 的置换系统中，一共有两种置换方式，分别是材质置换方式和 VRay 置换修改器方式，如图 8-34 所示。当关闭该选项时，场景中的两种置换都不会起作用。

图 8-34

◢ 背面强制隐藏：执行 3ds Max 中的"自定义>首选项"菜单命令，在弹出的对话框中的"视口"选项卡下有一个"创建对象时背面消隐"选项，如图 8-35 所示。"背面强制隐藏"与"创建对象时背面消隐"选项相似，但"创建对象时背面消隐"只用于视图，对渲染没有影响，而"强制背面隐藏"是针对渲染而言的，勾选该选项后反法线的物体将不可见。

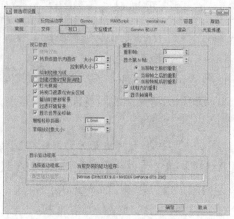

图 8-35

● 灯光：该选项组主要包含以下 5 个选项。

◢ 灯光：控制是否开启场景中的光照效果。当关闭该选项时，场景中放置的灯光将不起作用。

◢ 缺省灯光：控制场景是否使用 3ds Max 系统中的默认光照，一般情况下都不设置它。

◢ 隐藏灯光：控制场景是否让隐藏的灯光产生光照。这个选项对于调节场景中的光照非常方便。

◢ 阴影：控制场景是否产生阴影。

◢ 只显示全局照明：当勾选该选项时，场景渲染结果只显示全局照明的光照效果。虽然如此，渲染过程中也是计算了直接光照的。

● 间接照明：该选项组主要包含以下一个选项。

◢ 不渲染最终图像：控制是否渲染最终图像。如果勾选该选项，VRay 将在计算完光子以后，不再渲染最终图像，这对渲染小光子图非常方便。

● 材质：该选项组主要包含以下 9 个选项。

◢ 反射/折射：控制是否开启场景中的材质的反射和折射效果。

◢ 最大深度：控制整个场景中的反射、折射的最大深度，后面的输入框数值表示反射、折射的次数。

◢ 贴图：控制是否让场景中的物体的程序贴图和纹理贴图渲染出来。如果关闭该选项，那么渲染出来的图像就不会显示贴图，取而代之的是漫反射通道里的颜色。

◢ 过滤贴图：这个选项用来控制 VRay 渲染时是否使用贴图纹理过滤。如果勾选该选项，VRay 将用自身的"抗锯齿过滤器"来对贴图纹理进行过滤，如图 8-36 所示；如果关闭该选项，将以原始图像进行渲染。

图 8-36

- 全局照明过滤贴图：控制是否在全局照明中过滤贴图。

- 最大透明级别：控制透明材质被光线追踪的最大深度。值越高，被光线追踪的深度越深，效果越好，但渲染速度会变慢。

- 透明中止阈值：控制 VRay 渲染器对透明材质的追踪终止值。当光线透明度的累计比当前设定的阈值低时，将停止光线透明追踪。

- 替代材质：是否给场景赋予一个全局材质。当在后面的通道中设置了一个材质后，那么场景中所有的物体都将使用该材质进行渲染，这在测试阳光的方向时非常有用。

- 光泽效果：是否开启反射或折射模糊效果。当关闭该选项时，场景中带模糊的材质将不会渲染出反射或折射模糊效果。

- ● 光线跟踪：该选项组主要包含以下选项。

- 二次光线偏移：这个选项主要用来控制有重面的物体在渲染时不会产生黑斑。如果场景中有重面，在默认值 0 的情况下将会产生黑斑，一般通过设置一个比较小的值来纠正渲染错误，如 0.0001。但是如果这个值设置得比较大，如 10，那么场景中的间接照明将变得不正常。例如在图 8-37 中，地板上放了一个长方体，它的位置刚好和地板重合，当"二次光线偏移"数值为 0 的时候渲染结果不正确，出现黑块；当"二次光线偏移"数值为 0.001 的时候，渲染结果正常，没有黑斑，如图 8-38 所示。

图 8-37

图 8-38

5. "图像采样器（反锯齿）"卷展栏

抗锯齿在渲染设置中是一个必须调整的参数，其数值的大小决定了图像的渲染精度和渲染时间，但抗锯齿与全局照明精度的高低没有关系，只作用于场景物体的图像和物体的边缘精度，其参数设置面板如图 8-39 所示。

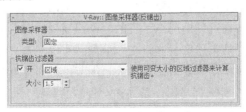

图 8-39

【参数详解】

● 图像采样器：在选项组"类型"下拉列表中可以选择"固定"、"自适应确定性蒙特卡洛"和"自适应细分"3 种图像采样器类型，具体如下。

◢ 固定：对每个像素使用一个固定的细分值。该采样方式适合拥有大量的模糊效果（如运动模糊、景深模糊、反射模糊和折射模糊等）或者具有高细节纹理贴图的场景。在这种情况下，使用"固定"方式能够兼顾渲染品质和渲染时间。其采样参数如图 8-40 所示，细分越高，采样品质越高，渲染时间越长。

图 8-40

◢ 自适应确定性蒙特卡洛：这是最常用的一种采样器，在下面的内容中还要单独介绍，其采样方式可以根据每个像素以及与它相邻像素的明暗差异来使不同像素使用不同的样本数量。在角落部分使用较高的样本数量，在平坦部分使用较低的样本数量。该采样方式适合拥有少量的模糊效果或者具有高细节的纹理贴图以及具有大量几何体面的场景，其参数面板如图 8-41 所示。

图 8-41

【提示】

下面来介绍图 8-41 所示的参数面板中各参数的含义。

最小细分：定义每个像素使用的最小细分，这个值最主要用在对角落地方的采样。值越大，角落地方的采样品质越高，图的边线抗锯齿也越好，同时渲染速度也越慢。

最大细分：定义每个像素使用的最大细分，这个值主要用在平坦部分的采样。值越大时，平坦部分的采样品质越高，渲染速度越慢。在渲染商业图的时候，可以把这个值设置得相对比较低，因为平坦部分需要的采样不多，从而节约渲染时间。

颜色阈值：色彩的最小判断值，当色彩的判断达到这个值以后，就停止对色彩的判断。具体一点就是分辨哪些是平坦区域，哪些是角落区域。这里的色彩应该理解为色彩的灰度。

使用 DMC 采样器阈值：如果勾选了该选项，"颜色阈值"参数将不起作用，取而代之的是采用 DMC 采样器里的阈值。

显示采样：勾选它以后，可以看到"自适应 DMC"的样本分布情况。

◢ 自适应细分：这个采样器具有负值采样的高级抗锯齿功能，适用于没有或者有少量模糊效果的场景中，在这种情况下，它的渲染速度最快，但是在具有大量细节和模糊效果的场景中，它的渲染速度会非常慢，渲染品质也不高，这是因为它需要去优化模糊和大量的细节，这样就需要对模糊和大量细节进行预计算，从而把渲染速度降低。同时该采样方式是 3 种采样类型中最占内存资源的一种，而"固定"采样器占的内存资源最少，其参数面板如图 8-42 所示。

图 8-42

【提示】

下面介绍一下图 8-150 所示的参数面板中各参数的含义。

最小采样比：定义每个像素使用的最少样本数量。数值 0 表示一个像素使用一个样本数量；-1 表示两个像素使用一个样本；-2 表示 4 个像素使用一个样本。值越小，渲染品质越低，渲染速度越快。

最大采样比：定义每个像素使用的最多样本数量。数值 0 表示一个像素使用一个样本数量；1 表示每个像素使用 4 个样本；2 表示每个像素使用 8 个样本数量。值越高，渲染品质越好，渲染速度越慢。

颜色阈值：色彩的最小判断值，当色彩的判断达到这个值以后，就停止对色彩的判断。具体一点就是分辨哪些是平坦区域，哪些是角落区域。这里的色彩应该理解为色彩的灰度。

对象轮廓：勾选它以后，可以对物体轮廓线使用更多的样本，从而让物体轮廓的品质更高，渲染速度减慢。

法线阈值：决定"自适应细分"在物体表面法线的采样程度。当达到这个值以后，就停止对物体表面进行判断。具体一点就是分辨哪些是交叉区域，哪些不是交叉区域。

随机采样：当勾选它以后，样本将随机分布。这个样本的准确度更高，且对渲染速度没有影响，建议勾选。

显示采样：勾选它以后，可以看到"自适应细分"的样本分布情况。

● 抗锯齿过滤器：该选项组主要包含以下两个选项。

☐ 开：当勾选"开"选项以后，可以从后面的下拉列表中选择一个抗锯齿过滤器来对场景进行抗锯齿处理；如果不勾选"开"选项，那么渲染时将使用纹理抗锯齿过滤器。抗锯齿过滤器的类型有以下 16 种。

（1）区域：用区域大小来计算抗锯齿，如图 8-43 所示。

（2）清晰四方形：来自 Neslon Max 算法的清晰 9 像素重组过滤器，如图 8-44 所示。

（3）Catmull-Rom：一种具有边缘增强功能的过滤器，可以产生较清晰的图像效果，如图 8-45 所示。

（4）图版匹配/MAX R2：使用 3ds Max R2 的方法（无贴图过滤）将摄影机和场景或"无光/投影"元素与未过滤的背景图像相匹配，如图 8-46 所示。

图 8-43　　　　　　图 8-44　　　　　　图 8-45　　　　　　图 8-46

（5）四方形：和"清晰四方形"相似，能产生一定的模糊效果，如图 8-47 所示。

（6）立方体：基于立方体的 25 像素过滤器，能产生一定的模糊效果，如图 8-48 所示。

（7）视频：适合于制作视频动画的一种抗锯齿过滤器，如图 8-49 所示。

（8）柔化：用于程度模糊效果的一种抗锯齿过滤器，如图 8-50 所示。

图 8-47   图 8-48   图 8-49   图 8-50

（9）Cook 变量：一种通用过滤器，较小的数值可以得到清晰的图像效果，如图 8-51 所示。

（10）混合：一种用混合值来确定图像清晰或模糊的抗锯齿过滤器，如图 8-52 所示。

（11）Blackman：一种没有边缘增强效果的抗锯齿过滤器，如图 8-53 所示。

（12）Mitchell-Netravali：一种常用的过滤器，能产生微量模糊的图像效果，如图 8-54 所示。

图 8-51   图 8-52   图 8-53   图 8-54

（13）VRayLanczos/VRaySinc 过滤器：VRay 新版本中的两个新抗锯齿过滤器，可以很好地平衡渲染速度和渲染质量，如图 8-55 所示。

图 8-55

（14）VRay 盒子过滤器/VRay 三角形过滤器：这也是 VRay 新版本中的抗锯齿过滤器，它们以"盒子"和"三角形"的方式进行抗锯齿。

    大小：设置过滤器的大小。

6. "环境"卷展栏

在"环境"卷展栏下可以设置天光的亮度、反射、折射和颜色等，其参数面板如图 8-56 所示。

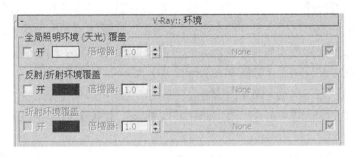

图 8-56

【参数详解】

● 全局照明环境（天光）覆盖：该选项组主要包含以下 4 个选项。

⊿ 开：控制是否开启 VRay 的天光。当使用这个选项以后，3ds Max 默认的天光效果将不起光照作用。

⊿ 颜色：设置天光的颜色。

⊿ 倍增器：设置天光亮度的倍增。值越高，天光的亮度越高。

⊿ None（无） `None` ：选择贴图来作为天光的光照。

● 反射/折射环境覆盖：该选项组主要包含以下 4 个选项。

⊿ 开：当勾选该选项后，当前场景中的反射环境将由它来控制。

⊿ 颜色：设置反射环境的颜色。

⊿ 倍增器：设置反射环境亮度的倍增。值越高，反射环境的亮度越高。

⊿ None（无） `None` ：选择贴图来作为反射环境。

● 折射环境覆盖：该选项组主要包含以下 4 个选项。

⊿ 开：当勾选该选项后，当前场景中的折射环境由它来控制。

⊿ 颜色：设置折射环境的颜色。

⊿ 倍增器：设置反射环境亮度的倍增。值越高，折射环境的亮度越高。

⊿ None（无） `None` ：选择贴图来作为折射环境。

7. "颜色贴图"卷展栏

"颜色贴图"卷展栏下的参数主要用来控制整个场景的颜色和曝光方式，如图 8-57 所示。

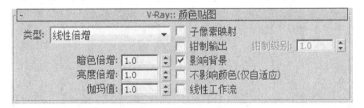

图 8-57

【参数详解】

● 类型：该选项组提供不同的曝光模式，包括"线性倍增"、"指数"、"HSV 指数"、"强度指数"、"伽马校正"、"强度伽马"和"莱因哈德"这 7 种模式。

　　　線性倍增：这种模式将基于最终色彩亮度来进行线性的倍增，可能会导致靠近光源的点过分明亮，如图 8-58 所示。"线性倍增"模式包括 3 个局部参数，"暗倍增"是对暗部的亮度进行控制，加大该值可以提高暗部的亮度；"亮倍增"是对亮部的亮度进行控制，加大该值可以提高亮部的亮度；"伽马值"主要用来控制图像的伽马值。

　　　指数：这种曝光是采用指数模式，它可以降低靠近光源处表面的曝光效果，同时场景颜色的饱和度会降低，如图 8-59 所示。"指数"模式的局部参数与"线性倍增"一样。

　　　HSV 指数：与"指数"曝光比较相似，不同点在于可以保持场景物体的颜色饱和度，但是这种方式会取消高光的计算，如图 8-60 所示。"HSV 指数"模式的局部参数与"线性倍增"一样。

　　　强度指数：这种方式是对上面两种指数曝光的结合，既抑制了光源附近的曝光效果，又保持了场景物体的颜色饱和度，如图 8-61 所示。"强度指数"模式的局部参数与"线性倍增"相同。

　　　图 8-58　　　　　　　　图 8-59　　　　　　　　图 8-60　　　　　　　　图 8-61

　　　伽马校正：采用伽马来修正场景中的灯光衰减和贴图色彩，其效果和"线性倍增"曝光模式类似，如图 8-62 所示。"伽马校正"模式包括"倍增"和"反转伽马"两个局部参数，"倍增"主要用来控制图像的整体亮度倍增；"反转伽马"是 VRay 内部转化的，例如输入 2.2 就是和显示器的伽马 2.2 相同。

　　　强度伽马：这种曝光模式不仅拥有"伽马校正"的优点，同时还可以修正场景灯光的亮度，如图 8-63 所示。

　　　莱因哈德：这种曝光方式可以把"线性倍增"和"指数"曝光混合起来，如图 8-64 所示。它包括一个"燃烧值"局部参数，主要用来控制"线性倍增"和"指数"曝光的混合值，0 表示"线性倍增"不参与混合，如图 8-65 所示；1 表示"指数"不参加混合；0.5 表示"线性倍增"和"指数"曝光效果各占一半，如图 8-66 所示。

　　　图 8-62　　　　　　　　图 8-63　　　　　　　　图 8-64　　　　　　　　图 8-65

图 8-66

- 子像素映射：在实际渲染时，物体的高光区与非高光区的界限处会有明显的黑边，而开启"子像素映射"选项后就可以缓解这种现象。
- 钳制输出：当勾选这个选项后，在渲染图中有些无法表现出来的色彩会通过限制来自动纠正。但是当使用 HDRI（高动态范围贴图）的时候，如果限制了色彩的输出则会出现一些问题。
- 影响背景：控制是否让曝光模式影响背景。当关闭该选项时，背景不受曝光模式的影响。
- 不影响颜色（仅自适应）：在使用 HDRI（高动态范围贴图）和"VRay 发光材质"时，若不开启该选项，"颜色贴图"卷展栏下的参数将对这些具有发光功能的材质或贴图产生影响。

8.　"摄像机"卷展栏

　　"摄像机"卷展栏是 VRay 系统里的一个摄影机特效功能，其参数面板如图 8-67 所示。

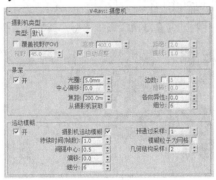

图 8-67

【参数详解】

- 摄影机类型：该选项组主要用于定义三维场景投射到平面的不同方式，主要包含以下 7 个选项。
- 类型：VRay 支持 7 种摄影机类型，分别是：默认、球型、圆柱（中点）、圆柱（正交）、盒、鱼眼、包裹球形（旧式）。

　　（1）默认：这个是标准摄影机类型，和 3ds Max 里默认的摄影机效果一样，把三维场景投射到一个平面上，如图 8-68 所示的渲染效果。

　　（2）球型：将三维场景投射到一个球面上，如图 8-69 所示的渲染效果。

图 8-68　　　　　　　　　　　　　　　　图 8-69

（3）圆柱（中点）：由标准摄影机和球型摄影机叠加而成的效果，在水平方向采用球型摄影机的计算方式，而在垂直方向上采用标准摄影机的计算方式，如图 8-70 所示的渲染效果。

（4）圆柱（正交）：这种摄影机也是混合模式，在水平方向采用球型摄影机的计算方式，而在垂直方向上采用视线平行排列，其渲染效果如图 8-71 所示。

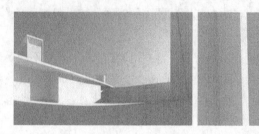

图 8-70　　　　　　　　　　　　　　　　图 8-71

（5）盒：这种方式是把场景按照 Box 方式展开，其渲染效果如图 8-72 所示。

（6）鱼眼：这种方式就是人们常说的环境球拍摄方式，其渲染效果如图 8-73 所示。

（7）包裹球形（旧式）：是一种非完全球面摄影机类型，其渲染效果如图 8-74 所示。

图 8-72　　　　　　　　　　图 8-73　　　　　　　　　　图 8-74

- ◢ 覆盖视野（FOV）：用来替代 3ds Max 默认摄影机的视角，3ds Max 默认摄影机的最大视角为 180°，而这里的视角最大可以设定为 360°。
- ◢ 视野：这个值可以替换 3ds Max 默认的视角值，最大值为 360°。
- ◢ 高度：当且仅当使用"圆柱（正交）"摄影机时，该选项可用。用于设定摄影机高度。
- ◢ 自动调整：当使用"鱼眼"和"变形球（旧式）"摄影机时，此选项可用。当勾选它时，系统会自动匹配歪曲直径到渲染图的宽度上。
- ◢ 距离：当使用"鱼眼"摄影机时，该选项可用。在不勾选"自适应"选项的情况下，"距离"控制摄影机到反射球之间的距离，值越大，表示摄影机到反射球之间的距离越大。
- ◢ 曲线：当使用"鱼眼"摄影机时，该选项可用。它控制渲染图形的扭曲程度，值越小扭曲程度越大。
- ● 景深：该选项组主要用来模拟摄影里的景深效果，主要包含以下 9 个选项。

- 开：控制是否打开景深。
- 光圈：光圈值越小景深越大，光圈值越大景深越小，模糊程度越高。
- 中心偏移：这个参数控制模糊效果的中心位置，值为 0 意味着以物体边缘均匀的向两边模糊，正值意味着模糊中心向物体内部偏移，负值则意味着模糊中心向物体外部偏移。
- 焦距：摄影机到焦点的距离。焦点处的物体最清晰。
- 从摄影机获取：当这个选项激活的时候，焦点由摄影机的目标点确定。
- 边数：这个选项用来模拟物理世界中的摄影机光圈的多边形形状。例如 5 就代表 5 边形。
- 旋转：光圈多边形形状的旋转。
- 各向异性：控制多边形形状的各向异性，值越大，形状越扁。
- 细分：用于控制景深效果的品质。

下面来看一下景深渲染效果的一些测试，如图 8-75 ~ 图 8-77 所示。

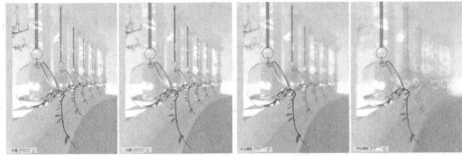

图 8-75   图 8-76

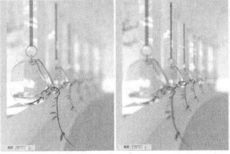

图 8-77

- 运动模糊：该选项组主要用来模拟真实摄影机拍摄运动物体所产生的模糊效果，它仅对运动的物体有效。其主要包含以下 9 个选项。
- 开：勾选此选项，可以打开运动模糊特效。
- 摄影机运动模糊：勾选此选项，可以打开相机运动模糊效果。
- 持续时间（帧数）：控制运动模糊每一帧的持续时间，值越大，模糊程度越强。
- 间隔中心：用来控制运动模糊的时间间隔中心，0 表示间隔中心位于运动方向的后面，0.5 表示间隔中心位于模糊的中心，1 表示间隔中心位于运动方向的前面。
- 偏移：用来控制运动模糊的偏移，0 表示不偏移，负值表示沿着运动方向的反方向偏移，正值表示沿着运动方向偏移。
- 细分：控制模糊的细分，较小的值容易产生杂点，较大的值模糊效果的品质较高。
- 预通过采样：控制在不同时间段上的模糊样本数量。
- 模糊粒子为网格：当勾选此参数以后，系统会把模糊粒子转换为网格物体来计算。

▄ 几何结构采样：这个值常用在制作物体的旋转动画上。如果取值为默认的 2 时，那么模糊的边将是一条直线，如果取值为 8 的时候，那么模糊的边将是一个 8 段细分的弧形，通常为了得到比较精确的效果，需要把这个值设定在 5 以上。

8.2.3 间接照明选项卡

"间接照明"选项卡下包含 4 个参数卷展栏，如图 8-78 所示。

图 8-78

【提示】

在上图中，第 2 个和第 3 个卷展栏是可变的，也就是说根据选择参数的不同，这两个卷展栏的名称会有所变化，当然其中对应的参数也会跟着变化。

如图 8-79 所示，从图中可以看出，第 2 个卷展栏与首次反弹的全局光引擎对应，第 3 个卷展栏与二次反弹的全局光引擎对应。

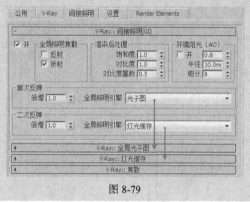

图 8-79

1. 了解间接照明的概念

在讲解间接照明（Global Illumination，GI）的参数以前，大家需要详细了解 GI 方面的知识，因为只有了解 GI，才能更好地把握渲染器的用法。GI 的含义就是在渲染过程中考虑了整个环境（3D 设计软件制作的场景）的总体光照效果和各种景物间光照的相互影响，在 VRay 渲染器里被理解为"间接照明"。

其实，光照按光的照射过程被分为两种，一种是直接光照（直接照射到物体上的光），另一种是间接照明（照射到物体上以后反弹出来的光），如图 8-80 所示的示意图，A 点处放置了一个光源，假定 A 处的光源只发出了一条光线，当 A 点光源发出的光线照射到 B 点时，B 点所受到的照射就是直接光照，而 B 点反弹出光线到 C 点然后再到 D 点的过程，沿途点所受到的照射就是间接照明。而更具体地说，B 点反弹出光线到 C 点这一过程被称为第 1 次反弹；C 点反弹出光线以后，经过很多点反弹，到 D 点光能耗尽的过程被称为第 2 次反弹。在没有 1 次反弹和 2 次反弹的情况下，就相当于和 3ds Max 默认扫描线渲染的效果一样。在用默认线扫描渲染的时候，经常需要补灯，其实补灯的目的就是模拟一次反弹和二次反弹的光照效果。

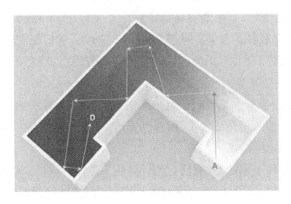

图 8-80

1984 年，康奈尔大学的 Cindy M. Goral 在 SIGGRAPH 发表了名为 Modeling the interaction of Light Between Diffuse Surfaces 的论文，其中论述了全局光照算法。这篇文章受到热辐射研究中使用有限元法来解决热能分布的启发，使用了相同的方式来计算光能在有限空间内的传播，这就是早期的全局光照算法。后来，由这种有限元法发展而来的各种全局照明算法，被统称为Radiosity 算法，中文翻译成光能传递算法、光辐射算法等。说句题外话，Radiosity 应当翻译成"辐射度"，这个词实际上是照明工程里使用的一个物理量，表示单位面积上单位时间内出射的光能，单位是瓦特/平方米，类似的物理量还包括"辐亮度（Radiance）"、"辐照度（Irradiance）"等，都是全局照明中常用的计量单位。Goral 最初提出的这个算法并不实用，由于有限元法的计算量巨大，只能计算一些极其简单的场景。

1988 年，M. Cohen 在 SIGGRAPH 上发表的论文 A Progressive Refinement Approach to Fast Radiosity Image Generation 中提出了一个非常实用的叠代算法，即现代的图形学教材上最常见的逐步求精辐射度算法，这是能够满足实际应用需求的最朴实的一种 Radiosity 算法。这个算法随后发展了一批商用渲染软件，例如 Lightscape，这个软件主要用来制作室内效果图，虽然速度很慢，却吸引了一大批用户。逐步求精辐射度算法并不是最理想的辐射度算法， 1992～1993 年，P. Hanrahan 和 S. J. Gortler 提出了 Wavelet Radiosity（小波辐射度算法），其速度远远超过之前的各种全局照明算法。尽管如此，由于对现有应用集成上的困难，小波辐射度算法在现代几乎没有任何商业应用价值。

自 1986 年开始，另一类全局照明算法——Monte-Carlo Method（蒙特卡罗法）开始发展起来。最初是由 J. T. Kajiya、D. Kirk 和 J. Arvo 的一些相关论文建立起来的，并用于改进已有的光线追踪算法。这个名字来源于数学中的蒙特卡罗积分，是通过对大量随机数采样求期望值的方法。由于使用随机数运算，类似于轮盘赌而得名。Monte-Carlo 法在 20 世纪 90 年代得到了长足的发展，各种新的算法层出不穷，与 Radiosity 一起，在研究领域兴极一时，现在的多数商用程序中的全局照明渲染，多是由 20 世纪 90 年代初的一些研究热点继承而来。

这样，全局照明的算法就基本上分为两大类：Radiosity 方法和 Monte-Carlo 方法。从数学的角度来看，这其实是对"光的传输方程"的两种不同的解法：前者通过有限元法（Finite Element Method）来求解，后者通过概率积分（Probability Integral）来求解。对于现有的商用全局照明渲染软件，我们很容易通过一些明显的特征来判断他们属于哪一类：有限元法意味着在渲染时场景会被分割成很多小的面，同时还会按照指定的精度去计算小面间两两交互的关系，这样的一定是 Radiosity 法；Monte-Carlo 则会产生大量随机的光线或者粒子，模拟光的传播，通常还会跟随一个 Final Gather 的过程（其实是在做概率积分），如 Mental Ray。

这两类全局照明的方法各有利弊。对于 Radiosity 来说，它需要在渲染时分割场景，这一点对于很多现有的三维软件而言非常不便；同时它的适用范围也不高，很难处理一些非漫射的物体表面；在存储上，也往往需要大量的内存来支持。对 Monte-Carlo 法来说，随机性是致命的缺陷，在生成的图像中往往含有大量低频杂点，无法拿来渲染动画。现在的流行算法一般不使用单纯的 Monte-Carlo 法，而是通过添加一些特定的处理（如选择合理的伪随机数，在 VRay 中表现为"自适应 DMC"来减少杂点。

VRay 内部包括了几种不同的 GI 算法：精确算法、近似算法、点射算法和会集算法。

（1）精确算法：在 VRay 中，"自适应 DMC"和"渐进路径跟踪（PPT）"属于这种算法。它的优点是渲染结果非常精确，不需要太多复杂的参数去控制渲染，占用的内存资源少；它的缺点是没有过多的优化参数，所以渲染时间很慢，并且最后的渲染图中会带着一些杂点。

（2）近似算法：在 VRay 中，"发光图"、"灯光缓存"和"光子图"属于这种算法。它的优点：可以对参数进行优化，这就意味着它的渲染速度比精确算法快，同时近似算法可以保存和调用光子图。它的缺点：渲染结果并不是十分精确，常常不能达到最理想的效果，并且常出现奇怪的问题（如漏光现象），另外它有太多渲染调节参数，所需要的内存资源也比较多。

（3）点射算法："光子图"同时也属于这种算法。它的优点是很容易模拟特别优秀的焦散效果。而缺点是不考虑摄像机的角度，场景中所有的物体都要去计算（包括摄像机看不到的物体），这就需要更多的渲染时间；光源区域附近计算精度比较高，而远离光源的区域计算精度常常不够；不支持物体光源和天光（Skylight）。

（4）会集算法："自适应 DMC"、"发光图"、"灯光缓存"同时也属于这种算法。它的优点是只计算摄像机可见部分的场景内容，所以它比"点射算法"更有效；可以得到比较均匀的计算精度；支持物体光源和天光。它的缺点是模拟焦散的能力比较差。

2．"间接照明"卷展栏

在 VRay 渲染器中，没有开启间接照明时的效果就是直接照明效果，开启后就可以得到间接照明效果。开启间接照明后，光线会在物体与物体间互相反弹，因此光线计算会更加准确，图像也更加真实，其参数设置面板如图 8-81 所示。

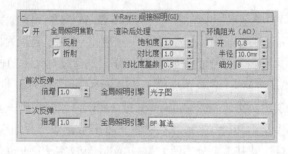

图 8-81

【参数详解】

● 　开：勾选该选项后，将开启间接照明效果。

● 　全局照明焦散：该选项组主要包含以下两个选项。

- 反射：控制是否开启反射焦散效果。
- 折射：控制是否开启折射焦散效果。

- ● 渲染后处理：该选项组主要包含以下3个选项。
- 饱和度：可以用来控制色溢，降低该数值可以降低色溢效果，图 8-82 所示是"饱和度"数值为 0 和 2 时的效果对比。

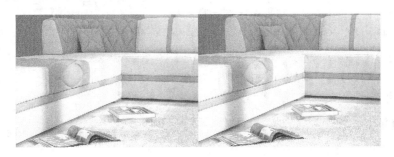

图 8-82

- 对比度：控制色彩的对比度。数值越高，色彩对比越强；数值越低，色彩对比越弱。
- 对比度基数：控制"饱和度"和"对比度"的基数。数值越高，"饱和度"和"对比度"效果越明显。
- ● 环境阻光：该选项组主要包含以下3个选项。
- 开：控制是否开启"环境阻光"功能。
- 半径：设置环境阻光的半径。
- 细分：设置环境阻光的细分值。数值越高，阻光越好，反之越差。
- ● 首次反弹：该选项组主要包含以下两个选项。
- 倍增：控制"首次反弹"的光的倍增值。值越高，"首次反弹"的光的能量越强，渲染场景越亮，默认情况下为1。
- 全局光照明引擎：设置"首次反弹"的 GI 引擎，包括"发光图"、"光子图"、"BF 算法"和"灯光缓存"4 种。
- ● 二次反弹：该选项组主要包含以下两个选项。
- 倍增：控制"二次反弹"的光的倍增值。值越高，"二次反弹"的光的能量越强，渲染场景越亮，最大值为 1，默认情况下也为 1。
- 全局光照明引擎：设置"二次反弹"的 GI 引擎，包括"无"（表示不使用引擎）、"光子图"、"BF 算法"和"灯光缓存"4 种。

3. "发光图"卷展栏

"发光图"描述了三维空间中的任意一点以及全部可能照射到这点的光线。在几何光学里，这个点可以是无数条不同的光线来照射，但是在渲染器当中，必须对这些不同的光线进行对比、取舍，这样才能优化渲染速度。那么 VRay 渲染器的"发光图"是怎样对光线进行优化的呢？当光线射到物体表面的时候，VRay 会从"发光图"里寻找与当前计算过的点类似的点（VRay 计

算过的点就会放在"发光图"里），然后根据内部参
数进行对比，满足内部参数的点就认为和计算过的点
相同，不满足内部参数的点就认为和计算过的点不相
同，同时就认为此点是个新点，那么就重新计算它，
并且把它也保持在"发光图"里。这就是大家在渲染
时看到的"发光图"在计算过程中运算几遍光子的现
象。正是因为这样，"发光图"会在物体的边界、交
叉、阴影区域计算得更精确（这些区域光的变化很大，
所以被计算的新点也很多）；而在平坦区域计算的精
度就比较低（平坦区域的光的变化并不大，所以被计
算的新点也相对比较少）。这是一种常用的全局光引
擎，只存在于"首次反弹"引擎中，其参数设置面板
如图 8-83 所示。

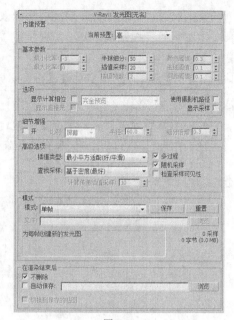

图 8-83

【参数详解】

● 内建预置：该选项组主要包含以下选项。

⌐ 当前预置：设置发光图的预设类型，共有以
下 8 种。

（1）自定义：选择该模式时，可以手动调节参数。

（2）非常低：这是一种非常低的精度模式，主要用于测试阶段。

（3）低：一种比较低的精度模式，不适合用于保存光子图。

（4）中：是一种中级品质的预设模式。

（5）中-动画：用于渲染动画效果，可以解决动画闪烁的问题。

（6）高：一种高精度模式，一般用在光子图中。

（7）高-动画：比中等品质效果更好的一种动画渲染预设模式。

（8）非常高：是预设模式中精度最高的一种，可以用来渲染高品质的效果图。

● 基本参数：该选项组主要包含以下 7 个选项。

⌐ 最小比率：控制场景中平坦区域的采样数量。0 表示计算区域的每个点都有样本；-1
表示计算区域的 1/2 是样本；-2 表示计算区域的 1/4 是样本，图 8-84 所示是"最小采
样比"为-2 和-5 时的对比效果。

图 8-84

⌐ 最大比率：控制场景中的物体边线、角落、阴影等细节的采样数量。0 表示计算区域的
每个点都有样本；-1 表示计算区域的 1/2 是样本；-2 表示计算区域的 1/4 是样本，图
8-85 所示是"最大采样比"为 0 和-1 时的效果对比。

图 8-85

⊿ 半球细分：因为 VRay 采用的是几何光学，所以它可以模拟光线的条数。这个参数就
是用来模拟光线的数量，值越高，表现的光线越多，那么样本精度也就越高，渲染的
品质也越好，同时渲染时间也会增加，图 8-86 所示是"半球细分"为 20 和 100 时的
效果对比。

图 8-86

⊿ 插值采样：这个参数是对样本进行模糊处理，较大的值可以得到比较模糊的效果，较小
的值可以得到比较锐利的效果，图 8-87 所示是"插值采样值"为 2 和 20 时的效果对比。

图 8-87

⊿ 颜色阈值：这个值主要是让渲染器分辨哪些是平坦区域，哪些不是平坦区域，它是按
照颜色的灰度来区分的。值越小，对灰度的敏感度越高，区分能力越强。

⊿ 法线阈值：这个值主要是让渲染器分辨哪些是交叉区域，哪些不是交叉区域，它是按
照法线的方向来区分的。值越小，对法线方向的敏感度越高，区分能力越强。

⊿ 间距阈值：这个值主要是让渲染器分辨哪些是弯曲表面区域，哪些不是弯曲表面区域，
它是按照表面距离和表面弧度的比较来区分的。值越高，表示弯曲表面的样本越多，
区分能力越强。

● 选项：该选项组主要包含以下 3 个选项。

⊿ 显示计算相位：勾选这个选项后，用户可以看到渲染帧里的 GI 预计算过程，同时会占
用一定的内存资源。

⊿ 显示直接光：在预计算的时候显示直接照明，以方便用户观察直接光照的位置。

⊿ 显示采样：显示采样的分布以及分布的密度，帮助用户分析 GI 的精度够不够。

- 细节增强：该选项组主要包含以下 4 个选项。
  - 开启：是否开启"细部增强"功能。
  - 比例：细分半径的单位依据，有"屏幕"和"世界"两个单位选项。"屏幕"是指用渲染图的最后尺寸来作为单位；"世界"是用 3ds Max 系统中的单位来定义的。
  - 半径：表示细节部分有多大区域使用"细节增强"功能。"半径"值越大，使用"细部增强"功能的区域也就越大，同时渲染时间也越慢。
  - 细分倍增：控制细部的细分，但是这个值和"发光图"里的"半球细分"有关系，0.3 代表细分是"半球细分"的 30%；1 代表和"半球细分"的值一样。值越低，细部就会产生杂点，渲染速度比较快；值越高，细部就可以避免产生杂点，同时渲染速度会变慢。
- 高级选项：该选项组主要包含以下 6 个选项。
  - 插值类型：VRay 提供了 4 种样本插补方式，为"发光图"的样本的相似点进行插补。

（1）权重平均值（好/强）：一种简单的插补方法，可以将插补采样以一种平均值的方法进行计算，能得到较好的光滑效果。

（2）最小平方适配（好/平滑）：默认的插补类型，可以对样本进行最适合的插补采样，能得到比"加权平均值（好/BF 算法）"更光滑的效果。

（3）Delone 三角剖分（好/精确）：最精确的插补算法，可以得到非常精确的效果，但是要有更多的"半球细分"才不会出现斑驳效果，且渲染时间较长。

（4）最小平方权重/泰森多边形权重（测试）：结合了"加权平均值（好/BF 算法）"和"最小方形适配（好/平滑）"两种类型的优点，但渲染时间较长。

  - 查找采样：它主要控制哪些位置的采样点是适合用来作为基础插补的采样点。VRay 内部提供了以下 4 种样本查找方式。

（1）平衡嵌块（好）：它将插补点的空间划分为 4 个区域，然后尽量在它们中寻找相等数量的样本，它的渲染效果比"临近采样（草图）"效果好，但是渲染速度比"临近采样（草图）"慢。

（2）最近（草稿）：这种方式是一种草图方式，它简单地使用"发光图"里的最靠近的插补点样本来渲染图形，渲染速度比较快。

（3）重叠（很好/快速）：这种查找方式需要对"发光图"进行预处理，然后对每个样本半径进行计算。低密度区域样本半径比较大，而高密度区域样本半径比较小。渲染速度比其他 3 种都快。

（4）基于密度（最好）：它基于总体密度来进行样本查找，不但物体边缘处理非常好，而且在物体表面也处理得十分均匀。它的效果比"重叠（非常好/快）"更好，其速度也是 4 种查找方式中最慢的一种。

  - 计算传递插值采样：用在计算"发光图"过程中，主要计算已经被查找后的插补样本的使用数量。较低的数值可以加速计算过程，但是会导致信息不足；较高的值计算速度会减慢，但是所利用的样本数量比较多，所以渲染质量也比较好。官方推荐使用 10~25 的数值。
  - 多过程：当勾选该选项时，VRay 会根据"最大采样比"和"最小采样比"进行多次计算。如果关闭该选项，那么就强制一次性计算完。一般根据多次计算以后的样本分布会均匀合理一些。
  - 随机采样：控制"发光图"的样本是否随机分配。如果勾选该选项，那么样本将随机分配，如图 8-88 所示；如果关闭该选项，那么样本将以网格方式来进行排列，如图 8-89 所示。

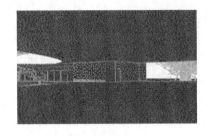

图 8-88　　　　　　　　　　　　　　图 8-89

⊿　检查采样可见性：在灯光通过比较薄的物体时，很有可能会产生漏光现象，勾选该选项可以解决这个问题，但是渲染时间就会长一些。通常在比较高的 GI 情况下，也不会漏光，所以一般情况下不勾选该选项。当出现漏光现象时，可以试着勾选该选项，图 8-90 所示为右边的薄片出现的漏光现象，图 8-91 所示为勾选了"检查采样可见性"以后的效果，从中可以观察到漏光现象消失。

图 8-90　　　　　　　　　　　　　图 8-91

⊿　模式：该选项组主要包含以下 5 个选项。

⊿　模式：一共有以下 8 种模式。

（1）单帧：一般用来渲染静帧图像。

（2）多帧增量：这个模式用于渲染仅有摄影机移动的动画。当 VRay 计算完第 1 帧的光子以后，在后面的帧里根据第 1 帧里没有的光子信息进行新计算，这样就节约了渲染时间。

（3）从文件：当渲染完光子以后，可以将其保存起来，这个选项就是调用保存的光子图进行动画计算（静帧同样也可以这样）。

（4）添加到当前贴图：当渲染完一个角度的时候，可以把摄影机转一个角度再全新计算新角度的光子，最后把这两次的光子叠加起来，这样的光子信息更丰富、更准确，同时也可以进行多次叠加。

（5）增量添加到当前贴图：这个模式和"添加到当前贴图"相似，只不过它不是全新计算新角度的光子，而是只对没有计算过的区域进行新的计算。

（6）块模式：把整个图分成块来计算，渲染完一个块再进行下一个块的计算，但是在低 GI 的情况下，渲染出来的块会出现错位的情况。它主要用于网络渲染，速度比其他方式快。

（7）动画（预通过）：适合动画预览，使用这种模式要预先保存好光子图。

（8）动画（渲染）：适合最终动画渲染，这种模式要预先保存好光子图。

⊿　保存：将光子图保存到硬盘。

⊿　重置：将光子图从内存中清除。

⊿　文件：设置光子图所保存的路径。

⊿ 浏览：从硬盘中调用需要的光子图进行渲染。

● 在渲染结束后：该选项组主要包含以下 3 个选项。

⊿ 不删除：当光子渲染完以后，不把光子从内存中删掉。

⊿ 自动保存：当光子渲染完以后，自动保存在硬盘中，单击"浏览"按钮就可以选择保存位置。

⊿ 切换到保存的贴图：当勾选了"自动保存"选项后，在渲染结束时会自动进入"从文件"模式并调用光子图。

4."灯光缓存"卷展栏

　　"灯光缓存"与"发光图"比较相似，都是将最后的光发散到摄影机后得到最终图像，只是"灯光缓存"与"发光图"的光线路径是相反的，"发光图"的光线追踪方向是从光源发射到场景的模型中，最后再反弹到摄影机，而"灯光缓存"是从摄影机开始追踪光线到光源，摄影机追踪光线的数量就是"灯光缓存"的最后精度。由于"灯光缓存"是从摄影机方向开始追踪的光线的，所以最后的渲染时间与渲染的图像的像素没有关系，只与其中的参数有关，一般适用于"二次反弹"，其参数设置面板如图 8-92 所示。

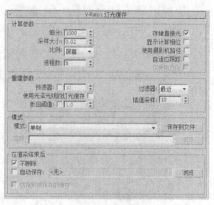

图 8-92

【参数详解】

● 计算参数：该选项组主要包含以下 8 个选项。

⊿ 细分：用来决定"灯光缓存"的样本数量。值越高，样本总量越多，渲染效果越好，渲染时间越慢，图 8-93 所示是"细分"值为 200 和 800 时的渲染效果对比。

图 8-93

⊿ 采样大小：用来控制"灯光缓存"的样本大小，比较小的样本可以得到更多的细节，但是同时也需要更多的样本，图 8-94 所示是"采样大小"为 0.04 和 0.01 时的渲染效果对比。

图 8-94

⊿ 比例：主要用来确定样本的大小依靠什么单位，这里提供了两种单位。一般在效果图中使用"屏幕"选项，在动画中使用"世界"选项。

⊿ 进程数：这个参数由 CPU 的个数来确定，如果是单 CUP 单核单线程，那么就可以设定为 1；如果是双核，就可以设定为 2。注意，这个值设定得太大会让渲染的图像有点模糊。

⊿ 存储直接光：勾选该选项以后，"灯光缓存"将保存直接光照信息。当场景中有很多灯光时，使用这个选项会提高渲染速度。因为它已经把直接光照信息保存到"灯光缓存"里了，在渲染出图的时候，不需要对直接光照再进行采样计算。

⊿ 显示计算相位：勾选该选项以后，可以显示"灯光缓存"的计算过程，方便观察。

⊿ 自适应跟踪：这个选项的作用在于记录场景中的灯光位置，并在光的位置上采用更多的样本，同时模糊特效也会处理得更快，但是会占用更多的内存资源。

⊿ 仅使用方向：当勾选"自适应跟踪"选项以后，该选项才被激活。它的作用在于只记录直接光照的信息，而不考虑间接照明，可以加快渲染速度。

● 重建参数：该选项组主要包含以下 4 个选项。

⊿ 预滤器：当勾选该选项以后，可以对"灯光缓存"样本进行提前过滤，它主要是查找样本边界，然后对其进行模糊处理。后面的值越高，对样本进行模糊处理的程度越深，图 8-95 所示是"预先过滤"为 10 和 50 时的对比渲染效果。

图 8-95

⊿ 使用光泽光线的灯光缓存：是否使用平滑的灯光缓存，开启该功能后会使渲染效果更加平滑，但会影响到细节效果。

⊿ 过滤器：该选项是否在渲染最后成图时，对样本进行过滤，其下拉列表中共有以下 3 个选项。

（1）无：对样本不进行过滤。

（2）邻近：当使用这个过滤方式时，过滤器会对样本的边界进行查找，然后对色彩进行均化处理，从而得到一个模糊效果。当选择该选项以后，下面会出现一个"插补采样"参数，其值越高，模糊程度越深，图 8-96 所示是"过滤器"都为"邻近"，而"插补采样"为 10 和 50 时的对比渲染效果。

图 8-96

（3）固定：这个方式和"邻近"方式的不同点在于，它采用距离的判断来对样本进行模糊处理。同时它也附带一个"过滤大小"参数，其值越大，表示模糊的半径越大，图像的模糊程度越深，图 8-97 所示是"过滤器"方式都为"固定"，而"过滤大小"为 0.02 和 0.06 时的对比渲染效果。

图 8-97

⌐ 折回阈值：勾选该选项以后，会提高对场景中反射和折射模糊效果的渲染速度。

● 模式：该选项组主要包含以下 3 个选项。

⌐ 模式：设置光"灯光缓存"卷展栏，共有以下 4 种。

（1）单帧：一般用来渲染静帧图像。

（2）穿行：这个模式用在动画方面，它把第 1 帧到最后 1 帧的所有样本都融合在一起。

（3）从文件：使用这种模式，VRay 要导入一个预先渲染好的光子图，该功能只渲染光影追踪。

（4）渐进路径跟踪：这个模式就是常说的 PPT，它是一种新的计算方式，和"自适应 DMC"一样是一个精确的计算方式。不同的是，它不停地去计算样本，不对任何样本进行优化，直到样本计算完毕为止。

⌐ 保存到文件：将保存在内存中的光子图再次进行保存。

⌐ 浏览：从硬盘中浏览保存好的光子图。

● 在渲染结束后：该选项组主要包含以下 3 个选项。

⌐ 不删除：当光子渲染完以后，不把光子从内存中删掉。

⌐ 自动保存：当光子渲染完以后，自动保存在硬盘中，单击"浏览"按钮可以选择保存位置。

⌐ 切换到被保存的缓存：当勾选"自动保存"选项以后，这个选项才被激活。当勾选该选项以后，系统会自动使用最新渲染的光子图来进行大图渲染。

5. "BF 强算全局光"卷展栏

当选择了"BF 算法"全局光引擎后，就会出现"BF 强算全局光"卷展栏，如图 8-98 所示。"BF 算法"方式是由蒙特卡罗积分方式演变过来的，它和蒙特卡罗不同的是多了细分和反弹控制，并且内部计算方式采用了一些优化方式。虽然这样，但是它的计算精度还是相当精确的，同时渲染速度也很慢，在"细分"较小时，会有杂点产生。

图 8-98

【参数详解】

● 细分：定义"BF 算法"的样本数量，值越大效果越好，速度越慢；值越小，产生的杂点会更多，速度相对快些。图 8-99 左图所示是"细分"为 3 的效果，右图所示是"细分"为 10 的效果。

图 8-99

● 二次反弹：当二次反弹也选择"BF 算法"后，这个选项被激活，它控制二次反弹的次数，值越小，二次反弹越不充分，场景越暗。通常在值达到 8 以后，更高值的渲染效果区别不是很大，同时值越高渲染速度越慢。图 8-100 左图所示是"细分"为 8、"二次反弹"次数为 1 的效果；右图所示是"细分"为 8、"二次反弹"次数为 8 的效果。

图 8-100

6. "全局光子图"卷展栏

当选择了"光子图"全局光引擎后，就会出现"全局光子图"卷展栏，如图 8-101 所示。"光子图"是基于场景中的灯光密度来进行渲染的，与"发光图"相比，它没有自适应性，同时它更需要依据灯光的具体属性来控制对场景的照明，这就对灯光有了选择性，它仅支持 3ds Max 里的"目标平行光"和"VRay 灯光"。

"光子图"和"灯光缓存"相比，它的使用范围小，而且功能上也没"灯光缓存"强大，所以这里仅简单介绍一下它的部分重要参数。

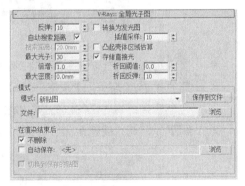

图 8-101

【参数详解】

● 反弹：控制光线的反弹次数，较小的值场景比较暗，这是由于反弹光线不充分造成的。默认的值"10"就可以达到理想的效果。

● 自动搜索距离：VRay 根据场景的光照信息自动估计一个光子的搜索距离，方便用户的使用。

● 搜索距离：当不勾选"自动搜索距离"选项时，此参数激活，它主要让用户手动输入数字来控制光子的搜索距离。较大的值会增加渲染时间，较小的值会让图像产生杂点。

● 最大光子：控制场景里着色点周围参与计算的光子数量。值越大效果越好，同时渲染时间越长。

● 倍增：控制光子的亮度，值越大，场景越亮，值越小，场景越暗。

● 最大密度：它表示在多大的范围内使用一个光子图。0 表示不使用这个参数来决定光子图的使用数量，而使用系统内定的使用数量。值越高，渲染效果越差。

- 转换为发光图：它可以让渲染的效果更平滑。
- 插值采样：这个值是控制样本的模糊程度，值越大渲染效果越模糊。
- 凸起壳体区域估算：当勾选此选项时，VRay 会强制去除光子图产生的黑斑。同时渲染时间也会增加。
- 存储直接光：把直接光照信息保存到光子图中，提高渲染速度。
- 折回阈值：控制光子来回反弹的阈值，较小的值，渲染品质高，渲染速度慢。
- 折回反弹：用来设置光子来回反弹的次数，较大的值，渲染品质高，渲染速度慢。

7. "焦散"卷展栏

"焦散"是一种特殊的物理现象，在 VRay 渲染器里有专门的焦散功能，其参数面板如图 8-102 所示。

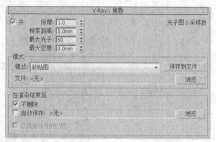

图 8-102

【参数详解】

- 开：勾选该选项后，就可以渲染焦散效果。
- 倍增：焦散的亮度倍增。值越高，焦散效果越亮，图 8-103 所示分别是"倍增器"为 4 和 12 时的对比渲染效果。

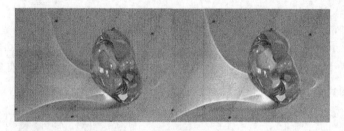

图 8-103

- 搜索距离：当光子追踪撞击在物体表面的时候，会自动搜寻位于周围区域同一平面的其他光子，实际上这个搜寻区域是一个以撞击光子为中心的圆形区域，其半径就是由这个搜寻距离确定的。较小的值容易产生斑点；较大的值会产生模糊焦散效果，图 8-104 所示分别是"搜索距离"为 0.1mm 和 2mm 时的对比渲染效果。

图 8-104

- 最大光子：定义单位区域内的最大光子数量，然后根据单位区域内的光子数量来均分照明。较小的值不容易得到焦散效果；而较大的值会使焦散效果产生模糊现象，图 8-105 所示分别是"最大光子数"为 1 和 200 时的对比渲染效果。

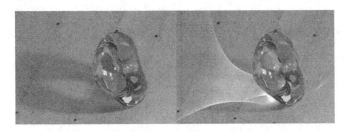

图 8-105

● 最大密度：控制光子的最大密度，默认值 0 表示使用 VRay 内部确定的密度，较小的值会让焦散效果比较锐利，图 8-106 所示分别是"最大密度"为 0.01mm 和 5mm 时的对比渲染效果。

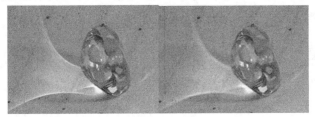

图 8-106

8.2.4　设置选项卡

"设置"选项卡下包含 3 个卷展栏，分别是"DMC 采样器"、"默认置换"和"系统"卷展栏，如图 8-107 所示。

图 8-107

1. "DMC 采样器"卷展栏

"DMC 采样器"是 VRay 渲染器的核心部分，一般用于确定获取什么样的样本，最终哪些样本被光线追踪。它控制场景中的反射模糊、折射模糊、面光源、抗锯齿、次表面散射、景深、动态模糊等效果的计算程度。

与那些任意一个"模糊"评估使用分散的方法来采样不同的是，VRay 根据一个特定的值，使用一种独特的统一的标准框架来确定有多少以及多么精确的样本被获取，那个标准框架就是大名鼎鼎的"DMC 采样器"。那么在渲染中实际的样本数量是由什么决定的呢？其条件有 3 个，分别如下。

第 1 个：由用户在 VRay 参数面板里指定的细分值。

第 2 个：取决于评估效果的最终图像采样，例如，暗的平滑的反射需要的样本数就比明亮的要少，原因在于最终的效果中反射效果相对较弱；远处的面积灯需要的样本数量比近处的要少。这种基于实际使用的样本数量来评估最终效果的技术被称为"重要性抽样"。

第 3 个：从一个特定的值获取的样本的差异。如果那些样本彼此之间比较相似，那么可以使用较少的样本来评估，如果是完全不同的，为了得到好的效果，就必须使用较多的样本来计算。在每一次新的采样后，VRay 会对每一个样本进行计算，然后决定是否继续采样。如果系统认为已经达到了用户设定的效果，会自动停止采样，这种技术被称为"早期性终止"。

现在来看看"DMC 采样器"的参数面板，如图 8-108 所示。

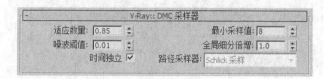

图 8-108

【参数详解】

● 适应数量：主要用来控制自适应的百分比。

● 噪波阈值：控制渲染中所有产生噪点的极限值，包括灯光细分、抗锯齿等。数值越小，渲染品质越高，渲染速度就越慢。

● 时间独立：控制是否在渲染动画时对每一帧都使用相同的"DMC 采样器"参数设置。

● 最少采样值：设置样本及样本插补中使用的最少样本数量。数值越小，渲染品质越低，速度就越快。

● 全局细分倍增：VRay 渲染器有很多"细分"选项，该选项是用来控制所有细分的百分比。

● 路径采样器：设置样本路径的选择方式，每种方式都会影响渲染速度和品质，在一般情况下选择默认方式即可。

2. "默认置换"卷展栏

"默认置换"卷展栏下的参数是用灰度贴图来实现物体表面的凸凹效果，它对材质中的置换起作用，而不作用于物体表面，其参数设置面板如图 8-109 所示。

图 8-109

【参数详解】

● 覆盖 Max 的设置：控制是否用"默认置换"卷展栏下的参数来替代 3ds Max 中的置换参数。

● 边长度：设置 3D 置换中产生最小的三角面长度。数值越小，精度越高，渲染速度越慢。

● 依赖于视口：控制是否将渲染图像中的像素长度设置为"边长度"的单位。若不开启该选项，系统将以 3ds Max 中的单位为准。

● 最大细分：设置物体表面置换后可产生的最大细分值。

● 数量：设置置换的强度总量。数值越大，置换效果越明显。

● 相对于边界框：控制是否在置换时关联（缝合）边界。若不开启该选项，在物体的转角处可能会产生裂面现象。

● 紧密边界：控制是否对置换进行预先计算。

3. "系统"卷展栏

"系统"卷展栏下的参数不仅对渲染速度有影响，而且还会影响渲染的显示和提示功能，同时还可以完成联机渲染，其参数设置面板如图 8-110 所示。

【参数详解】

● 光线计算参数：该选项组主要包含以下 5 个选项。

⌐ 最大树形深度：控制根节点的最大分支数量。较高的值会加快渲染速度，同时会占用较多的内存。

图 8-110

⌐ 最小叶片尺寸：控制叶节点的最小尺寸，当达到叶节点尺寸以后，系统停止计算场景。0 表示考虑计算所有的叶节点，这个参数对速度的影响不大。

⌐ 面/级别系数：控制一个节点中的最大三角面数量，当未超过临近点时计算速度较快；当超过临近点以后，渲染速度会减慢。所以，这个值要根据不同的场景来设定，进而提高渲染速度。

⌐ 动态内存限制：控制动态内存的总量。注意，这里的动态内存被分配给每个线程，如果是双线程，那么每个线程各占一半的动态内存。如果这个值较小，那么系统经常在内存中加载并释放一些信息，这样就减慢了渲染速度。用户应该根据自己的内存情况来确定该值。

⌐ 默认几何体：控制内存的使用方式，共有以下 3 种方式。

（1）自动：VRay 会根据使用内存的情况自动调整使用静态或动态的方式。

（2）静态：在渲染过程中采用静态内存会加快渲染速度，同时在复杂场景中，由于需要的内存资源较多，经常会出现 3ds Max 跳出的情况。这是因为系统需要更多的内存资源，这时应该选择动态内存。

（3）动态：使用内存资源交换技术，当渲染完一个块后就会释放占用的内存资源，同时开始下个块的计算。这样就有效地扩展了内存的使用。注意，动态内存的渲染速度比静态内存慢。

● 渲染区域分割：该选项组主要包含以下 6 个选项。

⌐ X：当在后面的列表中选择"区域宽/高"时，它表示渲染块的像素宽度；当后面的选择框里选择"区域数量"时，它表示水平方向一共有多少个渲染块。

⌐ Y：当在后面的列表中选择"区域 宽/高"时，它表示渲染块的像素高度；当后面的选择框里选择"区域数量"时，它表示垂直方向一共有多少个渲染块。

⌐ L：当单击该按钮使其凹陷后，将强制 x 和 y 的值相同。

⌐ 反向排序：当勾选该选项以后，渲染顺序将和设定的顺序相反。

⌐ 区域排序：控制渲染块的渲染顺序，共有以下 6 种方式。

（1）从上->下：渲染块将按照从上到下的渲染顺序渲染。

（2）从左->右：渲染块将按照从左到右的渲染顺序渲染。

（3）棋盘格：渲染块将按照棋格方式的渲染顺序渲染。

（4）螺旋：渲染块将按照从里到外的渲染顺序渲染。

（5）三角剖分：这是 VRay 默认的渲染方式，它将图形分为两个三角形依次进行渲染。

（6）稀耳伯特曲线：渲染块将按照"希耳伯特曲线"方式的渲染顺序渲染。

⌐ 上次渲染：这个参数确定在渲染开始的时候，在 3ds Max 默认的帧缓存框中以什么样的方式处理先前的渲染图像。这些参数的设置不会影响最终渲染效果，系统提供了以下 5 种方式。

（1）不改变：与前一次渲染的图像保持一致。

（2）交叉：每隔 2 个像素图像被设置为黑色。

（3）区域：每隔一条线设置为黑色。

（4）暗色：图像的颜色设置为黑色。

（5）蓝色：图像的颜色设置为蓝色。

● 帧标记：该选项组主要包含以下 4 个选项。

◢ ☑ V-Ray %vrayversion | 文件: %filename | 帧: %frame | 基面数: %pri ：当勾选该选项后，就可以显示水印。

◢ 字体：修改水印里的字体属性。

◢ 全宽度：水印的最大宽度。当勾选该选项后，它的宽度和渲染图像的宽度相当。

◢ 对齐：控制水印里的字体排列位置，有"左"、"中"、"右"3 个选项。

● 分布式渲染：该选项组主要包含以下两个选项。

◢ 分布式渲染：当勾选该选项后，可以开启"分布式渲染"功能。

◢ 设置：控制网络中的计算机的添加、删除等。

● VRay 日志：该选项组主要包含以下 3 个选项。

◢ 显示窗口：勾选该选项后，可以显示"VRay 日志"的窗口。

◢ 级别：控制"VRay 日志"的显示内容，一共分为 4 个级别。1 表示仅显示错误信息；2 表示显示错误和警告信息；3 表示显示错误、警告和情报信息；4 表示显示错误、警告、情报和调试信息。

◢ c:\VRayLog.txt ... ：可以选择保存"VRay 日志"文件的位置。

● 杂项选项：该选项组主要包含以下 7 个选项。

◢ MAX-兼容着色关联（配合摄影机空间）：有些 3ds Max 插件（例如大气等）是采用摄影机空间来进行计算的，因为它们都是针对默认的扫描线渲染器而开发。为了保持与这些插件的兼容性，VRay 通过转换来自这些插件的点或向量的数据，模拟在摄影机空间的计算。

◢ 检查缺少文件：当勾选该选项时，VRay 会自己寻找场景中丢失的文件，并将它们进行列表，然后保存到 C:\VRayLog.txt 中。

◢ 优化大气求值：当场景中拥有大气效果，并且大气比较稀薄的时候，勾选这个选项可以得到比较优秀的大气效果。

◢ 低线程优先权：当勾选该选项时，VRay 将使用低线程进行渲染。

◢ 对象设置：单击该按钮会弹出"VRay 对象属性"对话框，在该对话框中可以设置场景物体的局部参数。

◢ 灯光设置：单击该按钮会弹出"VRay 光源属性"对话框，在该对话框中可以设置场景灯光的一些参数。

◢ 预置：单击该按钮会打开"VRay 预置"对话框，在该对话框中可以保持当前 VRay 渲染参数的各种属性，方便以后调用。

8.2.5 Render Elements（渲染元素）选项卡

使用这个功能可以将场景中的不同信息（如反射、折射、阴影、高光、Alpha 通道等）分别渲染为一个个单独的图像文件，其参数面板如图 8-111 所示。这项功能的主要目的是方便合成制作，将这些分离的图像导入到合成软件中（如 Photoshop）合成，用不同的方式叠加在一起，如果觉得阴影过暗，可以单独将它变亮一些；如果觉得反射太强，可以单独将它变弱一些。由于这些工作是在后期合成软件中进行的，所以处理速度很快，并且不会因为细微的修改就要重新渲染整个三维场景。

图 8-111

通常来讲，元素在合成时没有非常固定的顺序，但大气、背景以及黑白阴影这 3 种元素例外，最终的元素合成顺序如下，但这种方法并不考虑彩色照明的情况。

（1）顶部：大气元素。

（2）从顶部第 2 层：黑白阴影元素，用于暗淡阴影区域的颜色。

（3）中部：漫反射、高光等元素。

（4）底部：背景元素。

【参数详解】

● 激活元素：启用该项，单击"渲染"按钮，可以按照下面的元素列表进行分离渲染。

● 显示元素：启用该项，每个渲染元素分别显示在各自的渲染帧窗口中，在渲染时会弹出多个观察窗口。

● 添加：单击此按钮可以打开"渲染元素"对话框，如图 8-112 所示，可以从中选择并添加新的元素到列表中。

图 8-112

【提示】

"渲染元素"对话框中的渲染元素比较多，有 3ds Max 默认扫描线渲染器提供的渲染元素，有 mental ray 渲染器提供的渲染元素。如果安装了 VRay 渲染器就会显示 VRay 渲染元素。

● 合并：从别的 3ds Max 场景中合并渲染元素。

● 删除：从列表中删除选择的渲染元素。

● 名称：显示和修改渲染元素的名称。

● 启用：显示该渲染元素是否处于有效状态。

● 过滤器：显示该元素的抗锯齿过滤计算是否有效。

● 类型：显示元素类型。

● 输出路径：显示元素的输出路径和文件名称。

● 选定元素参数：该选项组主要包含以下 4 个选项。

◢ 启用：勾选时，选定的渲染元素有效。关闭时，不渲染选定的元素。

◢ 启用过滤：勾选时，选定元素的抗锯齿过滤计算有效；关闭时，选定的元素在渲染时不使用抗锯齿过滤计算。

- 名称：显示当前选定元素的名称，还可以用来对元素重新命名。
- 浏览▨▨▨：用于指定渲染元素输出的存储位置、名称和类型。右侧的文本框中，可以直接输入元素的路径和名称。
- 输出到 combustion：使用该选项组可以直接生成一个含有渲染元素分层信息的 CWS 文件（combustion 工作文件）。可以直接在 combustion 合成软件中打开该文件，里面已经自动将这些分层的素材进行了正确的合成，只要分别选择各自的层进行调节就可以了，非常方便。主要包含以下两个选项。
- 启用：勾选时，将会保存一个含渲染元素的 CWS 文件。
- 浏览▨▨▨：设置 CWS 文件的名称和路径位置。

课堂案例——客厅日景效果

学习目标：掌握现代客厅的日光效果的表现方法。

知识要点：常用家具材质的制作，白天日光效果的布光方法，常用渲染输出参数的设置。

本场景是一个小型的客厅空间，布置灯光的方法是本案例的重点，沙发绒布材质制作是本例中的难点，效果如图 8-113 所示。

图 8-113

【操作步骤】

1. 材质制作

本例的场景对象材质主要包括地板材质、木质材质、沙发绒布材质、地毯材质、窗纱材质、白色人造石材质，如图 8-114 所示。

（1）打开本书配套光盘中的"第 8 章/素材文件/课堂案例——客厅日景效果.max"文件，如图 8-115 所示。

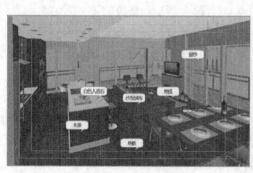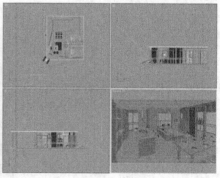

图 8-114　　　　　　　　　　　　　　图 8-115

（2）制作地板材质。选择一个空白材质球，然后设置材质类型为 VRayMtl 材质，并将其命名为"地板",具体参数设置如图 8-116 所示,制作好的材质球效果如图 8-117 所示。

① 在"基本参数"卷展栏下的"漫反射"贴图通道中加载一张"地板.jpg"贴图文件,然后在"坐标"卷展栏下设置"模糊"为 0.01;在"反射"贴图通道中加载一张"衰减"程序贴图,然后在"衰减参数"卷展栏下设置"侧"颜色(红:200,绿:225,蓝:225),并设置"衰减类型"为 Fresnel,最后设置"高光光泽度"为 0.88、"反射光泽度"为 0.85。

② 展开"贴图"卷展栏,然后将"漫反射"通道中的贴图拖曳到"凹凸"贴图通道上,并在弹出"复制贴图"对话框中勾选"复制"选项,接着设置"凹凸"的强度为 50。

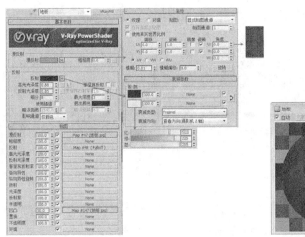

图 8-116 图 8-117

(3)制作木质材质。选择一个空白材质球,然后设置材质类型为 VRayMtl 材质,并将其命名为"木质",具体参数设置如图 8-118 所示,制作好的材质球效果如图 8-119 所示。

① 在"基本参数"卷展栏下的"漫反射"贴图通道中加载一张"木质.jpg"贴图文件,接着在"坐标"卷展栏下设置"模糊"为 0.01;在"反射"贴图通道中加载一张"衰减"程序贴图,然后在"衰减参数"卷展栏下设置"侧"颜色(红:195,绿:223,蓝:255),接着设置"衰减类型"为 Fresnel,最后设置"高光光泽度"为 0.88、"反射光泽度"为 0.65、"最大深度"为 3。

② 展开"贴图"卷展栏,然后将"漫反射"通道中的贴图拖曳到"凹凸"贴图通道上,并在弹出"复制贴图"对话框中勾选"复制"选项,接着设置凹凸的强度为 30。

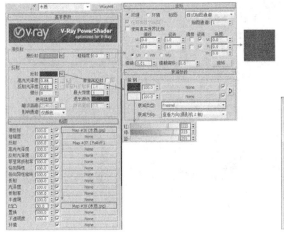

图 8-118 图 8-119

（4）制作沙发绒布材质。选择一个空白材质球，然后设置材质类型为"标准"材质，并将其命名为"沙发绒布"，具体参数设置如图 8-120 所示，制作好的材质球效果如图 8-121 所示。

① 展开"Blinn 基本参数"卷展栏，然后设置"漫反射"颜色（红:49，绿:67，蓝:79）和"高光反射"颜色（红:230，绿:230，蓝:230）。

② 在"自发光"选项组下勾选"颜色"选项，接着在"颜色"贴图通道中加载一张"遮罩"程序贴图，然后在"遮罩参数"卷展栏下的"贴图"通道中加载一张"衰减"程序贴图，并设置"衰减类型"为 Fresnel，再在"遮罩"通道中加载一张"衰减"程序贴图，最后设置"衰减类型"为"阴影/灯光"。

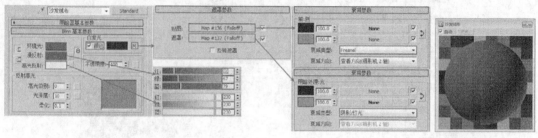

图 8-120   图 8-121

（5）制作地毯材质。选择一个空白材质球，然后设置材质类型为"标准"材质，并将其命名为"地毯"，具体参数设置如图 8-122 所示。

① 展开"明暗器基本参数"卷展栏，并设置明暗类型为（O）Oren-Nayar-Blinn。

② 在"Oren-Nayar-Blinn 基本参数"卷展栏下设置"环境光"颜色（红:228，绿:215，蓝:223）。

③ 在"漫反射"贴图通道中加载一张"地毯.jpg"贴图文件，接着在"坐标"卷展栏下设置"模糊"为 0.01。

④ 在"自发光"选项组下的贴图通道中加载一张"遮罩"程序贴图，然后展开"遮罩参数"卷展栏，接着在"贴图"贴图通道中加载一张"衰减"程序贴图，设置"前"的颜色（红:200，绿:200，蓝:200）、并设置"衰减类型"为 Fresenl；在"遮罩"贴图通道中加载一张"衰减"程序贴图，设置"前"的颜色（红:220，绿:220，蓝:220）、并设置"衰减类型"为"阴影/灯光"。

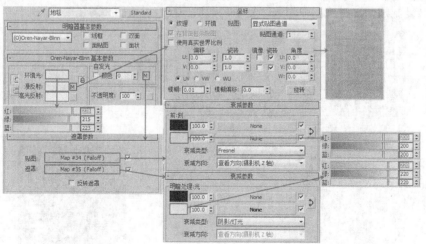

图 8-122

（6）展开"贴图"卷展栏，然后在"凹凸"贴图通道中加载一张"地毯凹凸.jpg"贴图文件，并设置凹凸的强度为 50，具体参数设置如图 8-123 所示，制作好的材质球效果如图 8-124 所示。

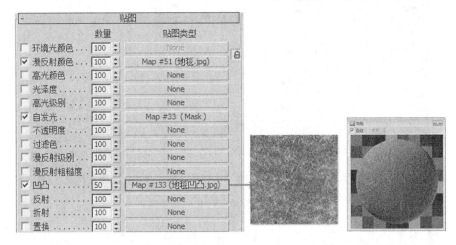

图 8-123   图 8-124

（7）制作白色人造石材质。选择一个空白材质球，然后设置材质类型为 VRayMtl 材质，并将其命名为"白色人造石"，具体参数设置如图 8-125 所示，制作好的材质球效果如图 8-126 所示。

① 设置"漫反射"颜色（红:255，绿:252，蓝:245）。

② 在"反射"贴图通道中加载一张"衰减"程序贴图，然后在"衰减参数"卷展栏下设置"侧"的颜色（红:105，绿:176，蓝:255），并设置"衰减类型"为 Fresnel，接着设置"高光光泽度"为 0.9、"反射光泽度"为 0.98。

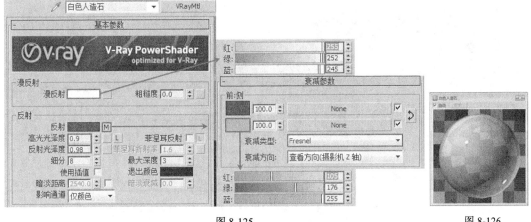

图 8-125   图 8-126

（8）制作窗纱材质。选择一个空白材质球，然后设置材质类型为 VRayMtl 材质，并将其命名为"窗纱"，具体参数设置如图 8-127 所示，制作好的材质球效果如图 8-128 所示。

① 设置"漫反射"的颜色（红:255，绿:255，蓝:255）。

② 设置"折射"的颜色（红:215，绿:215，蓝:215），然后设置"光泽度"为 0.7、"细分"为 15、"折射率"为 1.4、"烟雾倍增"为 0.2，接着勾选"影响阴影"选项。

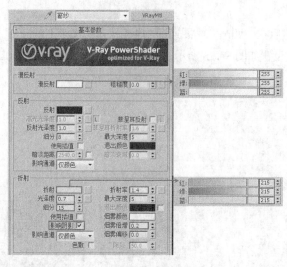
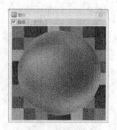

图 8-127　　　　　　　　　　　　　　　　图 8-128

【提示】

窗纱的材质就有一定的模糊透明，这样窗纱就可以透光。

2. 设置测试渲染参数

（1）按 F10 键打开"渲染设置"对话框，然后设置渲染器为 VRay 渲染器，接着在"公用参数"卷展栏下设置"宽度"为 500、"高度"为 300，最后单击"图像纵横比"选项后面的"锁定"按钮，锁定渲染图像的纵横比，具体参数设置如图 8-129 所示。

（2）展开 VRay 选项卡下的"图像采样器（反锯齿）"卷展栏，然后设置"图像采样器"类型为"自适应细分"，接着设置"抗锯齿过滤器"类型为"区域"，具体参数设置如图 8-130 所示。

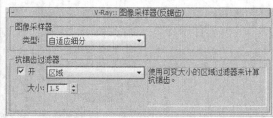

图 8-129　　　　　　　　　　　　　　　　图 8-130

（3）展开"自适应细分图像采样器"卷展栏，然后设置"最小比率"为-1、"最大比率"为2，具体参数设置如图 8-131 所示。

图 8-131

（4）展开"颜色贴图"卷展栏，然后设置"类型"为"莱因哈德"，接着设置"倍增"为
1.1、"加深值"为 0.7、"伽玛值"为 1.5，具体参数设置如图 8-132 所示。

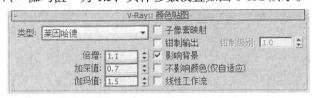

图 8-132

（5）展开"环境"卷展栏，然后在"全局照明环境（天光）覆盖"选项组下勾选"开"选
项，并设置"倍增"为 0.1，具体参数设置如图 8-133 所示。

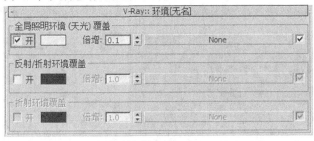

图 8-133

（6）展开"间接照明"选项卡下的"间接照明（GI）"卷展栏，然后勾选"开"选项，接
着设置"首次反弹"的"全局照明引擎"为"发光图"、"二次反弹"的"全局照明引擎"为"灯
光缓存"，具体参数设置如图 8-134 所示。

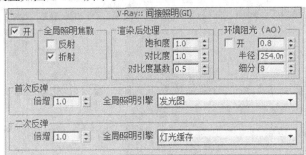

图 8-134

（7）展开"发光图"卷展栏，然后设置"当前预置"为"自定义"，接着设置"最小比率"
为-4、"最大比率"为-3、"半球细分"为 50、"插值采样"为 20，最后勾选"显示计算相位"和
"显示直接光"选项，具体参数设置如图 8-135 所示。

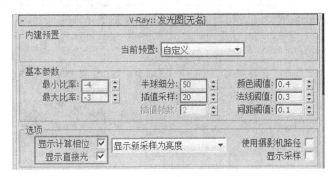

图 8-135

（8）展开"灯光缓存"卷展栏，然后设置"细分"为 300，接着勾选"显示计算相位"选项，具体参数设置如图 8-136 所示。

图 8-136

（9）展开"设置"选项卡下的"系统"卷展栏，然后设置"区域排序"为 Top->Bottom（上->下），接着在"VRay 日志"选项组下关闭"显示窗口"选项，具体参数设置如图 8-137 所示。

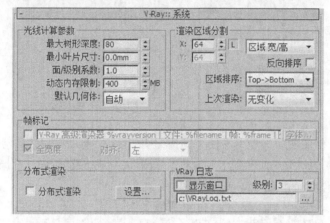

图 8-137

3. 灯光设置

本场景共需要布置 4 处灯光，分别是室外主光源、窗口处辅助光源、室内射灯以及餐桌上的吊灯。

（1）创建主光源。设置灯光类型为 VRay，然后在场景中创建两盏 VRay 灯光作为主光源，其位置如图 8-138 所示。

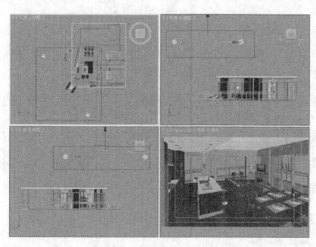

图 8-138

（2）选择上一步创建的 VRay 灯光，然后进入"修改"面板，接着展开"参数"卷展栏，具体参数设置如图 8-139 所示。

① 在"常规"选项组下设置"类型"为"**球体**"。

② 在"选项"组下设置"倍增"为 5000 ，然后设置"颜色"（红:255，绿:202，蓝:155 ）。

③ 在"大小"选项组下设置"半径"为 300mm。

④ 在"选项"选项组下勾选"不可见"选项，然后取消勾选"影响反射"选项。

（3）按 F9 键渲染当前场景，效果如图 8-140 所示。

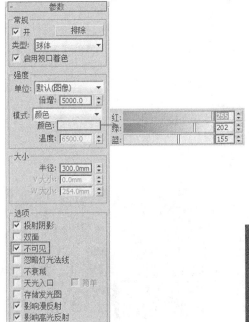

图 8-139

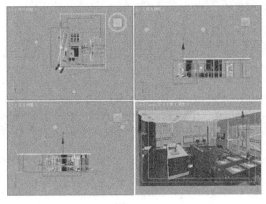

图 8-140

（4）创建辅助光源。在场景中创建一盏 VRay 灯光作为辅助光源，其位置如图 8-141 所示。

图 8-141

（5）选择上一步创建的 VRay 灯光，然后进入"修改"面板，接着展开"参数"卷展栏，具体参数设置如图 8-142 所示。

①　在"常规"选项组下设置"类型"为"平面"。

②　在"强度"选项组下设置"倍增"为 3.5，然后设置"颜色"（红:149，绿:209，蓝:255）。

③　在"大小"选项组下设置"1/2 长"为 3060mm、"1/2 宽"为 1100mm。

④　在"选项"选项组下勾选"不可见"选项，然后取消勾选"影响反射"选项。

（6）按 F9 键渲染当前场景，效果如图 8-143 所示。

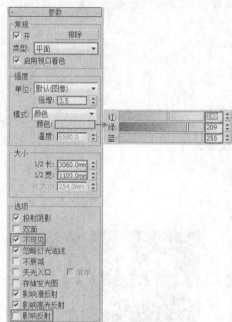

图 8-142　　　　　　　　　　　　　　　　　　图 8-143

（7）在场景中创建一盏 VRay 灯光作为辅助光源，其位置如图 8-144 所示。

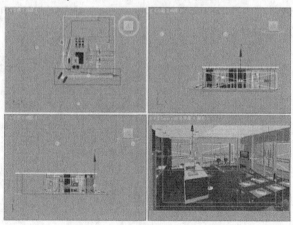

图 8-144

（8）选择上一步创建的 VRay 灯光，然后进入"修改"面板，接着展开"参数"卷展栏，具体参数设置如图 8-145 所示。

① 在"常规"选项组下设置"类型"为"平面"。

② 在"强度"选项组下设置"倍增"为 0.5，然后设置"颜色"（红:149，绿:209，蓝:255）。

③ 在"大小"选项组下设置"1/2 长"为 5060mm、"1/2 宽"为 1120mm。

④ 在"选项"选项组下勾选"不可见"选项，然后取消勾选"影响高光反射"和"影响反射"选项。

（9）按 F9 键渲染当前场景，效果如图 8-146 所示。

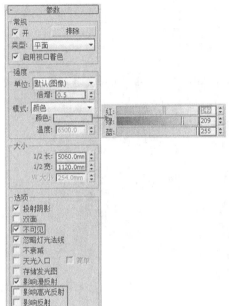

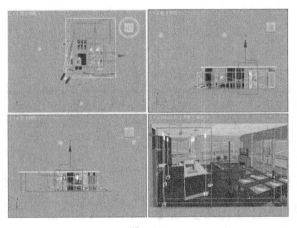

图 8-145   图 8-146

（10）创建射灯。设置灯光类型为"光度学"，然后在场景中创建 6 盏目标灯光作为射灯光源，其位置如图 8-147 所示。

图 8-147

（11）选择上一步创建的目标灯光，然后进入"修改"面板，具体参数设置如图 8-148 所示。

① 展开"常规参数"卷展栏，然后在"阴影"选项组下勾选"启用"选项，接着设置"阴影类型"为"VRay 阴影"，最后在"灯光分布（类型）"选项组下设置灯光分布类型为"光度学 Web"。

② 展开"分布（光度学 Web）"卷展栏，然后在通道上加载光域网文件"经典筒灯.ies"。

③ 展开"强度/颜色/衰减"卷展栏，然后设置"过滤颜色"（红:255，绿:191，蓝:109），接着设置"强度"为 5000。

④ 展开"VRay 阴影参数"卷展栏，然后勾选"球体"选项，接着设置"UVW 大小"为 254mm。

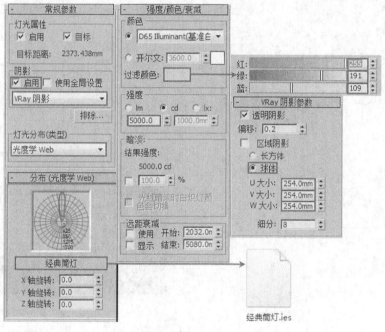

图 8-148

（12）按 F9 键渲染当前场景，效果如图 8-149 所示。

（13）创建吊灯。在场景中创建 3 盏目标灯光作为射灯光源，其位置如图 8-150 所示。

图 8-149

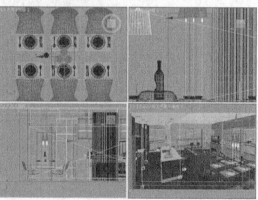

图 8-150

（14）选择上一步创建的目标灯光，然后进入"修改"面板，具体参数设置如图 8-151 所示。

① 展开"常规参数"卷展栏，然后在"阴影"选项组下勾选"启用"选项，接着设置"阴影类型"为"VRay 阴影"，最后在"灯光分布（类型）"选项组下设置灯光分布类型为"光度学 Web"。

② 展开"分布（光度学 Web）"卷展栏，然后在通道上加载光域网文件"经典筒灯.ies"。

③ 展开"强度/颜色/衰减"卷展栏，然后设置"过滤颜色"（红:255，绿:128，蓝:15），接着设置"强度"为 1500。

④ 展开"VRay 阴影参数"卷展栏，然后勾选"球体"选项，接着设置"UVW 大小"为 254mm。

（15）按 F9 键渲染当前场景，效果如图 8-152 所示。

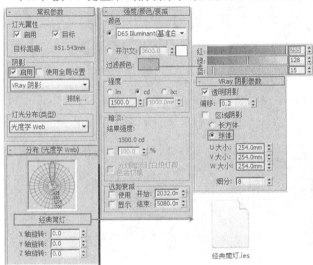

图 8-151

图 8-152

4. 设置最终渲染参数

（1）按 F10 键打开"渲染设置"对话框，然后在"公用参数"卷展栏下设置"宽度"为 1800、"高度"为 1080，接着单击"图像纵横比"选项后面的"锁定"按钮，锁定渲染图像的纵横比，具体参数设置如图 8-153 所示。

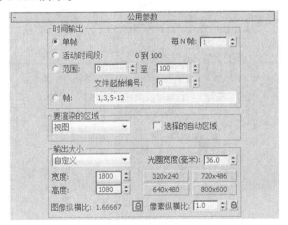

图 8-153

（2）展开 VRay 选项卡下的"图像采样器（反锯齿）"卷展栏，然后设置"图像采样器"类型为"自适应确定性蒙特卡洛"，接着设置"抗锯齿过滤器"类型为 Catmull-Rom，最后展开"自适应 DMC 图像采样器"卷展栏，并设置"最小细分"为 1、"最大细分"为 4，具体参数设置如图 8-154 所示。

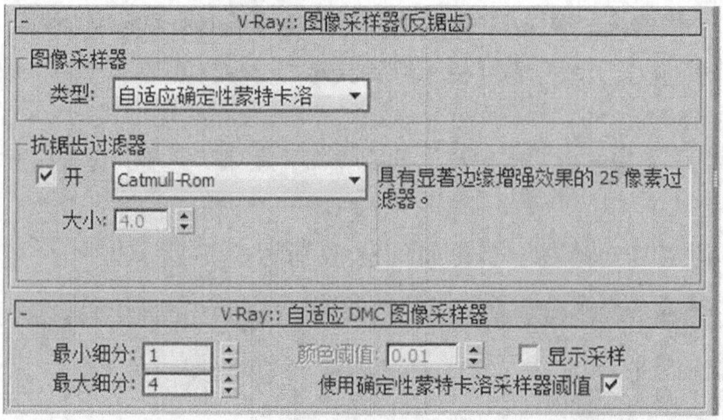

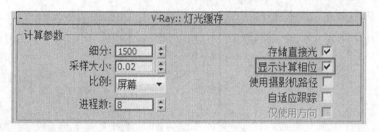

图 8-154

（3）展开"间接照明"选项卡的"灯光缓存"卷展栏，接着设置"细分"为 1500、"进程数"为 8，并勾选"显示计算相位"选项，具体参数设置如图 8-155 所示。

图 8-155

【提示】
勾选"显示计算相位"选项，在渲染时就会显示出灯光缓存计算的过程。

（4）展开"发光图"卷展栏，然后设置"当前预置"为"中"，接着设置"半球细分"为 60、"插值采样"为 30，并勾选"显示计算相位"和"显示直接光"选项，具体参数设置如图 8-156 所示。

图 8-156

（5）展开"DMC 采样器"卷展栏，然后设置"噪波阈值"为 0.001、"最小采样值"为 12，具体参数设置如图 8-157 所示。

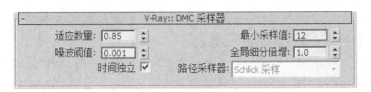

图 8-157

（6）按 F9 键渲染当前场景，最终渲染效果如图 8-158 所示。

图 8-158

课堂练习——会客室日景效果

本练习是一个大型的会客室空间，主要练习玻璃等材质的制作方法、日光效果的表现方法以及渲染输出的参数设置，效果如图 8-159 所示。

图 8-159

本练习需制作的材质主要包括环境、玻璃材质、百叶窗材质、沙发材质和地毯材质，如图 8-160 所示；共需要布置 4 处灯光，分别是主光源、灯带、射灯和辅助光源，如图 8-161 所示。

图 8-160

图 8-161

【提示】

这里给大家讲解一下线框图的渲染方法。

在本书的所有建模实例大型实例中都给出了一张效果图与一张线框图，用线框图可以更好地观察场景模型的布局。下面以图 8-162 中的场景为例来详细介绍一下线框图的渲染方法与注意事项，这个场景的渲染效果如图 8-163 所示。注意，以下所讲方法是渲染线框图的通用方法（包括参数设置）。

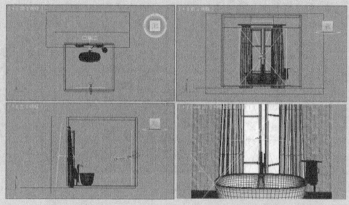

图 8-162

图 8-163

第 1 步：设置线框材质。选择一个空白材质球，然后设置材质类型为 VRayMtl 材质，并将其命名为"线框"，接着设置"漫反射"颜色（红:230，绿:230，蓝:230），同时在其贴图通道中加载一张"VR 边纹理"，并设置"颜色"（红:10，绿:10，蓝:10），最后设置"像素"为 0.4，具体参数设置如图 8-164 所示，制作好的材质球效果如图 8-165 所示。

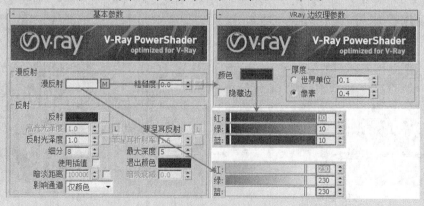

图 8-164

图 8-165

第 2 步：按 F10 键打开"渲染设置"对话框，单击 V-Ray 选项卡，然后展开"全局开关"卷展栏，接着勾选"覆盖材质"选项，最后将"线框"材质球拖曳到该选项后面的 None 按钮上（在弹出的对话框中设置"方法"为"实例"），如图 8-166 所示。通过这个步骤，可以将场景中的所有材质都替换为"线框"材质，这样就不用对场景中的对象重新指定材质了。

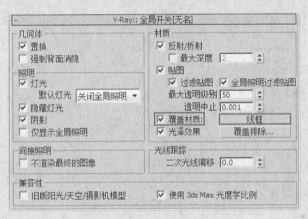

图 8-166

第 3 步：按 F9 键渲染当前场景，效果如图 8-167 所示。从图中可以看出场景比较暗，这是因为场景中存在玻璃，且门窗外有天光，而将"玻璃"材质（"玻璃"材质是半透明的）替换为"线框"材质（"线框"材质是不透明的）后，"线框"材质会挡住窗外的天光，因此场景比较暗。基于此，需要将玻璃模型排除掉，这样天光才能照射进室内。请用户千万注意，如果门窗上有窗纱，也必须将窗纱排除掉。关于排除方法请参阅下面的第 4 步。另外，如果场景中存在外景，最好也将其排除掉，这样才能得到更真实的线框图。

图 8-167

第 4 步：在"全局开关"卷展栏下的"材质"选项组下单击"覆盖排除…"按钮，然后在"场景对象"列表中选择"玻璃"和"外景"对象，接着单击 >> 按钮将其排除到右侧的列表中，如图 8-168 和图 8-169 所示。

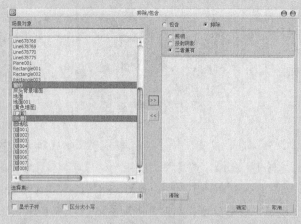

图 8-168

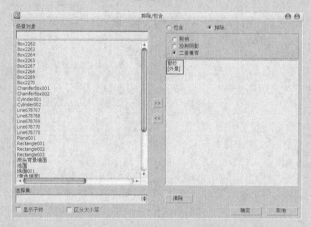

图 8-169

第 5 步：按 F9 键渲染当前场景，效果如图 8-170 所示。从图中可以观察到现在的光影效果已经正常了。

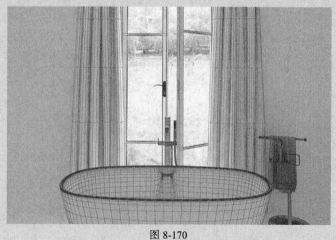

图 8-170

这里再总结一下渲染线框图的注意事项。

第1点：渲染参数与效果图的渲染参数可以保持一致，无需改动。

第2点：最好用全局替代渲染技术来渲染线框图。

第3点：如果场景中有玻璃和窗纱等半透明对象以及外景对象，一定要将其排除掉。注意，没有挡住灯光的玻璃和窗纱无需排除。

8.3　本章小结

本章首先介绍了VRay渲染的优势与应用，然后非常详细地解析了VRay渲染设置面板下的5大选项卡，其中VRay特有的3个选项卡大家应该仔细推敲，分别是VRay选项卡、间接照明选项卡和设置选项卡。VRay的渲染器作为时下最流行、评价最好的渲染器之一，大家务必要熟悉它的设置方法，尤其是一些比较固定的参数，首先可以将它们牢牢记住，再举一反三，相信大家通过反复的练习，便可以渲染出效果非常逼真的作品。

课后习题——豪华欧式卧室夜晚效果

本习题是一个小型的欧式卧室空间，主要练习地板、地毯等材质的制作方法、卧室夜景的表现方法以及渲染输出设置，其中夜景的灯光布置方法是学习重点，效果如图8-171所示。

图 8-171

本习题需制作的主要包括地板材质、软包材质、木纹材质、壁纸材质、床盖材质和地毯材质，如图8-172所示；共需要布置5处灯光，分别是主光源、辅助光源、吊灯灯光、台灯灯光以及顶棚的灯带，如图8-173所示。

图 8-172

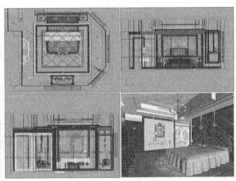

图 8-173

课后习题——餐厅夜晚灯光表现

本习题是一个餐厅空间，主要练习吊灯灯罩、窗纱等材质的制作方法、餐厅夜晚灯光效果的表现方法以及渲染输出设置，效果如图 8-174 所示。

图 8-174

本习题需制作的材质主要包括地板材质、木纹材质、玻璃杯材质、陶瓷材质、吊灯灯罩材质、台灯灯罩材质和窗纱材质，如图 8-175 所示；共需要布置 6 处灯光，分别是射灯、筒灯、吊灯、台灯、壁灯以及灯带，如图 8-176 所示。

图 8-175　　　　　　　　　　　图 8-176